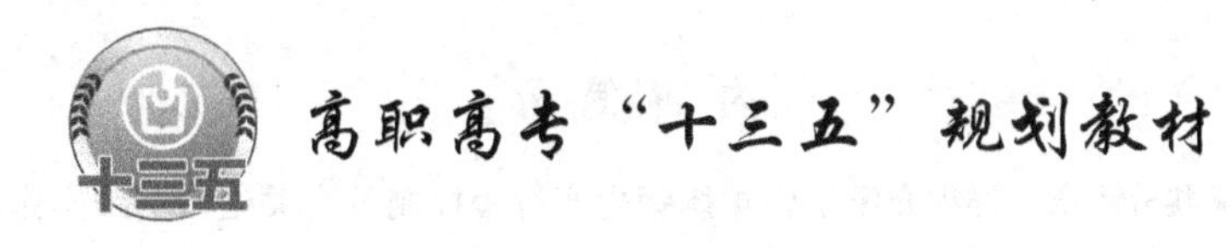

转炉炼钢生产技术

主　编　秦绪华　魏明贺
副主编　张秀华　刘洪学　孙建波　包丽明

北　京
冶　金　工　业　出　版　社
2023

内 容 简 介

本书共分4章，详细介绍了转炉炼钢生产过程控制及有关生产实践操作情况。主要内容包括：生产原料准备，顶吹转炉冶炼，炉衬维护，转炉生产相关设备操作与维护等。

本书可作为高职高专院校冶金专业的教材（配有教学课件），也可作为企业人员的培训教材，并可供从事炼钢生产的工程技术人员参考。

图书在版编目(CIP)数据

转炉炼钢生产技术/秦绪华，魏明贺主编．—北京：冶金工业出版社，2017.8（2023.8重印）

高职高专“十三五”规划教材

ISBN 978-7-5024-7591-8

Ⅰ.①转…　Ⅱ.①秦…　②魏…　Ⅲ.①转炉炼钢—高等职业教育—教材　Ⅳ.①TF71

中国版本图书馆CIP数据核字(2017)第202331号

转炉炼钢生产技术

出版发行　冶金工业出版社　**电　话**　(010)64027926

地　址　北京市东城区嵩祝院北巷39号　**邮　编**　100009

网　址　www.mip1953.com　**电子信箱**　service@mip1953.com

责任编辑　俞跃春　杜婷婷　美术编辑　吕欣童　版式设计　孙跃红

责任校对　李　娜　责任印制　禹　蕊

北京虎彩文化传播有限公司印刷

2017年8月第1版，2023年8月第3次印刷

787mm×1092mm　1/16；14印张；339千字；216页

定价45.00元

投稿电话　(010)64027932　投稿信箱　tougao@cnmip.com.cn

营销中心电话　(010)64044283

冶金工业出版社天猫旗舰店　yjgycbs.tmall.com

（本书如有印装质量问题，本社营销中心负责退换）

前言

本书根据我国冶金行业发展规划的要求，参照冶金行业的职业技能鉴定规范及中、高级技术工人等级考核标准编写而成。编写过程中，依据课程标准的要求，结合转炉炼钢生产实际和各岗位群技能要求，精选教材内容。书中既有炼钢理论知识介绍，又包含生产实践操作内容，同时增加了炼钢生产相关设备操作和维护等方面的知识。

本书由吉林电子信息职业技术学院的秦绪华、魏明贺担任主编，张秀华、刘洪学、孙建波、包丽明担任副主编，通化钢铁股份有限公司的李春雷和吉林电子信息职业技术学院的杨林、季德静参编。秦绪华编写了本书的第 2 章，魏明贺、张秀华编写了本书的第 4 章，孙建波、包丽明、李春雷编写了本书的第 1 章，刘洪学、杨林、季德静编写了本书的第 3 章。吉林电子信息职业技术学院的于钧教授对全书进行了审阅，通化钢铁股份有限公司炼钢专业正高级工程师裴洪珠、毕洪志也对本书的编写给予了指导并提出相应的建议。

在本书的编写过程中，得到了通化钢铁股份有限公司炼钢专业同仁的鼎力相助，在此表示衷心的感谢。

本书配套教学课件读者可在冶金工业出版社官网（www. cnmip. com. cn）搜索资源获得。

由于编者水平有限，书中不足之处，敬请读者批评指正。

编　者

2017 年 5 月

目　录

1 生产原料准备

1.1 铁　　水

铁水是转炉炼钢的主要原料。按所供铁水来源的不同可分为：化铁炉铁水和高炉铁水两种。由于化铁炉需二次化铁，能耗与熔损较大，已被国家明令淘汰。

铁水一般占转炉装入量的70%~100%。铁水的物理热与化学热是氧气顶吹转炉炼钢的基本热源。因此，对入炉铁水温度和化学成分要有一定的要求。

1.1.1 铁水化学成分

氧气顶吹转炉能够将各种成分的铁水冶炼成钢，但铁水中各元素的含量适当和稳定，能够保证转炉的正常冶炼和获得良好的技术经济指标，因此力求提供化学成分和温度稳定的铁水。

1.1.1.1 硅（Si）

硅是炼钢过程的重要发热元素之一，硅含量高，热来源增多，能够提高废钢比。根据计算可知，铁水中$w[Si]$每增加0.1%，废钢比可提高1.3%。铁水硅含量高低视具体情况而定。

Si氧化生成的SiO_2，是炉渣中的主要酸性成分，因此铁水硅含量是石灰消耗量的决定因素。

目前我国的废钢资源有限，铁水中$w[Si]=0.50\%\sim0.80\%$为宜。通常大、中型转炉用铁水硅含量可以偏下限；而对于热量不富余的小型转炉用铁水硅含量可以偏上限。过高的硅含量，会给冶炼带来不良后果，主要有以下几个方面：

（1）增加渣料消耗，渣量大。铁水中$w[Si]$每增加0.1%，每吨铁水就需增加6kg左右的石灰。根据统计，若铁水$w[Si]=0.55\%\sim0.65\%$时，渣量约占装入量的12%，如果铁水中$w[Si]=0.95\%\sim1.05\%$时，渣量则约占装入量的15%。过大的渣量容易引起喷溅，加大金属损失，对去除S、P也不利，喷溅带走热量，也会造成终点温度低。

（2）加剧对炉衬的侵蚀。据有关生产单位统计，当铁水$w[Si]>0.8\%$时，炉龄有下降的趋势。

（3）降低成渣速度，并使吹损增加。初期渣中SiO_2超过一定数值时，影响石灰的渣化，从而影响成渣速度，也就影响S、P的脱除，延长了冶炼时间，使铁水吹损加大，也使氧气消耗增加。此外，对含V、Ti铁水提取钒时，为了得到高品位的钒渣，要求铁水硅含量要低些。

1.1.1.2 锰（Mn）

锰是弱发热元素，铁水中锰氧化后形成的MnO能有效地促进石灰溶解，加快成渣，减少氧枪粘钢，减少助熔剂的用量和炉衬侵蚀；铁水中锰高影响终点钢中余锰，余锰高时能够减少合金用量，降低成本；锰在降低钢水硫的危害方面起到有利作用。但是高炉冶炼含锰高的铁水时会增加焦炭用量，生产率降低。因而目前对转炉用铁水锰含量的要求仍存在着争议，同时我国锰矿资源不多，因此对转炉用铁水的锰含量未作强行规定。实践证明，铁水中 $w[Mn]/w[Si]$ 的比值为0.8～1.0时对转炉的冶炼操作控制最为有利。

1.1.1.3　磷（P）

磷是强发热元素，磷会使钢产生“冷脆”现象，通常是冶炼过程要去除的有害元素。磷在高炉中是不可去除的，因而要求进入转炉的铁水磷量尽可能稳定。铁水中磷来源于铁矿石，根据磷含量的多少铁水可以分为如下3类：

（1）$w[P]<0.30\%$，为低磷铁水。

（2）$w[P]=0.30\%\sim1.50\%$，为中磷铁水。

（3）$w[P]>1.50\%$，为高磷铁水。

氧气顶吹转炉的脱磷效率在85%～95%。铁水中磷含量越低，转炉工艺操作越简化，并有利于提高各项技术经济指标。吹炼低磷铁水，转炉可采用单渣操作；中磷铁水则需采用双渣或双渣留渣操作；而高磷铁水就要多次造渣，或采用喷吹石灰粉工艺。如使用 $w[P]>1.50\%$ 的铁水炼钢时，炉渣可以用作磷肥。

为了均衡转炉操作，便于自动控制，应采取炉外铁水预处理脱磷，达到精料要求。国外对铁水预处理脱磷的研究非常重视，尤其日本比较突出，其五大钢铁公司的铁水在入转炉前都进行脱Si、脱P、脱S的三脱处理。

另外，对少数钢种，如高磷薄板钢、易切钢、炮弹钢等，还必须配加合金元素磷，以达到钢种规格的要求。

1.1.1.4　硫（S）

除了含硫易切钢（要求 $w[S]=0.08\%\sim0.30\%$）以外，绝大多数钢中硫是有害元素。转炉中硫主要来自金属料和熔剂材料等，而其中铁水中的硫是主要来源。在转炉内氧化性气氛中脱硫是有限的，脱硫率只有35%～40%。

近些年来，由于低硫（$w[S]<0.01\%$）的优质钢需求量急剧增长，因此用于转炉炼钢的铁水要求 $w[S]<0.020\%$，有的要求甚至还更低些。这种铁水很少，为此必须进行预处理，降低入炉铁水硫含量。

1.1.2　铁水温度

铁水温度的高低是带入转炉物理热多少的标志，铁水物理热约占转炉热收入的50%。因此，铁水温度不能过低，否则热量不足，影响熔池的升温速度和元素氧化过程，也影响化渣和去除杂质，还容易导致喷溅。我国规定，入炉铁水温度应大于1250℃，以利于转炉吹炼热行，成渣迅速，减少喷溅。对于小型转炉和化学热量不富余的铁水，保证铁水的高温入炉极为重要。

转炉炼钢时入炉铁水的温度还要相对稳定，如果相邻几炉的铁水入炉温度有大幅度的变化，就需要在炉与炉之间对废钢比作较大的调整，或者吹炼进程中要调整冷却剂的加入量，这对生产管理和冶炼操作都会带来不利影响。

1.1.3 铁水除渣

铁水带来的高炉渣中 SiO_2 含量较高，若随铁水进入转炉会导致石灰消耗量增多，渣量增大，喷溅加剧，损坏炉衬，降低金属收得率，损失热量等。为此铁水在入转炉之前应扒渣。铁水带渣量要求低于 0.50%。

1.1.4 铁水预处理

铁水预处理指铁水进入炼钢炉之前，为了去除或提取某种成分而进行的处理过程。可分为普通铁水预处理和特殊铁水预处理。普通铁水预处理有单一脱硫、脱硅、脱磷和同时脱磷脱硫等；特殊铁水预处理有脱铬、提钒、提铌和提钨等。

早期，铁水预处理仅作为出现号外铁水的补救措施而用于生产，由于它在技术上合理、经济上合算，逐渐演变为当今用做扩大原材料来源、提高钢质量、增加品种和提高技术经济指标的必要生产手段。铁水预处理技术的日益成熟，已成为现代化钢铁厂的重要组成部分。

正常入炉铁水要求：$w[P] \leqslant 0.4\%$、$w[S] \leqslant 0.07\%$、$w[Si] = 0.5\% \sim 0.8\%$、温度不小于 1250℃。

若铁水条件超出以上指标，建议进行铁水预处理。例如对铁水炉外脱 S、脱 P 和脱 Si（即三脱技术），就属于铁水预处理的一种。铁水进行三脱的目的就是可以改善炼钢主原料的质量，实现少渣或无渣操作，简化炼钢操作工艺，可以经济有效地生产低 S、低 P 优质钢。

1.1.4.1 铁水炉外脱硫

铁水炉外脱硫原理与炼钢炉内脱硫原理基本一样。从热力学角度讲，脱硫过程是要选择与硫结合力大于铁与硫结合力的元素或化合物，并使硫转化成微溶或不溶于铁液的硫化物。同时创造良好的动力学条件，加速脱硫反应的进行。

研究表明，铁水脱硫条件比钢水脱硫优越，脱硫效率也比钢水脱硫高 4～6 倍。主要原因如下：

（1）铁水中含有较高的 C、Si、P 等元素，提高了铁水中硫的活度系数；

（2）铁水中氧含量低，利于脱硫。

A 脱硫剂的选择

选择脱硫剂主要从脱硫能力、成本、资源、环境保护、对耐火材料的侵蚀程度、形成硫化物的性状、对操作影响以及安全等因素综合考虑而确定。目前使用的脱硫剂有以下几种。

（1）电石粉。其主要成分为 CaC_2，是一种重要脱硫剂，其粒度在 0.1～1mm。电石粉加入铁水后与硫发生反应如下：

$$CaC_2(s) + [FeS] \xlongequal{} CaS(s) + [Fe] + 2[C]$$

电石粉有如下特点：

1）在高硫铁水中，CaC_2 分解出的 Ca 离子与 S 的结合力强，因此有很强的脱硫能力，脱硫反应又是放热反应，可减少脱硫过程铁水的温降。

2）脱硫产物 CaS 的熔点很高，为 2450℃，在铁水液面形成疏松固体渣，不易回硫，易于扒渣，同时对混铁车或铁水包内衬侵蚀较轻。

3）脱硫过程有石墨碳析出，同时还有少量的 CO 和 C_2H_2 气体逸出，并带出电石粉，因而污染环境，必须安装除尘装置。

4）电石粉是工业产品，价格较贵。

5）CaC_2 吸收水分后会产生下列反应：

$$CaC_2(s)+2H_2O = Ca(OH)_2+C_2H_2\uparrow$$

$$CaC_2(s)+H_2O = CaO(s)+C_2H_2\uparrow$$

生成的 C_2H_2 是可燃气体，易产生爆炸。所以要特别注意电石粉在运输和储存过程的安全。

（2）石灰粉。其主要成分是 CaO。石灰粉加入铁水后产生如下反应：

$$4CaO(s)+2[FeS]+[Si] = 2(CaS)+2[Fe]+(2CaO\cdot SiO_2)$$

$$2CaO(s)+2[FeS]+[Si] = 2(CaS)+2[Fe]+(SiO_2)$$

石灰粉有如下特点：

1）在脱硫的同时，铁水中的 Si 被氧化生成 $2CaO\cdot SiO_2$ 和 SiO_2，相应地消耗了有效 CaO，同时在石灰粉颗粒表面容易形成 $2CaO\cdot SiO_2$ 的致密层，阻碍了硫向石灰颗粒内部扩散，影响了石灰粉脱硫速度和脱硫效率，所以石灰粉的脱硫效率只是电石粉的 1/4～1/3。为此，可在石灰粉中配加适量的 CaF_2、Al 或 Na_2CO_3 等成分，破坏石灰粉颗粒表面的 $2CaO\cdot SiO_2$ 层，改善石灰粉的脱硫状况。例如，加 Al 后使石灰粉颗粒表面形成了低熔点的钙铝酸盐，提高脱硫效率约 20%；加入 Na_2CO_3 可以使 CaO 反应速度常数由 0.3 增长为 1.2；若加入 CaF_2 成分，反应速度常数可提高至 2.5。

2）脱硫产物为固态，便于扒渣，对铁水包内衬耐火材料侵蚀较轻，但渣量较大。

3）石灰粉在喷粉罐体内的流动性较差容易堵料，同时石灰极易吸水潮解。

4）石灰粉价格便宜。

（3）石灰石粉。其主要成分是 $CaCO_3$，属于石灰脱硫范畴。石灰石受热分解反应如下：

$$CaCO_3(s) = CaO(s)+CO_2\uparrow$$

石灰石粉有如下特点：

1）石灰石分解排出的 CO_2 强烈地搅动了铁水，利于脱硫反应；同时 $CaCO_3$ 在铁水深处分解时能生成极细的石灰粉粒，具有很高的活度，可提高脱硫效率。

2）石灰石分解出的 CO_2 与铁水中 Si 反应会放出热量，其热量与 $CaCO_3$ 分解吸收热量大体相抵。因此，使用石灰石脱硫时，铁水不会过分降温，与使用石灰粉脱硫大致相当。

3）资源丰富，价格便宜。

（4）金属镁和镁基材料。镁为碱土金属，其熔点与沸点都较低，熔点为 651℃，沸点为 1107℃，在铁水存在的温度下呈气态。镁与硫的结合力很强。镁在铁水中的溶解度取决于铁水温度和镁的蒸气压，因此镁的溶解度随压力的增加而增大，随铁水温度的升高而大幅度下降。在 1×10^5Pa 气压的条件下，当温度为 1200℃、1300℃和 1400℃时，镁的溶解度分别为0.45%、0.22%和0.12%；在2×10^5Pa气压下，相当于铁水液面以下2m处的压强，镁的溶解度增大1倍，分别为0.90%、0.44%和0.24%。铁水只要溶入0.05%～0.06%镁（相当0.5～0.6kg/t），脱硫就足够了。可见，铁水溶解镁的能力比脱硫处理需要镁的数量要高得多。现在市场上的镁基材料有镁焦、镁硅合金和钝化金属镁等。镁的脱硫反应如下：

$$Mg(s) \longrightarrow Mg(l) \longrightarrow Mg(g) \longrightarrow [Mg]$$

$$[Mg] + [FeS] = MgS(s) + [Fe]$$

由于金属镁的沸点很低，在铁水温度下呈气态。为了减缓镁的蒸发速度，有两种方式：一种是将镁渗入焦炭中，并将其放入用黏土石墨制作的钟罩形容器内，再使其浸入铁水之中，通过金属镁，汽化蒸发沸腾离开焦炭表面与铁水接触生成MgS，并上浮到铁水液面形成熔渣；另一种方式是将钝化后的金属镁或镁合金，通过载流气体喷入铁水。金属镁和镁基材料有如下特点：

1）镁的脱硫能力很强，脱硫效率高；

2）产物为固态硫化镁，易于扒除，对耐火材料侵蚀较轻；

3）消耗量少，处理时间短；

4）可实现自动控制；

5）金属镁价格较贵。

（5）苏打粉。其主要成分是Na_2CO_3，其受热分解，然后与铁水中的硫反应。

$$Na_2CO_3(s) = Na_2O(s) + CO_2\uparrow$$

$$\frac{3}{2}Na_2O(s) + [FeS] + \frac{1}{2}[Si] = (Na_2S) + \frac{1}{2}(Na_2O \cdot SiO_2) + [Fe]$$

$$Na_2O(s) + [C] + [FeS] = (Na_2S) + [Fe] + CO\uparrow$$

很早以前，曾经用过苏打粉作脱硫剂，但由于价格贵，污染又严重，未能沿用下来。

以上这些脱硫剂可以单独使用，也可以几种配合使用，但其脱硫效率有较大的差别。如电石粉+石灰粉、电石粉+石灰粉+石灰石粉、金属镁+石灰粉、金属镁+电石粉的复合剂；再如，CaD脱硫剂是电石粉和氨基石灰的混合料，氨基石灰是$w(CaCO_3)$为85%和$w(C)$为15%的混合材料，因此，CaD中含有相当于$w(CO_2)$为15%和$w(C)$为5%的成分。

B　脱硫方法

迄今为止，脱硫的方法不下20余种，目前使用最广泛的有搅拌法和喷吹法。

（1）机械搅拌法。机械搅拌法是将搅拌器（也称搅拌桨）沉入铁水内部旋转，在铁水中央部位形成锥形旋涡，使脱硫剂与铁水充分混合作用。KR法、RS法和NP法等都是搅拌法。

KR脱硫法是将浇注耐材形成的十字形搅拌桨，经烘烤后插入定量的铁水中旋转，使铁水产生旋涡，然后向铁水旋涡中投入定量的脱硫剂，使脱硫剂和铁水中的硫在不断地搅拌中发生脱硫反应。该法的最大优点是：脱硫动力学条件好，因此脱硫率很高（大于90%）。近年来，KR搅拌转速不断提高，现已提高至100r/min。同时搅拌桨的寿命也从1979年的80～110次，提高到目前的500次以上。武汉嘉特重型设备有限公司的KR铁水脱硫设备主要由以下装置组成（见图1-1）：

1）搅拌设备。由叶轮（搅拌桨）组成，脱硫时，起搅拌铁水作用。

2）溶剂接收和添加设备。由接收罐和称量漏斗组成。石灰和脱硫剂被接收到接收罐后通过称量漏斗依靠自身重量卸到铁水中。

3）铁水盛装和运输设备。由铁水罐和带倾翻铁水罐运输台车组成。

4）温度测量和取样装置。由机械式测温取样枪组成。

5）除尘装置。由烟罩和烟道组成，搜集脱硫时和扒渣时的烟气。

6）扒渣装置。

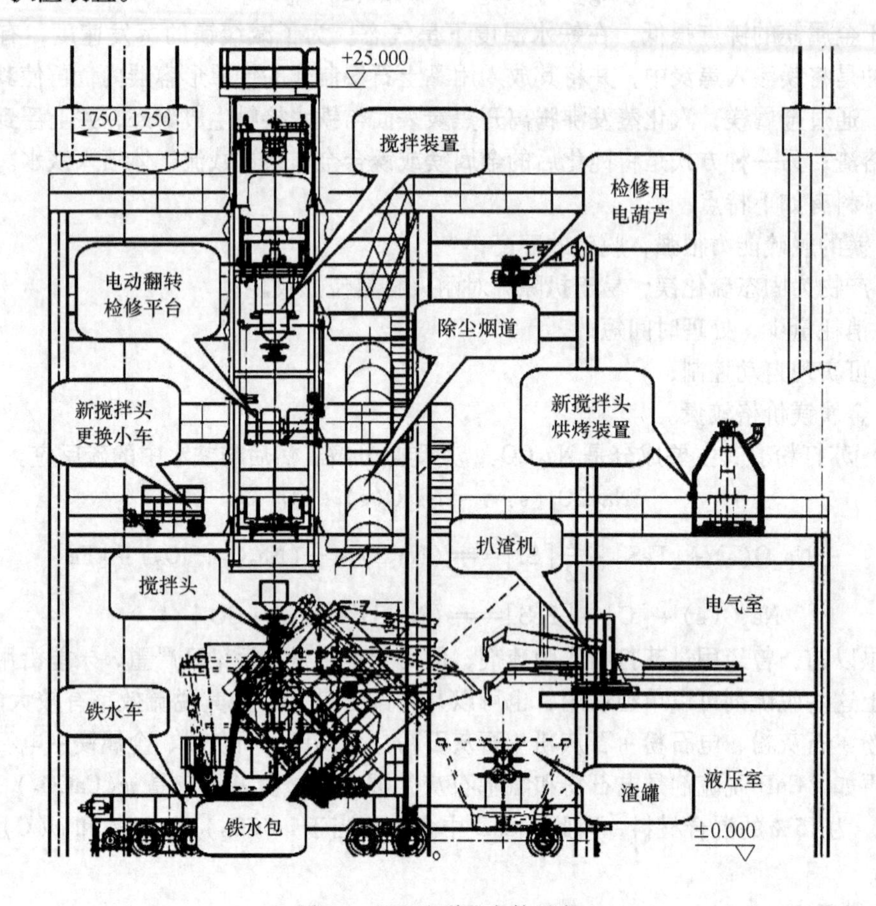

图 1-1　KR 法脱硫主体设备

若使用电石粉脱硫时，耗量为 2～3kg/t 铁，使用苏打粉则是 6～8kg/t 铁。每次处理时间约 10～15min，脱硫效率为 80%～90%，最大处理量为 350t，处理周期约为30～35min。

若用电石粉为脱硫剂，当铁水中 $w[S]=0.03\%$ 时，耗量为 2kg/t 铁，处理后铁水中 $w[S]$可降至 0.001% 的水平，其脱硫效率在 96%～97%。铁水处理前后必须扒渣。我国武钢二炼钢厂从日本引进了 KR 设备，于 1979 年投入使用，经消化改造，现以石灰粉为主要脱硫剂，效果很好。

（2）喷吹法。以干燥的空气或惰性气体为载流，将脱硫剂与气体混合吹入铁水中，同时也搅动了铁水，可以在混铁车或铁水包内处理。图 1-2 为喷吹设备结构示意图。喷吹枪有倒“Y”形和倒“T”形两种，倒“T”形喷枪的喷吹效果较好，其构造示意图如图 1-3 所示。

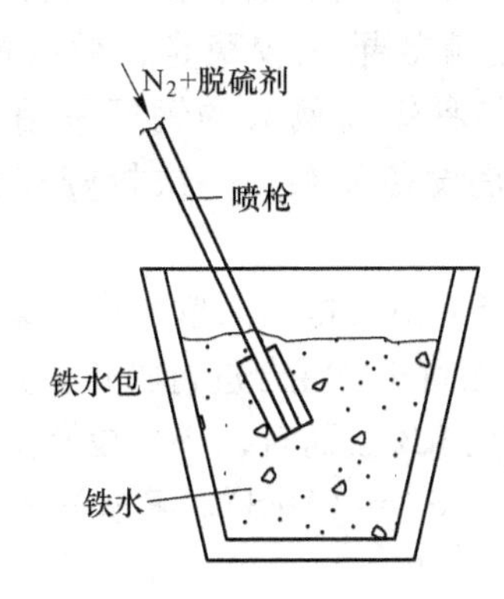

图 1-2　喷吹法脱硫装置示意图

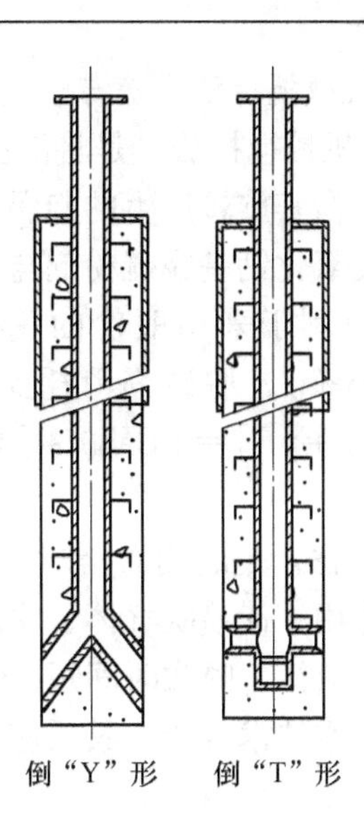

图 1-3　倒“Y”形和倒“T”形喷枪结构示意图

喷枪垂直插入铁水中，由于铁水的搅动，脱硫效果好。喷枪插入深度和喷吹强度直接关系到脱硫效率。宝钢在 20 世纪 80 年代从日本引进的脱硫技术就是喷吹法，也称 DTS 法，脱硫剂是电石粉。前西德蒂森冶金公司开发的 ATH 法也属喷吹法。乌克兰则采用带混合室的喷枪喷吹脱硫剂。

用金属镁作为脱硫剂时，耗量为 0.3kg/t 铁，铁水中 w[S] 由 0.035% 降至 0.01%；当镁的耗量为 0.4kg/t 时，终点 w[S] 可降到 0.005%，一般处理周期为 30～40min。表 1-1和表 1-2 为某钢厂铁水预处理操作数据。

表 1-1　某钢厂铁水预处理操作指标

处理号	包号	质量/t	处理周期/min	第一次喷吹		第二次喷吹		颗粒镁加入量/kg	扒渣时间/min	聚渣剂加入量/kg	扒渣效果
				时间/min	强度/kg·min^{-1}	时间/min	强度/kg·min^{-1}				
10D200145	6	150	56	3	8	9	6	120	20	80	良好
10D200146	14	150	61	7	6	8	6	101	20	100	良好
10D100200	6	150	44	20	6	—	—	105	10	100	良好
10D200147	14	150	54	18	7	—	—	115	10	100	良好

表 1-2　某钢厂铁水预处理成分及温度

处理号	处理前温度/℃	脱硫前铁水成分 w/%		脱硫后铁水成分 w/%			脱硫率/%	终点温度/℃
		Si	S	Si	S	Ti		
10D200145	1356	0.55	0.014	0.54	0.0018	0.0405	87.14	1294
10D200146	1362	0.57	0.016	0.57	0.0008	0.0251	95.00	1285
10D100200	1363	0.42	0.018	0.43	0.0004	0.0433	97.78	1277
10D200147	1361	0.31	0.023	0.29	0.0006	0.0275	97.39	1239

C　KR机械搅拌法脱硫与喷吹法脱硫工艺特点对比

（1）KR机械搅拌法。是将浇注耐火材料并经过烘烤的十字形搅拌头，浸入铁水包熔池一定深度，借其旋转产生的旋涡，将称量的脱硫剂由给料器加入到铁水表面，并被旋涡卷入铁水中使氧化钙基脱硫粉剂与铁水充分接触反应，达到脱硫目的。其优点是动力学条件优越，有利于采用廉价的脱硫剂如CaO，脱硫效果比较稳定，效率高（可脱硫至小于0.005%），脱硫剂消耗少，适用于低硫品种钢比例大的钢厂采用。其反应方程式是(CaO) + [S]═(CaS) + [O]。不足之处是设备复杂，一次投资较大，脱硫铁水温降大。

（2）喷吹法。是利用N_2作载体，将颗粒镁脱硫剂由喷枪喷入铁水中，载气同时起到搅拌铁水的作用，使喷吹气体、脱硫剂和铁水三者之间充分混合进行脱硫。其优点是设备费用低，操作灵活，喷吹时间短，铁水温降小。相比KR法而言，一次投资少，适合中小型企业的低成本技术改造。其反应方程式是[Mg] + [S]═(MgS)。喷吹法不足之处是动力学条件差。

有研究表明，在都使用CaO基脱硫剂的情况下，KR法的脱硫率是喷吹法的4倍。

D　铁水脱硫后扒渣的重要性

（1）铁水脱硫后的扒渣。经过脱硫处理后的铁水，须将浮于铁水表面上的脱硫渣除去，防止转炉炼钢时因产生逆反应造成回硫，渣中MgS或CaS会被氧还原，即

$$(MgS) + [O] = (MgO) + [S]$$

$$(CaS) + [O] = (CaO) + [S]$$

因此，只有经过扒渣的脱硫铁水才允许兑入转炉。钢水硫越低，相应要求扒渣时扒净率越高，尽量减少铁水带渣量。

（2）脱硫扒渣的重要性。脱硫渣的扒出是脱硫处理过程的重要环节。完成这一操作与以下因素有关：扒渣机的性能、脱硫渣的性能和状态、铁水渣的多少等。KR搅拌法和喷吹法所使用的扒渣机和铁水渣量都是可控的，它们的不同点就是脱硫渣的性能和状态。扒除脱硫渣是稳定脱硫效果防止回硫的关键。在生产过程中，由于脱硫后渣中w[S]很高（是脱硫后铁水硫含量的几百倍甚至上千倍），因此在生产低硫、超低硫品种钢时，少量未扒除的脱硫渣进入转炉都会造成转炉“回硫”，给转炉操作带来困难。

1.1.4.2　铁水炉外脱硅

降低铁水硅含量可以减少转炉炼钢的炉渣量，实现少渣或无渣工艺，并为炉外脱磷创造了条件。降低铁水硅含量可以通过发展高炉冶炼低硅铁水，或采用炉外铁水脱硅技术。炉外脱硅技术是将氧化剂加到流动的铁水中，使硅的氧化产物形成熔渣。处理后铁水中的w[Si]可以达到0.15%以下。

A　脱硅剂

脱硅剂均为氧化剂。选择脱硅剂时，首先要考虑材料的氧化活性，其次是运输方便，价格经济。目前使用的材料是以氧化铁皮和烧结矿粉为主的脱硅剂。其成分和粒度要求见表1-3。

表 1-3　脱硅剂成分及粒度要求

项　目	化学成分 w/%					
	TFe	CaO	SiO_2	Al_2O_3	MgO	O_2
氧化铁皮	75.86	0.40	0.53	0.22	0.14	24.00
烧结矿	47.50	13.35	6.83	3.20	1.34	20.00

项　目	粒度/mm			
	<0.25	0.25～0.50	0.50～1.0	>1.0
氧化铁皮	38%	52%	9%	1%
烧结矿	68%	17%	14%	1%

单纯使用氧化剂脱硅会发生如下现象：

（1）生成的熔渣黏，流动性不好。

（2）铁水中硅降低的同时产生脱碳反应，从而形成泡沫渣。泡沫渣严重时势必增加铁损，并影响铁水罐和混铁车装入量。为了改善熔渣流动性，在脱硅剂中配加适量的石灰和萤石，碱度为0.9～1.2，能防止回硫，还可以减少锰的损失。碱度与熔渣起泡的关系如图1-4所示。有的厂家还向铁水罐中投加焦油无水炮泥，以抑制熔渣起泡。

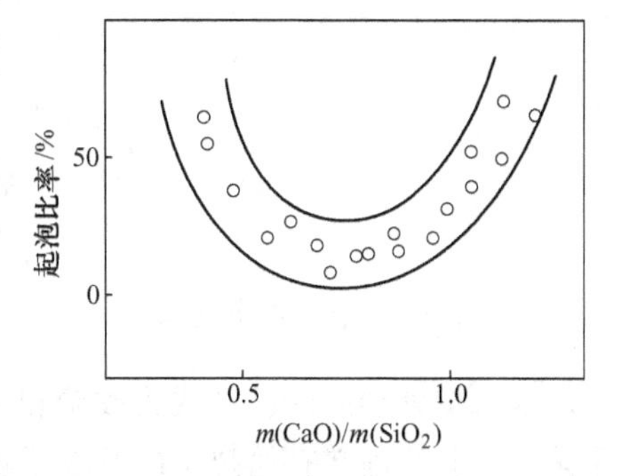

图 1-4　碱度与熔渣起泡的关系

B　脱硅剂加入方法

（1）投入法。将脱硅剂料斗设置在撇渣器后的主沟附近，利用电磁振动给料器向铁水沟内流动铁水表面给料，利用铁水从主沟和摆动流槽落入铁水罐时的冲击搅拌作用，使脱硅剂与铁水充分混合进行脱硅反应。这是最早的一种脱硅方法，脱硅效率较低，一般在50%左右。也可在投入法的基础上，向铁水表面吹压缩空气加强搅拌，以促进熔剂脱硅反应进行，提高熔剂利用率。

（2）顶喷法。用工作气压为0.2～0.3MPa的空气或氮气做载流，在铁水液面以上一定高度通过喷枪喷送脱硅剂。目前工业上采用的方法有3种形式，如图1-5所示。

形式（a）：喷枪倾斜角为10°～20°，脱硅剂喷入一个设有挡墙的特殊出铁沟内，喷入铁水内部和浮在表面的粉剂，随铁水流动落入混铁车或铁水罐内，靠落差冲击达到铁水与脱硅剂的混合。

形式（b）：将脱硅剂喷到流入混铁车或铁水罐的铁水流股内，靠铁水流的落差达到混合。

形式（c）：将脱硅剂喷至摆动槽的铁水落差区，然后经摆动槽落入混铁车或铁水罐中，这种方式铁水与脱硅剂经过两次混合，所以脱硅效果好，脱硅剂利用率高，脱硅效率可达70%～80%。最初是使用消耗性喷枪，烧损严重，约300mm/h，影响脱硅的稳定性，近些年来，多应用水冷却特殊结构的喷枪。

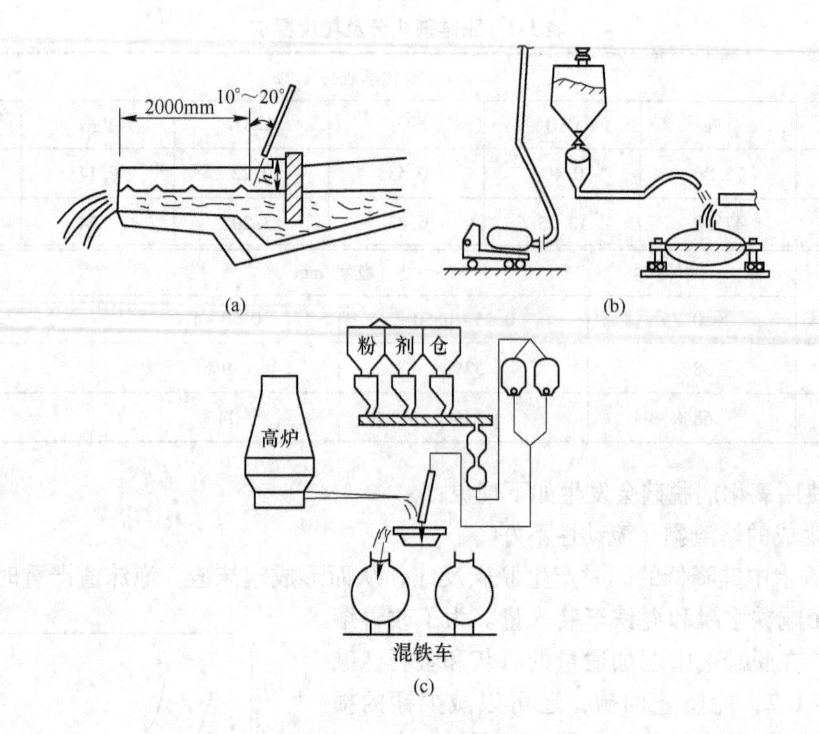

图 1-5 顶喷法脱硅

1.1.4.3 铁水炉外脱磷

铁水炉外预脱磷已经成为改善和稳定转炉冶炼工艺操作、降低消耗和成本的重要技术手段。尤其当前热补偿技术的开发成功，能够解决脱磷过程铁水的降温问题，铁水预脱磷的比例也越来越大。

铁水预脱磷与炉内脱磷的原理相同，即在低温、高氧化性、高碱度熔渣条件下脱磷。与钢水相比，铁水预脱磷具有低温、经济合理的优势。今后有可能达到100%铁水经过预处理，而转炉100%使用预处理的铁水炼钢。这样可以明显地减轻转炉精炼的负担，提高冶炼速度，100%达到成分控制的命中率，扩大钢的品种，大幅度提高钢的质量。

A 脱磷剂

目前广泛使用的脱磷材料有苏打系和石灰系脱磷剂。

（1）苏打系脱磷剂。苏打粉的主要成分 Na_2CO_3，是最早用于脱磷的材料，其脱磷反应式为：

$$Na_2CO_3(s) + \frac{4}{5}[P] = \frac{2}{5}(P_2O_5) + [C] + (Na_2O)$$

用苏打粉脱磷的碱度 $m(Na_2CO_3)/m(SiO_2) > 3$ 时，$m(P_2O_5)/m[P]$ 指数能达到1000以上，效率较高。但是在脱磷过程中苏打粉大量挥发，钠的损失严重，其反应式为：

$$Na_2CO_3(s) + 2[C] = 2Na(g) + 3CO\uparrow \quad 或 \quad Na_2O(s) + [C] = 2Na(g) + CO\uparrow$$

苏打粉脱磷的特点如下：

1）苏打粉脱磷的同时还可以脱硫；

2）铁水中锰几乎没有损失；

3）金属损失少；

4）可以回收铁水中 V、Ti 等贵重金属元素；

5）处理过程中苏打粉挥发，钠损失严重、污染环境，产物对耐火材料有侵蚀；

6）处理过程铁水温度损失较大；

7）苏打粉价格较贵。

（2）石灰系脱磷剂。石灰系脱磷材料主要成分是 CaO，并配入一定比例的氧化铁皮或烧结矿粉和适量的萤石。这些材料的粒度较细，吹入铁水后，由于铁水内各部位氧位的差别，能够同时脱磷和脱硫。

使用石灰系脱磷剂不仅脱磷效果好，而且价格便宜、成本低。

无论是用苏打系或是石灰系材料脱磷，铁水中硅含量低对脱磷有利。为此在使用苏打系处理铁水脱磷时，要求铁水中 $w[S] < 0.10\%$；而使用石灰系脱磷剂时，铁水中 $w[Si] < 0.15\%$ 为宜。

B 脱磷方法

（1）机械搅拌法。这种方法是把配制好的脱磷剂加入到铁水包中，然后利用装有叶片的机械搅拌器使铁水搅拌混匀，也可在铁水中同时吹入氧气。叶轮转速为 50～70r/min，吹氧量 8～18m^3/t，处理时间 30～60min，脱磷率 60%～85%。

（2）喷吹法。喷吹法是目前应用最多的方法，它是把脱磷剂用载气喷吹到铁水包中，使脱磷剂与铁水混合、反应，达到高效率脱磷。

1.1.4.4 铁水同时脱硫与脱磷

工业技术的发展促使人们寻求更加经济的铁水炉外处理方法，若能在铁水预处理过程中同时实现脱磷与脱硫，对降低生产成本、提高生产率都有利。众所周知，铁水脱硫和脱磷所要求的热力学条件是相互矛盾的，要同时实现脱硫与脱磷，必须创造一定的条件才能进行。根据对铁水脱磷和脱硫的程度要求，当渣系一定时，可以通过控制炉渣——金属界面的氧位 P_{O_2}来调节 L_P 和 L_S 的大小，即增大 P_{O_2}能提高 L_P、减小 L_S；减小 P_{O_2}能降低 L_P、增大 L_S。因此，就可以根据脱磷和脱硫的程度要求，控制合适的氧位，有效地实现铁水同时脱磷和脱硫。在采用喷吹冶金技术时，经试验测定，在喷枪出口处氧位高，有利于脱磷；当粉液流股上升时，其氧位逐渐降低，到包壁回流处氧位低，有利于实现脱硫。在 110t 铁水包中喷粉处理时各部位氧位的变化实测值如图 1-6 所示。因此，再同一反应器内，脱磷反应发生在高氧位区，脱硫反应发生在低氧位区，使磷与硫得以同时去除。

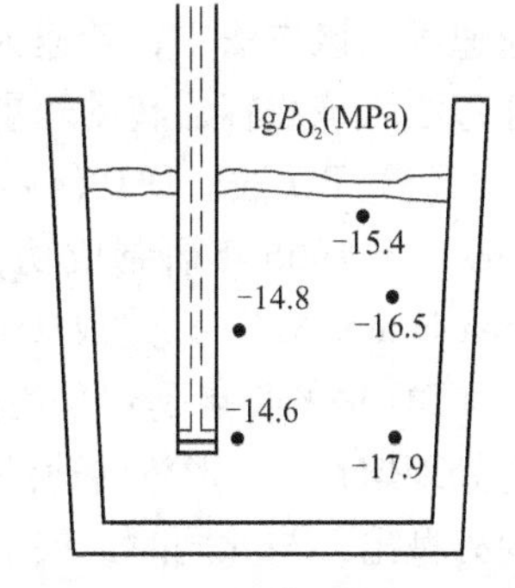

图 1-6 在喷吹冶金时铁水中 P_{O_2}的变化

理论上的突破促进了工艺技术的发展，目前铁水同时脱磷脱硫工艺已在工业上应用。如日本的 SARP 法（Sumitomo Alkali Refining Process，住友碱性精炼工艺），它是将高炉铁水首先脱 Si，当 $w[Si] < 0.1\%$ 以后扒出高炉渣，然后喷吹苏打粉 19kg/t，其结果使铁水脱硫 96%、脱磷 95%。喷吹苏打粉工艺的特点是：苏打粉熔点低，流动性好；界面张力小，易于实

现渣铁分离，渣中铁损小；实现同时去除硫和磷；但对耐火材料侵蚀严重，有气体污染。

另一类是以喷吹石灰粉为主的粉料，也可实现同时脱磷与脱硫。如日本新日铁公司的ORP法（Optimizing the Refining Process，最佳精炼工艺），它是将铁水脱硅，当 $w[Si] < 0.15\%$ 后扒出炉渣，然后喷吹石灰基粉料52kg/t，其结果是铁水脱硫率为80%、脱磷率为88%。喷吹石灰基粉料的工艺特点是：渣量大，渣中铁损多（$w(TFe) = 20\% \sim 30\%$）；石灰熔点高，需加助熔剂；铁水中氧位低，需供氧；成本低。

1.1.5 铁水预处理其他方法及发展动态

1.1.5.1 铁水预处理的其他方法

（1）铺撒法。铺撒法也称投入法，是一种简易的铁水预处理法，处理过程中只需将处理剂铺撒在铁水沟适当位置，熔剂随铁流而下，与铁水混合并进行脱硫、脱硅等反应；或将处理剂撒在铁水罐底部，靠铁流的冲击使预处理剂和铁水发生反应而脱除有关杂质元素或提取有用元素。该工艺对生产条件有较强的适应性，无明显工艺缺陷。进行脱硫预处理时，铁水温降约7～8℃，且没有回硫倾向，无铁损及喷枪烧损。

但铺撒法在操作过程中，操作人员要靠近铁水沟，经受高温烘烤及烟气熏呛，因此难以在出铁的全过程十分均匀地投放苏打灰等处理剂，该方法受人为因素影响极大，脱硫脱硅效果不稳定，产生的烟气污染环境。

（2）摇动法。摇动法也称铁水容器搅拌处理法，可以分为回转炉法、摇包法、DM摇包法。

回转炉法，是指在回转炉的铁水面上加入熔剂，通过容器的转动带动铁水而产生搅拌作用的一种脱硫方法。

摇包法，是指在偏心回转包的铁水中加入熔剂，进行铁水预处理的一种方法。包的转速为40～50r/min。

DM摇包法，其摇包能在既定的时间内交互改变偏心转动方向，进行正逆向转动，使铁水产生一个特殊的双回转运动，这样，铁水和处理熔剂通过混合搅拌大大提高了冶金反应速度。该方法中，转速为43r/min，正逆换向周期为14s，中间停止3s，处理效果优于摇包法。该法容器转动笨重，动力消耗高，包衬寿命低，冶金企业现在很少使用。

（3）DO法。DO（Demag-Ostberg）法是德国德马克公司的奥斯特伯格（J. E. Ostberg）于1966年研制成功，并于1968年在德国的奥古斯特蒂森冶金公司（August Thyseen-Hutte. A. G.）建成95t的DO装置，用于搅拌铁水预脱硫。其装置如图1-7所示。

DO法的特点是：采用耐火材料制成的Y形中空管状搅拌器搅拌铁水，在铁水表面撒上处理熔剂。T形管转速约为30r/min，搅拌过程中，侧管附近的铁水在离心力的作用下向外抛出，与此同时，铁水包下部的铁水向上流动，从而使铁水循环流动到铁水表面，与处理熔剂相混合并进行反应，达到预处理的目的。

采用此法进行铁水预脱硫时，每吨铁用 CaC_2 4～6kg；或配合使用生石灰：苏打＝8：1的混合剂，每吨铁用量10kg，处理10min，可使铁水中的硫从0.067%降到0.05%。

（4）莱茵法。莱茵法也称为RS法（Rhein Stahl），其装置如图1-8所示，是德国莱茵河钢铁厂的克雷默（F. Kraemer）等人于1969年研制成功的，欧洲各国普遍采用这种方法用于铁水预脱硫处理。莱茵法的搅拌器是采用铁芯加强的耐火材料制成的倒T形搅拌器，处理时转速为70r/min。其特点是：莱茵搅拌器只是部分插入铁水内部，通过搅拌使罐上部的铁水和熔剂形成涡流搅动、混合接触，并通过循环流动使整个包内铁水都达到上层脱硫区来实现预处理的目的。采用RS法脱硫时，每吨铁用CaC_2 5～8kg，处理时间10min，脱硫率可以达到70%～80%。

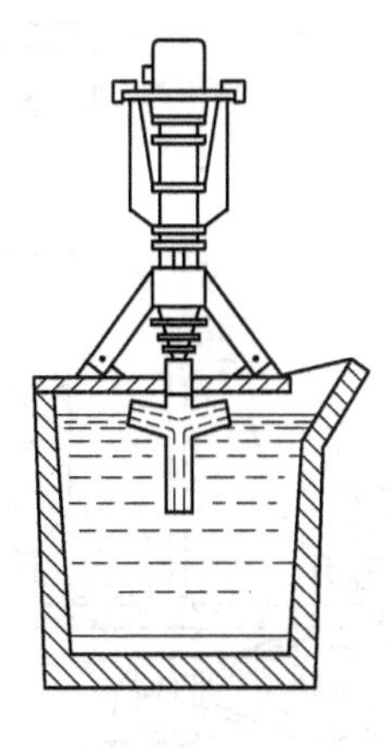
图1-7　DO法

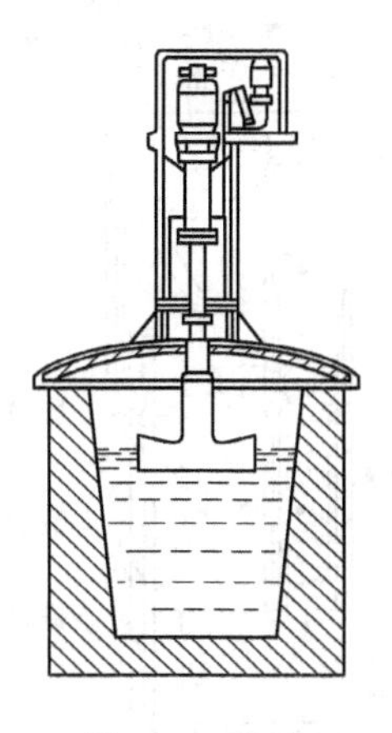
图1-8　RS法

（5）吹气搅拌法。吹气搅拌法主要有顶吹法、底吹法（PDS或CLDS）和气泡泵法三种。顶吹法和底吹法预先将熔剂加到铁水表面，然后通过顶枪或罐底的透气砖往铁水中喷吹气体进行搅拌。这两种方法设备费用低，操作简便，但处理效果不如机械搅拌法好。

CLDS法是改进了的PDS法，一般能连续处理4罐铁水，这样可以提高处理效率，省去了除渣，减少了铁损失，但是需要倒包处理。

气泡泵法也称气泡泵环流搅拌法，简称GMR法，其装置如图1-9所示。它是应用气泡泵的扬水原理研制成功的。它的中心部分是气体提升混合反应器，由两层管组成，氮气从管缝吹入。当处理铁水时，把反应器插入铁水中，吹入氮气后，铁水从反应器中心管上升，并从上部喷孔高速喷出，落到铁水液面与熔剂作用，并且熔剂被卷到铁水内部与铁水充分混合。在新型装置上，气泡泵本身旋转可以进一步提高处理效率、缩短处理时间。

（6）喷射法。喷射法也称喷粉法或喷吹法。喷射法是用载气将处理粉剂喷入到熔池内部进行脱硫、脱磷处理的方法。喷吹的气体对熔池有强烈的搅拌作用，能很好地改善反应动力学条件，分散在熔池中的熔剂大大增加了反应界面，因此脱硫、脱磷速度有很大的提高。

喷射法进行铁水脱硫的研究始于1940年，B. 艾特戈尔兹和I. 别连带特利用喷吹微粒石灰粉进行铁水脱硫试验，发现喷吹石灰粉脱硫率显著提高。随后，喷粉技术作为一门新兴的技术用于铁水脱硫。由于喷射法是在喷吹气体、熔剂和铁水三者之间充分搅拌混合的情况下进行脱硫、脱磷的，处理效率高、处理时间短、操作费用较低，并且处理铁水量大、操作方便灵活，从而受到人们的极大重视，成为目前广泛应用的铁水预处理方法。

1）按容器使用类型及喷枪安装方式分类的喷射法。按照容器使用类型及喷枪安装方式分类，喷射法有ATH法、TDS法、ISID法、铁水罐喷射法等。

① ATH法。ATH法是1970年原联邦德国蒂森公司研究成功并投入应用的一种方法，

它将一支外衬耐火材料的喷枪与水平方向成60°角斜插入265t鱼雷罐内，用载气向熔池内喷射固体粉末熔剂进行脱硫处理，处理过程中，每分钟吹入108kg碳化钙基复合脱硫剂，处理时间为8min，输送气体压力为0.6MPa，粉剂的浓度一般为40~60kg/m^3。其装置如图1-10所示。

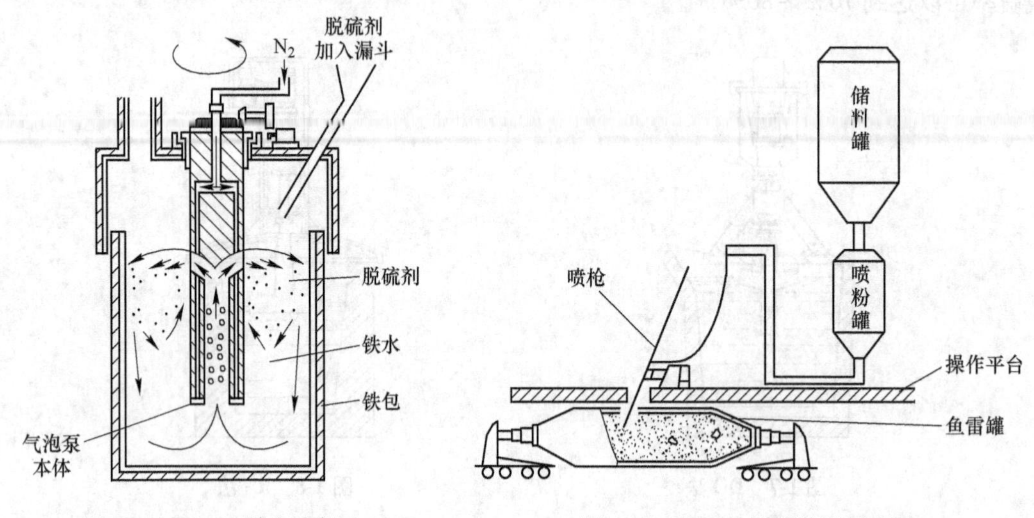

图1-9 GMR法脱硫示意图　　图1-10 ATH法脱硫装置示意图

② TDS法。TDS法是日本新日铁制钢公司于1971年试验成功的鱼雷罐顶喷粉脱硫法。它是将一内径为2.5cm的双孔喷枪从上部垂直插入250t或300t鱼雷罐内，熔剂从喷枪的侧孔喷入铁水中。喷枪插入铁水深度为1.0~1.5m，喷枪外面裹有耐火材料，处理时间约为10min，供粉速度为40~70kg/min，用氮气输送，气体流量为5~10m^3/min，粉剂浓度为8~10kg/m^3。

③ 铁水罐喷射法。铁水罐喷射法是指将喷枪垂直或倾斜地插入铁水罐深部，用载氧流气体送入脱硫剂并进行搅拌的预处理方法。铁水罐喷吹技术具有投资少、铁水处理量大、脱硫效率高、操作灵活、处理速度快、去渣彻底等优点。

④ ISID法。ISID法是英国谢菲尔德喷射公司开发出来的。该方法在铁水罐下部设置喷嘴和喷枪机构，其喷枪机构共有8个喷枪孔，每进行一次喷射用掉其中的一个。印度和欧美地区的一些钢厂采用过这种喷射处理法。

2）按熔剂不同成分的加入特点分类的喷射法。铁水预处理过程中，处理熔剂的成分往往并不是单一的，如采用CaO+Mg的复合脱硫剂就有两种不同的成分，按照熔剂不同成分加入的特点，喷射法又分为混合喷吹、复合喷吹、顺序喷吹、双枪喷吹和特殊喷枪喷吹。

① 混合喷吹。混合喷吹是最简单的模式，它仅需要一个喷吹罐。对于铁水预脱硫而言，这种模式要求进厂的熔剂事先完全混合好。若混合剂中含有镁粒，如采用Mg+CaO或Mg+CaC_2进行铁水脱硫时，镁粉和碳化钙（或石灰）预混合后在运输和处理过程中易出现浓度偏析现象，尤其储料罐底部和上部相比，这种分层现象导致喷吹操作难以控制，喷吹结果不易预测。因此，需要采取特殊措施以避免物料偏析。通常混合脱硫剂中CaC_2占5%~15%，其余为金属镁粉或含金属镁20%~25%的石灰粉。单一喷吹系统具有易于

操作和维护、设备投资低等特点，而且喷粉速度的控制系统比较简单。

② 复合喷吹。复合喷吹是将上述离线混合方式改为在线混合，即将分别存储在两个粉料分配器的镁粉和碳化钙（或石灰）粉分别经由两条输送管并在喷粉枪内汇合，通过一套喷粉枪向铁水内喷吹，通过调节分配器的粉料输送速度可确定两种物质的比例，在提高喷粉速度的同时不会造成喷枪堵塞，可使操作者更好地控制喷吹过程，进而更好地利用脱硫剂，达到既经济又高效的目的，大大提高了镁的利用率和可控性。但该法对设备的可靠性和自动控制水平要求较高，对现场安全防护措施要求严格，投资较高。统计表明，与混合喷吹相比，目标硫含量的偏差降低了28%。

③ 顺序喷吹。顺序喷吹是采用各自独立控制的喷粉罐通过一条输送管道向铁水中喷入三种或更多种类的脱硫剂，这将方便用户在更大的范围内选择脱硫工艺。设备配置与复合喷吹系统相同，但控制更复杂一些。这种模式在铁水初始硫含量和温度都很高时采用就会显示出其经济效益。例如，一方面，当处理周期的要求并不严格时，可采用镁＋石灰脱硫粉剂低速喷粉工艺；另一方面，如果对处理周期有较严格的规定，则可采用预喷＋二次喷粉的方法喷吹比较便宜的石灰粉，以提高喷粉的速度。这一工艺方法特别适用于全量铁水脱硫处理而且对处理后硫含量要求严格的炼钢厂。

④ 双枪喷吹。双枪喷吹是采用两支独立工作的喷枪，可以提高工厂的脱硫能力，与单枪喷粉工艺相比，该工艺多增加了一套喷粉系统。只要合理地设计两支喷枪的间距，就不会在提高喷粉强度的条件下造成金属喷溅增大。与多孔喷枪相比，两支枪的间距大，气泡在铁水中上浮的角度明显减小，可以形成两个基本分离的混合反应区。此外，工厂生产组织也具有灵活性，一支枪损坏更换时，另一支枪可以继续工作。

⑤ 特殊喷枪喷吹。采用带有气化室的喷吹金属镁粉喷枪，这种喷枪与普通喷镁粉的浸没式喷枪十分相似，但它却是一个专门用于喷吹金属镁粉的特殊喷枪。这种工艺最早用于俄罗斯和乌克兰。回顾历史，俄罗斯采用这种方法有其特殊的背景。相对于国际市场，俄罗斯由于富产镁而价格低廉。这种特殊的地区优势使俄罗斯可以较早地使用镁脱硫，研究开发出带镁气化室的喷枪。而对于西欧国家，金属镁是十分昂贵的。这种脱硫工艺在俄罗斯已经成功地应用了好多年，但由于气化喷枪耐火材料造型复杂，其成本相对较高。

（7）钟罩加入法。将镁焦、镁屑团块或镁白云石团块放在石墨制品的钟罩内，以插棒的形式把它们浸入铁水中，镁蒸气从钟罩孔中逸出，使铁水产生搅拌运动并和镁发生脱硫反应。

（8）喂丝法。喂丝法主要用于铁水预脱硫。在脱硫过程中，可以用Mg丝进行铁水脱硫。喂镁丝法是用铁皮包裹，固定含有规定比例Mg的脱硫剂，并且连续往铁水中投放，所以能够稳定供给，并具有以下优点：

1）设备简便，能大幅度削减设备费用；

2）通过控制喂丝速度就能控制铁水中的反应速度；

3）通过控制镁丝中镁的配合率、吨丝投入速度，就可在大范围内控制镁的供给速度；

4）不必担心采用喷射法时铁水中生成的镁可能被用于喷射的载体冲淡。

（9）铁水沟连续处理法。铁水沟连续处理法是一种简易的铁水预处理法。它又可以分为上罩法和喷吹法两种。铁水沟连续处理中的上罩法只需将预处理剂（铁水脱硫剂、脱磷剂、脱硅剂或其他预处理剂）铺撒在铁水沟适当位置，预处理剂随铁流而下，靠铁流的冲击使预处理剂和铁水发生反应而脱除有关杂质元素或提取有用元素；喷吹法则需要在铁水沟上设置喷吹搅拌枪或喷粉枪，使预处理剂经喷吹搅拌强化与铁水接触。

铁水沟连续处理工艺对生产条件有较强的适应性，无明显工艺缺陷。进行脱硫预处理时，铁水温降 7 ~8℃，且脱硫渣没有回硫倾向，无铁损及喷枪烧损。

1.1.5.2　*发展动态*

（1）通过对不同“三脱”剂、不同处理顺序的热力学计算比较，得出最佳铁水预处理顺序为：预处理脱硫→预处理脱硅→脱磷。特别是对洁净钢的生产，采用以下流程：高炉铁水→深度脱硫（$w[S]\leqslant 0.005\%$）→复吹转炉（脱磷、脱碳、升温）→钢水精炼（脱硫、去气体、去夹杂）→低硫钢水（$w[S]\leqslant 0.005\%$）。如要生产超低硫钢（$w[S]\leqslant 0.002\%$），则铁水要深脱硫至 $w[S]\leqslant 0.002\% \sim 0.003\%$。

（2）通过对不同处理容器、处理方法的动力学条件比较，得出最佳铁水预处理容器应为铁水包 KR 法脱硫，专用转炉脱硅、脱磷。

（3）目前脱硫工艺方法以喷吹法为主。喷吹法就是将脱硫剂喷入铁水中来脱硫。它比投掷法（将脱硫剂投入铁水中脱硫）效率高得多，而且比搅拌法（通过机械搅拌器向铁水内加入脱硫剂来搅拌脱硫）成本低，损耗小。但是，目前国际上如日本的先进钢铁厂在喷吹法脱硫设备大修时，却改造成机械搅拌法，主要是因为机械搅拌法除硫效率最高可达95%，这个动向值得重视。

（4）用铁水包 KR 法脱硫，可以采用廉价的石灰作脱硫剂，易实现深脱硫和超深脱硫，脱硫效果稳定，适应于大批量生产超低硫钢。在几种常用脱硫剂中，镁脱硫剂的优点突出。镁和硫的亲和力极高，对低温铁水，镁脱硫最好，用量少，对高炉渣不敏感；铁损少，无环境问题；而且脱硫处理用的设备投资也较低。缺点是镁价格高，但我国有大量镁资源，故应加强研发。

目前，比较先进的方法是复合喷吹工艺。这种工艺用两套喷粉系统通过计算机控制，按一定比例分别喷吹钙质粉剂（CaO 粉或 CaC_2 粉）和镁粉，达到最佳的脱硫效果。复合喷吹的特点是：在喷粉过程中可以随时调整金属镁和钙质粉剂的配比，根据铁水的原始硫含量和最终的脱硫要求，在铁水硫含量较低或脱硫要求较低时喷入成本低的石灰，只配入少量的金属镁粉；当铁水硫含量较高或脱硫要求较高时，在喷粉过程中逐步增加金属镁粉，从而达到对铁水进行深度脱硫的效果。

1.2　废　　钢

1.2.1　废钢的来源及分类

1.2.1.1　*废钢的来源*

废钢的来源复杂，质量差异大。其中以本厂返回料或者某些专业性工厂的返回料质量为最好，成分比较清楚，质量波动小，给冶炼过程带来的不稳定因素少。外购废钢则成分复杂，质量波动大，需要严格管理。一般可以根据成分、重量把废钢按质量分级，把优质废钢和劣质废钢区分存放。在转炉配料时，按成分或冶炼需要把优质废钢集中使用或搭配使用，以提高废钢的使用价值。

1.2.1.2　废钢的分类

废钢是氧气顶吹转炉炼钢的主原料之一，是冷却效果稳定的冷却剂。通常占装入量的30%以下。适当地增加废钢比，可以降低转炉钢消耗和成本。

（1）废钢按来源可分为自产废钢和外购废钢。

1）自产废钢。

① 再生废钢。如中间包坨、事故钢、连铸切头、切尾、非定尺材、轧钢废品等。

② 回收废钢。如报废的陈旧设备，钢结构、废轧辊等。

2）外购废钢。

① 加工废钢。如旧船、旧车辆大型废钢经加工后购进使用。

② 杂旧废钢。如废旧机件、零件、农具等。

（2）废钢按其物理形状可分为重废钢和轻废钢。

1）重废钢。如废钢锭、钢坯、连铸坯、废轧辊等。

2）轻废钢。如钢板切边、管切头、车刨屑等。

（3）废钢按化学成分还可分成碳素废钢和合金废钢。合金废钢可以按其所含合金元素的不同分类存放，避免不同合金元素的废钢混杂在一起，致使贵重合金元素损失或误带入钢中造成冶炼废品。

1.2.2　废钢质量对冶炼的影响

1.2.2.1　废钢成分对冶炼的影响

（1）废钢中磷、硫含量的影响。一般情况下，废钢中磷、硫含量较低，并且加入量较少（不大于30%的比例），几乎不用考虑对终点化学成分的影响。但是废钢中不排除高磷、高硫元素存在的情况，这时一定要根据废钢的化学成分、入炉的数量和所占的比例，计算有害元素在熔液中的分配比是否在能够被正常去除而满足钢种要求的范围内。当发现这类废钢时，要么采用增加渣料用量、改变造渣方法来强化脱磷、硫的效果，使钢水中的磷、硫含量降到符合所炼钢种要求的范围；要么事先计算好废钢的加入比例，搭配使用，保证终点化学成分的命中。虽然当废钢中磷、硫含量较高时，经过工艺操作最后不会使钢水中磷、硫含量偏高，但必定会增加冶炼的负担和难度，增加冶炼时间和冶炼成本。

（2）废钢中硅、锰对冶炼的影响。废钢中硅、锰的氧化会增加冶炼中的热收入。锰的氧化物 MnO 是碱性氧化物，其生成既增加了渣量又减轻了炉渣的酸性，有利于化渣。但硅的氧化物 SiO_2 是强酸性物质，它的存在会增加对炉衬的侵蚀程度，降低碱度，影响磷、硫的去除。为减轻其影响，要增加石灰入炉量，同时也增加了操作难度。当采用硅钢废钢时，一定要考虑废钢带入的硅含量，通过增加石灰来保证炉渣碱度需求。

1.2.2.2　废钢外观质量的要求

废钢外观质量要求干净，即要求少泥沙、耐材和无油污，不得混入橡胶等杂物，否则

会使熔池内 SiO_2、Al_2O_3、[H]、[P]、[S] 等杂质增加，同时增加冶炼的难度，增加熔剂等消耗，降低钢的质量。

另外，严禁混入密封容器，因为它受热膨胀容易造成爆炸恶性事故。

炉料还要求少锈蚀。锈的化学成分是 $Fe(OH)_2$ 或 $Fe_2O_3 \cdot H_2O$，在高温下会分解，使钢中 [H] 增加，产生白点，降低钢的力学性能，特别是使钢的塑性严重恶化；而且锈蚀严重时会使金属料失重过甚，不仅降低钢的收得率，而且还会因钢水量波动太大而导致钢水的化学成分出格。

1.2.2.3　废钢块度对冶炼的影响

入炉废钢的块度要适宜。对转炉来讲，一般以小于炉口直径的1/2为好，单重也不能太大。如果废钢太重太大，可能会导致入炉困难，入炉后对炉衬的冲击力太大而影响炉衬寿命。个别大块废钢入炉后甚至到冶炼终点时还不能全部熔化，会造成钢水温度低或成分出格；还有废钢块度大，通过磁盘吊往废钢斗加入的过程中易造成废钢斗的损坏。如果废钢太轻太小也不好，太小其体积必然增大，入炉后会在炉内堆积，可能造成送氧点火困难。

1.2.2.4　各类废钢加入顺序

本标准适用于转炉冶炼工序。

(1) 废钢装入顺序要考虑的主要因素是：便于废钢斗的吊运，防止兑入铁水时在炉内漂浮，能尽快熔解，避免未熔，入炉顺利，不损害炉衬。

(2) 废钢装入废钢斗的顺序是：由废钢操作工通知天车操作工，天车操作工按表1-4顺序装入废钢。

表1-4　各类废钢的装入顺序及分布

序号	废钢种类	斗中位置	说　明
1	切头、切尾	斗后部均匀放置	增大全熔可能性，减少冲击区损伤
2	中板条	斗中、后部	增大全熔可能性，减少冲击区损伤
3	渣钢	斗中部	促进熔化，减少冲击区损伤，保护炉底，保持斗平衡
4	打包废钢	斗中部	有效利用空间，保持斗平衡
5	杂废	前、中部均匀放置	有效利用空间，保护炉子
6	小板条	前、中部均匀放置	有效利用空间，保护炉子

注：根据废钢实际使用情况依照以上原则安排好废钢的装入顺序及斗内分布。

1.2.3　转炉冶炼对废钢的要求

废钢质量对转炉冶炼技术经济指标有明显影响。从合理使用和冶炼工艺出发，对废钢的要求如下：

(1) 不同性质废钢应分类存放，以避免贵重合金元素损失或造成熔炼废品。

(2) 废钢入炉前应仔细检查，严防混入封闭器皿、爆炸物和毒品；严防混入易残留于钢水中的某些元素如铅、锌等有色金属（铅密度大，能够沉入砖缝危害炉底）。

（3）废钢应清洁干燥，尽量避免带入泥土、沙石、耐火材料和炉渣等杂质。

（4）废钢应具有合适的外形尺寸和单重。轻薄料应打包或压块使用，以保证废钢密度；重废钢应能顺利装炉并且不撞伤炉衬，必须保证废钢在吹炼期全部熔化。如使用大型废钢，则在整个吹炼过程中不会全部熔化，这是造成出钢量波动和炉内温度与成分不均匀的原因。在装入大型废钢时，对炉体衬砖有很大的冲击力，会降低转炉装料侧炉衬的使用寿命。大量使用轻型废钢时，会使废钢覆盖住熔池液面而不易开氧点火（推迟着火时间）。重型废钢需破碎加工，合乎要求后再入转炉。各厂家可根据自己的生产情况对入炉废钢外形尺寸、单重做出具体规定。

在铁水供应严重不足或废钢资源过剩的某些国外钢厂，为了大幅度增加转炉废钢比，广泛采用如下技术措施：

（1）在转炉内用氧－天然气或氧－油烧嘴预热废钢。这种方法可将废钢比提高到30%～40%。

（2）使用焦炭和煤粉等固态辅助燃料，用这种方法可将废钢比提高到40%左右。

（3）使用从初轧返回的热切头废钢。

（4）在吹氧期的大部分时间里使用双流道氧枪进行废气的二次燃烧，它比兑铁水前预热废钢耗费时间缩短、冶炼的技术经济指标改善，是比较有前途的增加废钢比的方法。

1.2.4　废钢代用品的种类及对冶炼的影响

1.2.4.1　氧化铁皮

氧化铁皮的主要成分是FeO。氧化铁皮中杂质较少,成分稳定,其冷却效应相对来说也比较稳定;作为冷却剂后还起到化渣和提高金属收得率的好处;氧化铁皮系铸坯表面的剥落层,废物利用成本低微。但是氧化铁皮的密度较小,在入炉过程中易被炉气抽走,造成数量降低,从而降低了冷却效应的稳定性,因此氧化铁皮都送到烧结厂,作为烧结矿的原料。

1.2.4.2　铁矿石

铁矿石的主要成分是Fe_2O_3、Fe_3O_4，既是冷却剂又是化渣剂，入炉后吸收热量。在冶炼过程中按需要加入铁矿石不会占用装料时间。铁矿石的加入会带入一定的脉石，增加石灰消耗量，造成渣量增加，喷溅的可能也随时增加；同时铁矿石成分波动较大，所以冷却效应也不稳定。

1.2.4.3　烧结矿

烧结矿在转炉冶炼过程中能够代替部分废钢，既整体保持转炉全程热量平衡，又能根据熔池反映情况灵活调整冷料加入量和加入时机，对稳定转炉生产起到一定作用，同时也能够有效地降低金属料消耗，提高供氧强度，缩短冶炼周期。转炉通过使用烧结矿造渣技术，达到了减少废钢使用量、降低钢铁料消耗的目的，能够满足转炉冶炼的需要，降低生产成本。烧结矿作为冷却剂近年来在转炉炼钢过程中被广泛应用。

1.2.4.4　球团矿

球团矿是将细精矿粉在造球设备上经加水润湿、滚动成生球，然后再焙烧固结而成。

球团矿呈球形，粒度均匀，具有较高的强度和还原性。因其品位高、冷却效果好在转炉炼钢生产过程中作为冷却剂使用。

1.3 散 状 料

1.3.1 造渣剂

1.3.1.1 *石灰*

石灰的主要成分 CaO，是炼钢的主要造渣材料，具有脱 P、脱 S 能力，也是用量最多的造渣材料。其质量好坏对冶炼工艺操作、产品质量和炉衬寿命等有着重要影响。特别是转炉冶炼时间短，要在很短的时间内造渣去除磷、硫，保证钢的质量优良，因而对石灰的质量要求更高。

对石灰质量的要求如下：

(1) 有效 CaO 含量高。石灰有效 CaO 含量取决于石灰中 CaO 和 SiO_2 含量，而 SiO_2 是石灰中的杂质。若石灰中含有 1 个单位的 SiO_2，按炉渣碱度 3.0 计算，需要 3 个单位的 CaO 与 SiO_2 中和，这就大大降低了石灰中有效 CaO 的含量。因此，原冶金部标准规定石灰中 $w(SiO_2) \leqslant 4\%$。

(2) 硫含量低。造渣的目的之一是去除铁水中的硫，若石灰本身含硫量较高，显然对于炼钢中硫的去除不利。据有关资料报道，在石灰中增加 0.01% 的硫，相当于钢水中增加硫 0.001%。因此，石灰中硫含量应尽可能低，一般应小于 0.05%。

(3) 残余 CO_2 少。石灰中残余 CO_2 量，反映了石灰在煅烧中的生（过）烧情况。残余 CO_2 量在适当范围时，有提高石灰活性的作用，但对废钢的熔化能力有很大影响。一般要求石灰中残余 CO_2 量为2%左右，相当于石灰灼减量的2.5%～3.0%。

(4) 活性度高。石灰的活性，是指石灰同其他物质发生反应的能力，用石灰的溶解速度来表示，石灰在高温炉渣中的溶解能力称为热活性，目前在实验时还没有条件测定其热活性。大量研究表明，用石灰与水的反应，即石灰的水活性可以近似地反映石灰在炉渣中的溶解速度，但这只是近似方法。例如，石灰中 MgO 含量增加，有利于石灰溶解，但在盐酸滴定法测量水活性时，盐酸耗量却随石灰中 MgO 含量的增加而减少。原冶金部标准规定，石灰的活性度用盐酸滴定法测定，盐酸消耗大于 300mL 的石灰才属优质活性石灰。

对于转炉炼钢，国内外的生产实践已经证实，必须采用活性石灰才能对生产有利。世界各主要产钢国家都对石灰活性提出了要求，表 1-5 是各种石灰的特性，表 1-6 是我国顶吹转炉用石灰标准。

表 1-5 各种石灰的特性

焙烧特征	体积密度/$g \cdot cm^{-3}$	比表面积/$cm^2 \cdot g^{-1}$	总气孔率/%	晶粒直径/mm
软烧	1.60	17800	52.25	1～2
正常	1.98	5800	40.95	3～6
过烧	2.54	980	23.30	晶粒连在一起

表 1-6 我国顶吹转炉用石灰标准

项目	化学成分 w/%			活性度/mL	块度/mm	烧减/%	生（过）烧率/%
	CaO	SiO_2	S				
指标	≥90	≤3	≤0.1	>300	5～40	<4	≤14

世界各国均用石灰的水活性来表示石灰活性，其基本原理是石灰与水化合生成 $Ca(OH)_2$，在化合反应时要放出热量和形成碱性溶液，测量此反应的放热量和中和其溶液所消耗的盐酸量，并以此结果来表示石灰的活性。

1）温升法。把石灰放入保温瓶中，然后加入水并不停地搅拌，同时测定达到最高温度的时间，并以达到最高温度的时间或在规定时间内达到的升温数来作为活性度的计量标准。

如美国材料试验协会（ASTM）规定：把 1kg 小块石灰压碎，用 3.35mm 标准筛筛分。取其中 76g 石灰试样加入 24℃、360mL 水的保温瓶中，并用搅拌器不停地搅拌，测定并记录达到最高温度的时间。达到最高温度的时间小于 8min 才是活性石灰。

2）盐酸滴定法。利用石灰与水反应后生成的碱性溶液，加入一定浓度的盐酸使其中和，根据一定时间内盐酸溶液的消耗量作为活性度的计量标准。

我国石灰活性度的测定采用盐酸滴定法，其标准规定：取 1kg 石灰块压碎，然后通过 10mm 标准筛筛分。取 50g 石灰试样加入盛有（40±1）℃、2000mL 水的烧杯中，并滴加 1% 酚酞指示剂 2～3mL，开动搅拌器不停地搅拌。用 $4mol/dm^3$ 的盐酸开始滴定，并记录滴定时间。以采用 10min 时间中和碱溶液所消耗的盐酸溶液量作为石灰的活性度。我国标准规定，盐酸溶液消耗量大于 300mL 才属活性石灰。

此外，石灰极易水化潮解，生成 $Ca(OH)_2$，要尽量使用新焙烧的石灰，同时对石灰的储存时间应加以限制。

石灰通常由石灰石在竖窑或回砖窑内用煤、焦炭、油、煤气煅烧而成。石灰石在煅烧过程中的分解反应为：

$$CaCO_3 \xlongequal{} CaO + CO_2$$

$CaCO_3$ 的分解温度为 880～910℃。石灰石的煅烧温度高于其分解温度越多，石灰石分解越快，生产率越高。但烧成的 CaO 的晶粒长大也越快，难以获得细晶石灰。同样，分解出的 CaO 在煅烧的高温区停留的时间越长，晶粒也长得越大。因此，要获得细晶石灰，CaO 在高温区停留的时间应该短。相反，煅烧温度过低，石灰块核心部分的 $CaCO_3$ 来不及分解，而使生烧率增大。因此，煅烧温度应控制在 1050～1150℃ 的范围内。同时，烧成石灰的晶粒大小也决定着石灰的气孔率和体积密度，随着细小晶粒的合并长大，细小孔隙也随着减少。文献中普遍将煅烧温度过低或煅烧时间过短、含有较多未分解的 $CaCO_3$ 的石灰称为生烧石灰；将煅烧温度过高或煅烧时间过长而获得的晶粒大、气孔率低和体积密度大的石灰称为硬烧石灰；将煅烧温度在 1100℃ 左右而获得的晶粒小、气孔率高（约 40%）、体积密度小（约 $1.6g/cm^3$）、反应能力高的石灰称为软烧石灰。

1.3.1.2 萤石

萤石的主要成分是 CaF_2，纯 CaF_2 的熔点为 1418℃，萤石中还含有其他杂质，因此熔点还要低些。造渣加入萤石可以加速石灰的溶解，萤石的助熔作用是在很短的时间内能够改善炉渣的流动性；但过多的萤石用量会产生严重的泡沫渣，导致喷溅，同时加剧炉衬的损坏，并污染环境。

转炉炼钢用萤石的 $w(CaF_2) > 85\%$，$w(SiO_2) \leqslant 5.0\%$，$w(S) \leqslant 0.10\%$，块度在 5～40mm 之间，并要干燥、清洁。

对于吹炼高磷铁水而要回收炉渣制造磷肥的，在吹炼过程中不允许加入萤石，可改用铁钒土代替萤石作助熔剂来加速石灰的熔化。随着萤石资源的短缺，许多工厂都在寻求萤石的代用品。

1.3.1.3　生白云石

生白云石即天然白云石，主要成分是 $CaMg(CO_3)_2$。焙烧后为熟白云石，其主要成分为 CaO 与 MgO。自 20 世纪 60 年代初开始应用白云石代替部分石灰造渣技术，其目的是保持渣中有一定的 MgO 含量，以减轻初期酸性渣对炉衬的侵蚀，提高炉衬寿命，实践证明效果很好。生白云石也用于溅渣护炉的调渣剂。

由于生白云石在炉内分解吸热，影响废钢的入炉量，所以用轻烧白云石效果更为理想。目前有的厂家在焙烧石灰时配加一定数量的生白云石，石灰中就带有一定的 MgO 成分，用这种石灰造渣也取得了良好的冶金和护炉效果。

1.3.1.4　菱镁矿

菱镁矿也是天然矿物，主要成分是 $MgCO_3$，焙烧后用作耐火材料，也是目前溅渣护炉的调渣剂。

1.3.1.5　合成造渣剂

合成造渣剂是将石灰和熔剂预先在炉外制成低熔点的造渣材料，然后用于炉内造渣，即把炉内的石灰块造渣过程部分甚至全部移到炉外进行。显然，这是一种提高成渣速度、改善冶炼效果的有效措施。

作为合成造渣剂中熔剂的物质有氧化铁、氧化锰、萤石或其他氧化物等，可用其中一种或几种与石灰粉一起在低温下预制成型。这种预制料一般熔点较低、碱度高、颗粒小、成分均匀而且在高温下容易碎裂，是效果较好的成渣料。高碱度烧结矿或球团矿也可作为合成造渣剂使用，它的化学成分和物理性能稳定，造渣效果良好。

煅烧石灰时采用加氧化铁皮渗 FeO 的方法制取含氧化铁皮外壳的黑皮石灰，也是一种成渣快、脱 P、脱 S 效果良好的熔剂。此外，也可以预烧渗 FeO 的白云石。

由于合成造渣剂的良好成渣效果，减轻了顶吹氧枪的化渣负担，从而有助于转炉吹炼过程的操作控制。

1.3.1.6　锰矿石

加入锰矿石有助于化渣，也有利于保护炉衬，若是半钢冶炼，其更是必不可少的造渣材料。要求 $w(Mn) \geqslant 18\%$，$w(P) < 0.20\%$，$w(S) < 0.20\%$，粒度在 20～80mm 之间。由于成本较高，生产时一般不额外加入。

1.3.1.7 石英砂

石英砂也是造渣材料，其主要成分是 SiO_2，用于调整碱性炉渣流动性。对于半钢冶炼，加入石英砂利于成渣，调整炉渣碱度以去除 P、S。要求使用前应烘烤干燥，水分应小于3%。

1.3.2 冷却剂

通常，氧气顶吹转炉炼钢过程热量有富余，因而根据热平衡计算加入一定数量的冷却剂，以准确地命中终点温度。氧气顶吹转炉用冷却剂有废钢、生铁块、铁矿石、氧化铁皮、烧结矿、球团矿、石灰石和生白云石等，其中主要为废钢和铁矿石。

1.3.2.1 废钢

废钢的冷却效应稳定，加入转炉产生的渣量少，不易喷溅。但加入转炉占用冶炼时间，冶炼过程调节不便。

1.3.2.2 生铁块

生铁块与废钢相比，冷却效应低，还必须配加一定量石灰，渣量大，同样占用冶炼时间，过程调节不便。一般生铁块与废钢搭配着一起入炉。

1.3.2.3 铁矿石和氧化铁皮

铁矿石主要成分为 Fe_2O_3 和 Fe_3O_4。铁矿石熔化后铁被还原，过程吸收热量，因而能起到调节熔池温度的作用。但铁矿石带入脉石，增加石灰消耗和渣量，同时一次加入量不能过多，否则会产生喷溅。铁矿石还能起到氧化作用。氧气顶吹转炉用铁矿石要求 TFe 含量要高，SiO_2 和 S 含量要低，块度适中，并要干燥清洁。铁矿石化学成分最好为：$w(TFe) \geqslant 56\%$，$w(SiO_2) \leqslant 10\%$，$w(S) \leqslant 0.20\%$；块度在 10～50mm 为宜。

铁矿石的冷却效应高，加入时不占用冶炼时间，调节方便，还可以降低钢铁料消耗。

氧化铁皮来自轧钢车间副产品，含铁量高（$w(TFe) > 90\%$），其他杂质不大于 3.0%，使用前烘烤干燥，去除油污。氧化铁皮细小体轻，因而容易浮在渣中，增加渣中氧化铁的含量，有利于化渣，因此氧化铁皮不仅能起到冷却剂的作用，而且能起到助熔剂的作用。

1.3.2.4 其他冷却剂

石灰石、生白云石也可作冷却剂使用，其分解熔化均能吸收热量，同时还具有脱 P、脱 S 的能力。当废钢与铁矿石供应不足时，可用少量的石灰石和生白云石作为补充冷却剂。用石灰石、生白云石作冷却剂可以替代部分石灰造渣，节约成本，但是加入时间、加入量的多少需要现场摸索试验。

1.3.3 铁合金

为满足钢的化学成分和质量要求，在钢的脱氧和合金化过程中广泛使用多种铁合金和脱氧剂。它们有些以铁合金形式使用，如锰铁、硅铁、铬铁等；有些以合金形式使用，如硅锰、硅钙、硅铝钡等；有些以纯金属形式使用，如铝、锰、铬、镍等；此外，有些还以化合物形式使用，如稀土化合物。

铁合金品种多，生产方法多样，都是以碳或其他金属作为还原剂，从矿物中还原金属，生产成本较高。铁合金的主要生产有高炉法、电热法、电硅加热法和金属热法。多数铁合金是用电能在矿热炉中生产的。

转炉对铁合金的要求：

（1）使用块状铁合金时，块度应合适，一般为10～50mm，并要求数量准确、干燥纯净、不混料。

（2）在保证钢质量的前提下，应选用适当牌号的铁合金，以降低钢的成本。

（3）对没有炉外精炼设备的钢厂，在冶炼含氢量要求严格的钢种时，铁合金使用前宜经过烘烤，以减少带入钢中的气体。对熔点较低和易氧化的合金，可在低温（200℃）下烘烤；熔点较高和不易氧化的合金应在高温（800℃）下烘烤，并要保证足够的烘烤时间。

（4）铁合金成分应符合技术标准规定，以避免炼钢操作失误。如硅铁中的铝、钙含量，沸腾钢脱氧用锰铁的硅含量，都直接影响钢水的脱氧程度。

1.3.4 其他材料

1.3.4.1 增碳剂

在吹炼中、高碳钢种时，吹炼终点多数用增碳剂调整钢中碳含量达到要求。顶吹转炉炼钢用增碳剂的要求是固定碳要高，灰分、挥发分和硫含量要低，并要干燥、干净，粒度要适中。通常使用石油焦为增碳剂，其固定碳不小于95%，粒度在3～5mm。粒度太细容易烧损；太粗加入后浮在钢液表面，不容易被钢液吸收。最好是称量后装袋储存，使用时投入钢液中。

此外，也可以使用低硫生铁块做增碳剂。

1.3.4.2 氧气

氧气是氧气转炉炼钢的主要氧化剂，要求含氧量达到99.5%以上，并脱除水分与皂液。工业用氧是通过制氧机把空气中的氧、氮分离、提纯来制得的。炼钢用氧一般由厂内附设的制氧车间供给，用管道输送到炉前。要求氧压稳定，满足吹炼所要求的最低压力，并且安全可靠。

1.3.4.3 焦炭

目前氧气顶吹转炉开新炉时需用焦炭烘烤炉衬。焦炭固定碳不小于80%，水分应小于7%，硫质量分数不大于0.7%，块度应在10～40mm之间。

1.3.5 石灰的种类及生产方法

1.3.5.1 石灰的种类

石灰按品种分为生石灰、熟石灰；按氧化镁含量分为钙质石灰、镁质石灰。

1.3.5.2 石灰的生产方法

首先将适当粒度的石灰石进入回转窑的预热器，在预热器中石灰石被来自回转窑窑尾的1000～1100℃的烟气预热到900℃左右，大约有10%～20%的石灰石被分解。预热后的石灰石通过溜槽进入回转窑，在窑中石灰石进一步加热，在1200～1250℃的温度下继续分解，直至完全煅烧。煅烧好的石灰从窑头排出，落入回转窑的冷却器内进行冷却。石灰落入冷却器时的温度为1100℃左右，从冷却器底部鼓入的冷风将石灰冷却到40～100℃，冷却后的石灰经振动除灰装置排出。回转窑系统示意如图1-11所示。

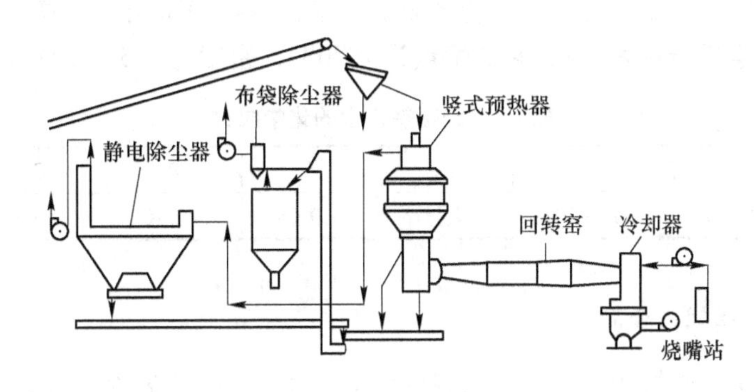

图1-11 回转窑系统示意图

1.3.6 萤石代用品的种类及特点

1.3.6.1 铁矿石和氧化铁皮

成分：铁矿石的成分主要是Fe_2O_3和Fe_3O_4，氧化铁皮是锻钢和轧钢过程中从钢锭或钢坯上剥落下来的金属氧化物的碎片，又称铁鳞，其主要成分是Fe_2O_3。

作用：萤石的代用品，可与石灰生成铁酸钙。另外，分解时吸热具有冷却作用，可分解出FeO，具有氧化作用。

要求：铁矿石的$w(TFe) \geqslant 56\%$，$w(SiO_2) \leqslant 10\%$，$w(S) \leqslant 0.2\%$，块度10～50mm为宜；氧化铁皮的$w(TFe) \geqslant 90\%$，其他杂质不大于3%，使用前在500℃温度下烘烤2h以上，去除水分和油污。

氧化铁皮可做助熔剂使用，氧化铁皮加入熔池后增加（FeO）量，（FeO）可以使炉渣中含有FeO的低熔点矿物保持一定数量；（FeO）能比（MnO）更有效地使石灰外围的高熔点矿物C_2S松散软化；（FeO）还能渗透C_2S进入石灰，与石灰反应后生成低熔点的铁盐钙。所以，氧化铁皮具有很好的化渣助熔作用。

1.3.6.2 火砖块

火砖块是浇铸系统的废弃品，它的作用是改善熔渣的流动性，特别是对含MgO高的熔渣，稀释作用优于萤石。

火砖块中含有约30%的Al_2O_3，易使熔渣起泡并具有良好的透气性。但火砖块中还含有55%～70%的SiO_2，能大大降低熔渣的碱度及氧化能力，对脱磷、脱硫极为不利。因此，在电炉炼钢的氧化期应绝对禁用，在还原期要适量少用，只用在冶炼不锈钢或高硫钢时才稍多一些。

1.3.7　近年来使用的铁合金

1.3.7.1　硅铝铁合金

长期以来，转炉一直用金属铝作为钢液的终脱氧剂。虽然铝在脱氧能力、细化晶粒等方面存在很大优点，但以块状方式加入钢中利用率低、收得率不稳定。20 世纪 80 年代中期后，国内一些钢厂开始使用硅铝铁合金脱氧，使铝的收得率明显提高，脱氧成本下降。硅铝铁合金的化学成分见表 1-7，它的熔点为 1070℃，密度为 4.3 ~ 4.5g/cm³。

表 1-7　硅铝铁合金的化学成分　（%）

成分	Al	Si	Fe	S	P	C	杂质含量
质量分数	0 ~ 45	15 ~ 30	余量	<0.05	<0.10	<0.5	<1.0

1.3.7.2　硅铝钡铁合金

硅铝钡铁合金是继硅铝铁合金之后开发的又一新型复合脱氧剂。由于它含有一定数量的钡，而钡具有脱氧、脱硫、改变夹杂物形态、提高钢的力学性能等作用，因此一些转炉厂用它取代投入法加铝块及硅铝铁合金等脱氧剂。

我国首钢使用的硅铝钡铁合金化学成分为：w(Si) 为 30% ~ 35%；w(Ba) 为 12% ~ 14%；w(Al) 为 24% ~ 26%，取得了较好的使用效果和经济效益。本钢 120t 转炉使用的硅铝钡铁合金化学成分见表 1-8。合金的熔点为 1050 ~ 1200℃，密度为 3.21 ~ 3.38g/cm³。

表 1-8　本钢硅铝钡铁合金化学成分　（%）

成分	Si	Al	Ba	Ca	C	P	S
质量分数	21.98 ~ 22.65	39.51 ~ 39.85	7.6 ~ 7.9	<0.1	<0.5	<0.2	<0.05

1.3.7.3　铁合金收得率标准

各钢种成分、合金成分含量等可参见相应的钢种操作要点。转炉工序铁合金收得率见表 1-9。

表 1-9　转炉工序的铁合金收得率　（%）

合金名称	C	Mn	Si	P	Cu	Ni	V	Cr	Ti	Al	B	Nb
增碳剂	83											
高碳锰铁		90										
中碳锰铁		90										
低碳锰铁		90										
硅锰合金		90	88									
硅铁			88									

续表 1-9

合金名称	C	Mn	Si	P	Cu	Ni	V	Cr	Ti	Al	B	Nb
钒铁							95					
钛铁									72			
镍铁块						98						
铌铁												95
低碳铬铁								93				
铝锰钛										18		
铜板					98							
磷铁				96								
铝铁硼											67	

1.4 生 产 实 践

1.4.1 KR 法和喷吹法对比

下面以 150t 铁水包、混铁车及 KR 法和喷吹法为例说明操作过程、要点及注意事项。

1.4.1.1 KR 法脱硫

（1）KR 法脱硫操作规程。

KR 法脱硫工艺流程如图 1-12 所示，KR 法脱硫示意图如图 1-13 所示。

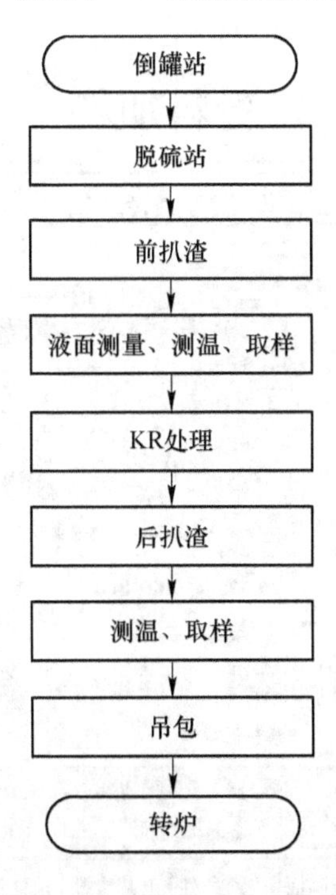

图 1-12 KR 法脱硫工艺流程图

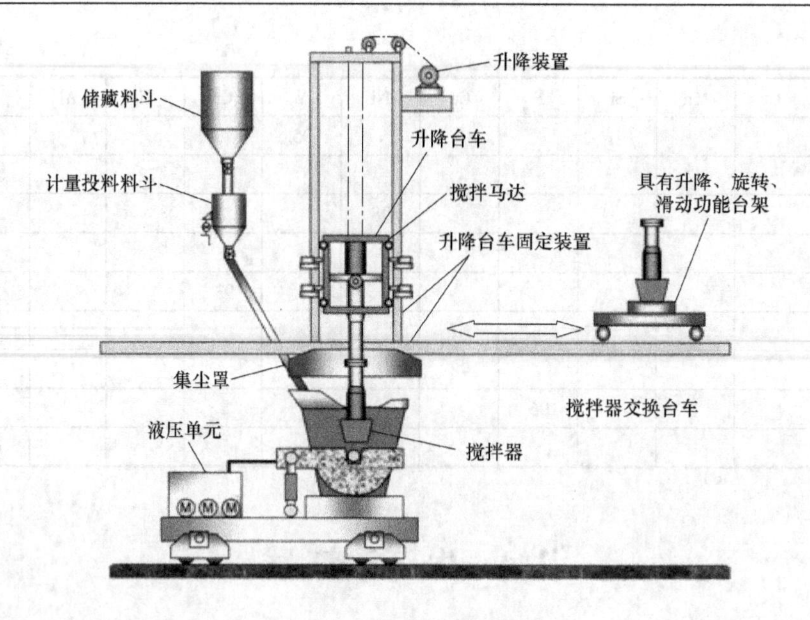

图 1-13　KR 法脱硫示意图

1）铁水脱硫前扒渣。高炉出铁后带入铁水中的高炉渣是低碱度氧化渣，并且硫含量很高，这与脱硫条件相违背，因此必须在脱硫操作前扒掉高炉渣。

2）测温取样。在加入脱硫剂前，对铁水进行测温、取样。

3）加入脱硫剂。铁水进入脱硫工位后，将搅拌头降至工作位置，启动搅拌头。当搅拌转速达到 7～10r/min 时，加入脱硫剂。脱硫剂是采用抛洒法一次性加入。KR 法脱硫备料加料系统如图 1-14 所示。

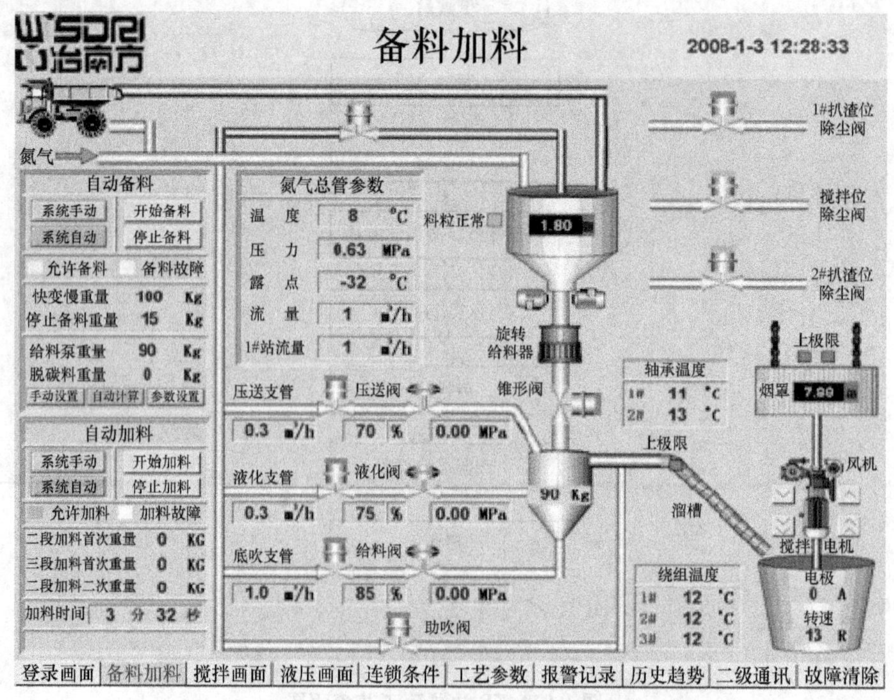

图 1-14　KR 法脱硫备料加料系统画面

4）搅拌脱硫。KR 法铁水脱硫时的搅拌速度是根据铁水硫含量、铁水温度以及搅拌头状况确定的。KR 法脱硫搅拌系统如图 1-15 所示。

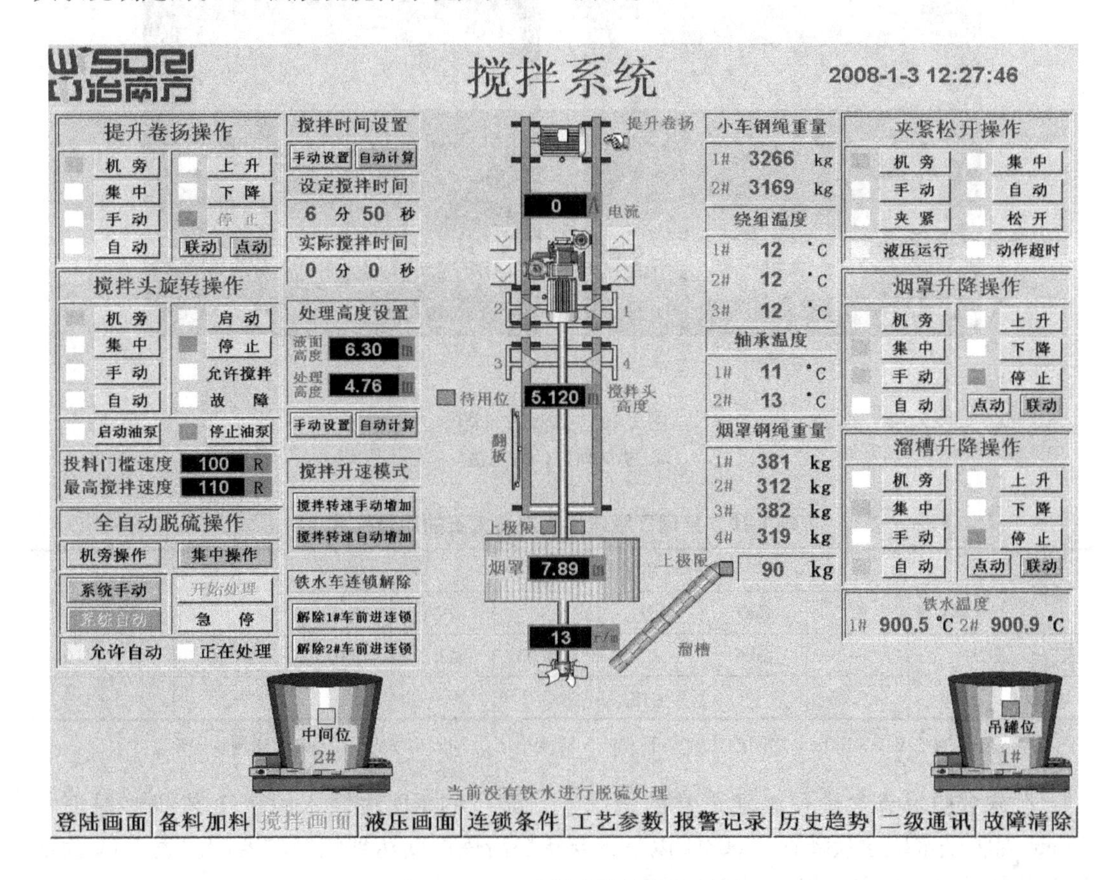

图 1-15 KR 法脱硫搅拌系统画面

当铁水温度与含硫量一定时，在一定范围内搅拌器转速越高脱硫效率越高。但搅拌器转速过高，在搅拌时会使铁水在脱硫铁水包内严重喷溅，同时加速搅拌头的磨损。使用新搅拌头时，设定搅拌器转速比正常值降低 10 ~ 20r/min；加入脱硫剂时搅拌器转速应比正常转速降低 2 ~ 5r/min；在投料剩余 100kg 时，开始均匀增速到所需正常转速值 80 ~ 100r/min，防止在加入脱硫剂时出现喷溅。

5）测温取样。脱硫操作结束后，将搅拌头升起，进行测温取样。

6）铁水脱硫后扒渣。脱硫操作结束后，渣中富含硫，为了避免铁水回硫，必须进行后扒渣。扒渣前后对比情况如图 1-16 所示。

7）某钢厂 KR 法脱硫剂消耗与指标。

① 脱硫剂配比与成分要求。脱硫剂组成：石灰 90%、萤石 10%。其中石灰和萤石的质量标准见表 1-10。

② 脱硫剂的加入量及搅拌时间。

$$脱硫剂加入量(kg) = 脱硫剂个硫单耗(kg/t) \times 铁水质量(t) \times (铁水初始\ w[S] - 铁水目标\ w[S])$$

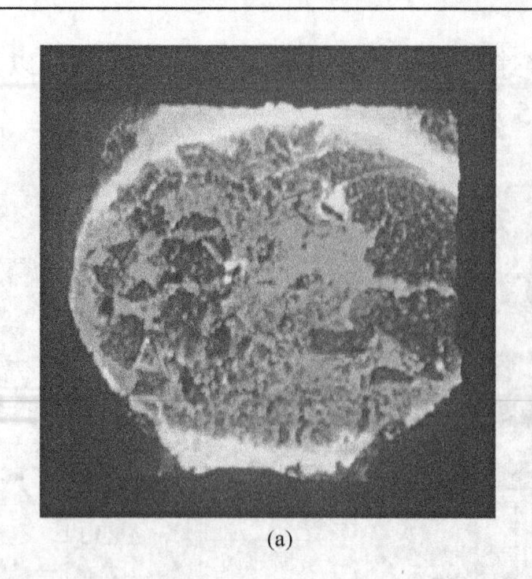
(a)

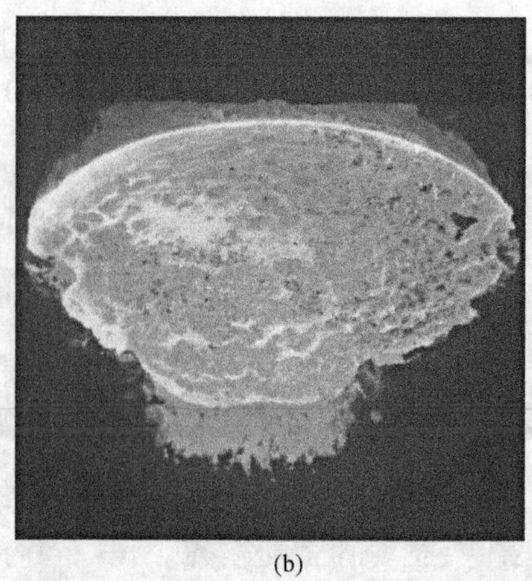
(b)

图 1-16　扒渣效果图
（a）扒渣前；（b）扒渣后

表 1-10　某钢厂脱硫用石灰和萤石的质量标准

名称	化学成分（质量分数）/%							活性度	粒度/mm
	CaF_2	P	CaO	SiO_2	S	烧损	水分		
石灰	—	—	≥86	<5	<0.03	≤2.0	<0.5	≥320	0.5~1.0
萤石	≥80	<0.06	—	≤18	<0.2	—	—	—	0.5~1.0

注：其中粒度在 0.5~1.0mm 之间的比例大于 80%，粒度小于 0.3mm 和大于 1.2mm 的比例≤10%。

在铁水初始硫含量和温度正常的情况下，该厂的 KR 法铁水脱硫工艺能够保证在 35min 内将铁水硫含量降到 0.003% 以下，与转炉冶炼周期达到较好的匹配。表 1-11 为某厂脱硫剂的加入量和搅拌时间控制标准。

表 1-11　某钢厂脱硫剂的加入量及搅拌时间

原始 w[S]/%	终点 w[S]/%	温降/℃	降低 0.001% [S] 脱硫剂消耗量 /kg · t^{-1}	搅拌时间 /min
≤0.035	≤0.02	≤35	0.27	7
	≤0.01	≤36	0.27	8
	≤0.005	≤38	0.28	10
	≤0.002	≤40	0.30	12
0.036~0.050	≤0.02	≤38	0.21	8
	≤0.01	≤39	0.21	9
	≤0.005	≤41	0.22	11
	≤0.002	≤43	0.23	13
0.051~0.070	≤0.02	≤40	0.19	10
	≤0.01	≤41	0.19	11
	≤0.005	≤43	0.20	12
	≤0.002	≤45	0.21	14

(2) KR法脱硫注意事项。

1) 搅拌头的结构。KR搅拌头(图1-17)是由金属搅拌芯与耐火材料工作衬组成的复合结构体。搅拌头为十字叉结构,内部由铸钢制作,外部捣打耐火浇注料。耐火浇注料由钢丝纤维、高温耐火水泥、莫来石等组成。制作时,按一定的耐火浇注料和水配比搅拌,通过振动捣打成型,然后经过30h烘烤,在使用前,必须再烘烤7~8h。

2) 搅拌头损坏原因。搅拌头破损主要集中在搅拌叶,尤其是搅拌叶的棱角部位,主要破损形式是龟裂、熔渣或铁水沿裂纹渗透引起耐火材料工作衬的结构剥落、烧损金属搅拌芯等,最终因搅拌叶大面积破损而终止使用。其损坏情况如图1-18所示。

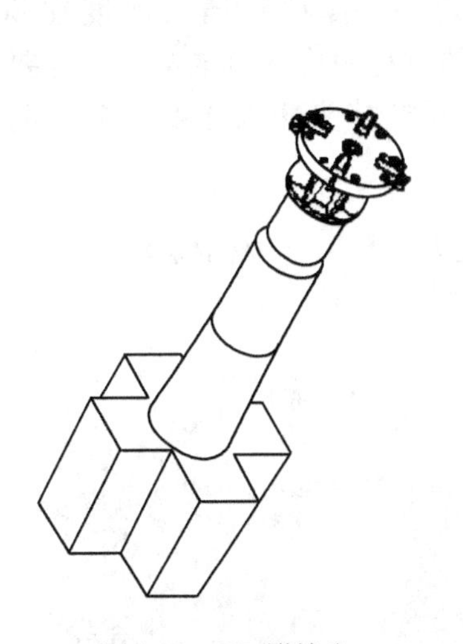

图1-17 KR搅拌头

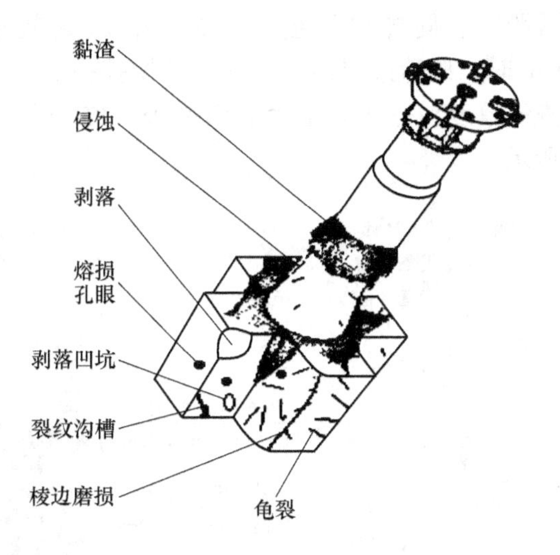

图1-18 KR搅拌头各部位的损坏

铁水脱硫过程中造成搅拌器损坏的原因主要有三方面:应力破坏、机械磨损和化学侵蚀。应力包括热应力、机械应力和结构应力,急冷急热会使搅拌头耐火材料剥落;铁水机械磨损主要是搅拌器插入铁水中旋转搅拌时,因克服铁水阻力与旋转状况下铁水的冲刷造成的磨损;化学侵蚀是在高温条件下,铁水、熔渣对搅拌器浇注层的化学侵蚀。

3) 搅拌头的维护。

① 搅拌头预热。检查螺栓和软管连接情况,检查热包或热烤包,把搅拌头降到热包内烘烤5min进行预热。

② 搅拌头修补。每炉处理结束后,把搅拌头升高到操作平台上方检查,确认是否需要进行修补。

判断搅拌头需要修补的标准:搅拌头叶面、轴部浇注层出现局部侵蚀大于等于50mm,形成孔洞、沟槽、凹陷时,必须进行修补。

4) 脱硫剂粒度要求及加料时间。KR法脱硫剂的加入是在铁水罐上方的烟罩内进行,如果白灰粒度太小,则容易被除尘烟道吸走,起不到脱硫作用。因此脱硫剂要求粒度在0.4~0.8mm之间的占80%以上。

脱硫剂加入过早,即涡流未形成时,脱硫剂不能随涡流充分弥散到铁水中,部分脱硫剂黏于搅拌头的轴部，生成“蘑菇”，影响脱硫效果，增加人工处理“蘑菇”的次数，对生产组织造成影响。

加入过晚，高速搅拌时（此时涡流形成，流动速度较快）易产生飞溅，脱硫剂利用率降低。加入时间应控制在1.5～2min之间，待脱硫剂加完后，再根据搅拌头的状况，适当提高旋转速度。

5）搅拌头插入深度要求。现场操作时依靠观察搅拌铁水时产生的铁水火花、亮度判断搅拌效果。通常铁水包口火花飞溅强烈、包口亮度高，表明搅拌速度偏快；包口无火花飞溅、且亮度昏暗，表明搅拌速度偏慢。搅拌头插入深度必须适中，如果太深，既不会产生旋涡也不能使脱硫剂扩散到铁水中，脱硫效果较差；搅拌头插入太浅，铁水飞溅严重，同样也不会产生旋涡，脱硫效果也较差。搅拌头插入深度在800～1000mm时，脱硫效果最好。在测试搅拌头插入深度的过程中应尽可能准确，并要考虑到铁渣的厚度和搅拌头叶片下部是否“结瘤”。具体见搅拌头插入深度要求示例如图1-19所示。

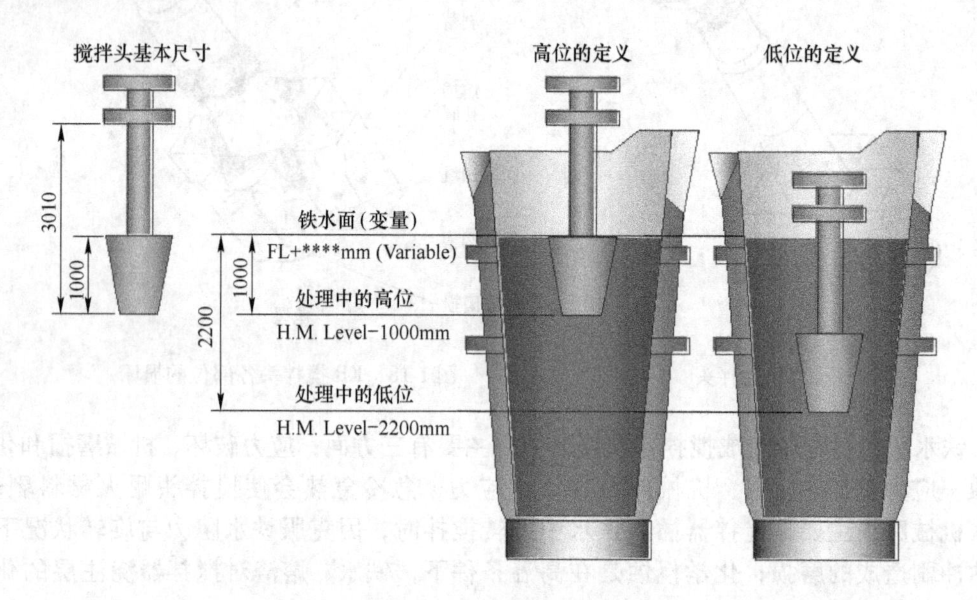

图1-19　搅拌头插入深度要求示例（单位：mm）

6）进预处理站的铁水要求。进KR脱硫站的铁水，要求从铁水液面到铁包上沿的净空必须大于500mm，铁水带渣量少于铁水量的0.5%。下列条件的铁水不能进行脱硫处理：

① 铁包表面结壳或者有大型渣块，渣块直径大于1000mm。

② 铁水温度小于1250℃。

7）搅拌操作注意事项。

① 确认铁水包中心线对准搅拌头中心线，正负误差不超过50mm。搅拌头的隔热板不能进入到铁水中，搅拌头叶轮不能出铁水面。

② 新搅拌头在使用前50次时，必须进行预烘烤，将搅拌头叶片浸泡到铁水中烧结3～5min。

③ 铁水液面控制在3600～4200mm之间方可进行搅拌操作，搅拌过程中注意观察电流值及转速波动情况和相关信号变化。

④ 每处理完一包铁水要对搅拌头进行检查确认，搅拌头耐火材料损坏或脱落大于等于50mm或有槽沟、孔眼、凹陷情况时，必须进行热修补后才能使用。

⑤ 搅拌结束前3min进行必要的均匀减速，但转速不得低于65r/min。

⑥ 处理后硫含量达不到要求时，需要铁水温度大于等于1250℃后方可进行二次脱硫。

1.4.1.2 喷吹法脱硫

（1）喷吹法脱硫操作规程。图1-20为喷吹法脱硫工艺流程图。对比图1-12和图1-20可知，喷吹法是先取样后扒渣，KR法是先扒渣后取样。KR法比喷吹法多一次前扒渣与液面测量。

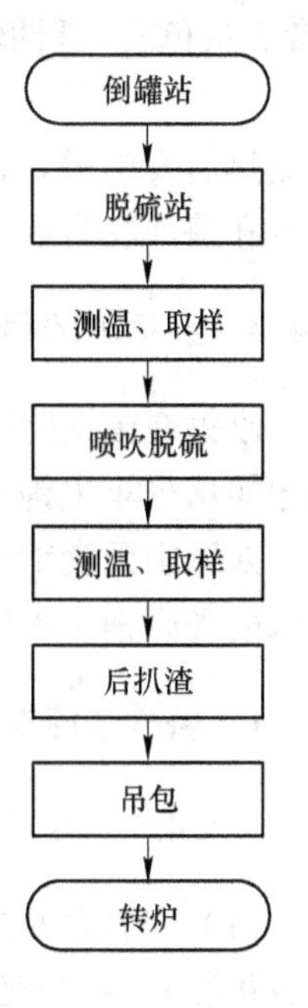

图1-20 喷吹法脱硫工艺流程图

以下为某厂150t转炉的铁水预处理站工艺技术要求：

1）是否进行铁水预处理及处理后的目标铁水硫含量依据各钢种的操作要点执行。

2）金属颗粒镁含量不小于92%。

3）处理前铁水包净空要求不小于445mm。

4）载气工作压力0.8～1.2MPa，工作流量30～160m^3/h。

5）脱硫喷枪插入最大深度为枪头端面距包底不小于0.2m。

6）喷镁强度4～20kg/min。

7）喷吹时间3.5～15min。

8）脱硫镁单耗0.19～0.97kg/t（视初始、目标硫含量及载气气源种类不同而变化）。

9）倾包扒渣时间5～8min，扒渣后铁水液面露出2/3以上。

10）处理铁水温降5～15℃。

（2）喷吹法注意事项。

1）单喷镁在5～7kg/min比较理想，完全能满足生产需要。如一味提高速率，则易产生堵枪和喷溅较大的弊端。

2）铁水返硫现象普遍。喷枪在喷吹过程中，由于喷吹角度的限制及脱硫剂不能下沉等原因，使得脱硫剂始终到不了一部分区域，如铁水罐底部及与两眼成90°夹角区域，我们称为死区。由于铁水动力学条件差，使得该区域的铁水得不到流动，因此该区域内的铁水脱硫效果基本上等于零。当此罐铁水脱硫操作完成后，死区内铁水的硫就会渐渐扩散到整罐铁水中，使得铁水硫量回升，造成返硫现象。

1.4.2 废钢种类的简单识别

（1）借助火花鉴别等方法，检查废钢中是否混入有色金属。

（2）在废钢堆场整理废钢时或废钢入炉前，凭借肉眼和手感仔细观察、检查并挑出有害杂质。

（3）检查混入废钢铁中的铜。铜为金黄色金属，富有延展性，熔点1080℃，氧化后生成碱式碳酸铜，呈绿色（俗称铜绿），具有良好的导热、导电性，常用以制作电器开关、触头、电线、马达线圈等。铜主要以上述形态混入废钢铁中，所以在检查中要严加注意，确保全部挑出。

（4）检查混入废钢铁中的锡。锡（Sn）的熔点232℃，有白锡、脆锡、灰锡三种同素异形体。常见的是白锡，为银白色金属，富有延展性。镀锡钢皮常称为马口铁，是废钢铁中最常见的，所以在检查中要挑出马口铁，防止将锡带入炉料中。

（5）检查混入废钢铁中的铅。铅（Pb）的密度为11.34g/cm^3，熔点327℃，银白色（带点灰色），延性弱，展性强，它经常混入废钢中，必须仔细检查后挑出。

（6）检查混入废钢中的密封容器、爆炸物及放射性物质。密封容器和爆炸物进入炉内受热后发生爆炸，是安全生产的隐患，必须仔细地从废钢铁中挑出来。检查和挑出密封容器和爆炸物后要及时进行处理，防止这些未经处理的物品再次混入废钢中。

1.4.3 废钢料的吊运

废钢在废钢跨装入废钢斗，由吊车吊起，送至炉前平台，由炉前进料工将废钢斗尾部钢丝绳从吊车主钩上松下，钩在吊车副钩上待用。

如逢雨天废钢斗中有积水，可在炉前平台起吊废钢斗时将废钢斗后部稍稍抬高或在兑铁水前加废钢。废钢入炉后，应向后摇炉烘烤废钢，再兑入铁水。

1.4.4 各种造渣材料、合金料的识别和保存

1.4.4.1 各种造渣材料的识别和保存

（1）石灰的外观特征。石灰呈白色，手感较轻（有些手感较重的石灰往往是未烧透的石灰石）。石灰极易吸水粉化，粉化后的石灰粉末不能再做渣料用，因此储存和运输时必须防雨、防潮。

（2）萤石的外观特征。萤石基本以块状供应，质量好的萤石表面呈黄、绿、紫等色（无色的少见），透明并具有玻璃光泽；质量较差的则呈白色（类似于石灰颜色）；质量最差的萤石表面带有褐色条斑或黑色斑点，且其硫化物（FeS、ZnS、PbS等）含量较多。因此萤石要保持干燥、清洁。

（3）生白云石的外观特点。生白云石呈灰白色，与石灰相比则石灰更趋白色，内部结构更疏松，且表面会黏有不少粉末，而生白云石稍趋深色（从颜色看与劣质萤石相似）、质硬、手感较重。

（4）氧化铁皮的外观特征。氧化铁皮是轧钢车间铸坯表面的一层氧化物，剥落后成为片状物，青黑色，来自于轧钢车间，主要成分是氧化铁。使用时应加热烘烤，保持干燥。

（5）铁矿石的外观特征。铁矿石常见的有3种：

1）赤铁矿，俗称红矿。外表有的呈钢灰色或铁黑色，有的晶形为片状；有的有金属光泽且明亮如镜（故又称为镜铁矿），手感很重。主要成分是Fe_2O_3。

2）磁铁矿。外表呈钢灰色和黑灰色，有黑色条痕，且具有强的磁性（因此而得名）。磁铁矿组织比较致密，质坚硬，一般呈块状。主要成分是Fe_3O_4。

3）褐铁矿。外表黄褐色、暗褐色或黑色，并有黄褐色条痕。其结构较松散，密度较

小，相对而言手感较轻，含水量大。主要成分是 $m\mathrm{Fe_2O_3} \cdot n\mathrm{H_2O}$。

1.4.4.2 合金料的识别

(1) 锰铁。锰铁的密度较大，为 7.0g/cm^3，外观表面颜色很深，近于黑褐色并呈现出犹如水面油花样的彩虹色，断面呈灰白色，并有缺口，如果相互碰撞会有火花产生。

(2) 硅铁。以前称矽铁（因为元素硅曾名为矽），密度较小，为 3.5g/cm^3，表面为青灰色，易破碎，其断面较疏松且有闪亮光泽。

(3) 铝铁。铝铁的密度也较轻，约为 4.9g/cm^3，外观表面灰白色（近灰色）。

(4) 铝。手感是上述几种合金中最轻的，密度仅为 2.8g/cm^3，是一种银白色的轻金属，有较好的延展性，一般以条形或环形状态供应。

(5) 硅钙合金。表面颜色与硅铁很接近，为青灰色，手感比硅铁与铝更轻，密度仅为 2.55g/cm^3，其断面无气孔，有闪亮点。

(6) 硅锰合金。手感较重，密度为 6.3g/cm^3，质地较硬，断面棱角较圆滑，相互碰撞后无火花产生。表面颜色在锰铁与硅铁之间（偏深色），使用块度一般在 10～50mm。

(7) 铝锰铁。块状，形如条形年糕，貌如小型铸件，表面较光滑，颜色近于褐色，与锰铁相似。块度不大，一般不会碎裂，如破碎其断面呈颗粒状，且略有光泽。

1.4.5 合金料的烘烤操作

(1) 烘烤前后必须仔细检查核对各种铁合金成分、批号，并标识清楚，防止混料。如发现批号、成分不明或混料时，需经处理后方准使用，否则严禁使用。

(2) 铁合金需烘烤后使用，锰铁、硅铁、铬铁、镍必须用大火烤，烘烤温度大于等于 500℃，烘烤大于等于 2h；低熔点的铁合金应用中小火烤，钒铁、钛铁、硼铁、硫铁烘烤温度 100～2000℃，烘烤时间大于等于 4h；不宜烘烤的也应做到充分干燥，炉内（罐内）的各种铁合金不准混在一起烘烤。块度不超过 80mm。

思考与习题

1-1 转炉炼钢对铁水质量有什么要求？
1-2 铁水预处理的作用是什么？
1-3 铁水脱硫的方法有哪些？
1-4 脱硫剂的种类及特点有哪些？
1-5 铁水脱磷的方法有哪些？
1-6 脱磷剂的种类及特点有哪些？
1-7 说明铁水预处理扒渣的作用。
1-8 脱硅剂的种类及特点有哪些？
1-9 废钢的种类有哪些？
1-10 如何进行废钢的识别？
1-11 废钢块度对冶炼有什么影响？

1-12 常用冷却剂的种类有哪些？
1-13 炼钢用造渣材料有哪些种类，如何识别？
1-14 如何选用造渣材料？
1-15 废钢中铜元素、铅元素的危害是什么？
1-16 作为造渣剂白云石的主要作用是什么？
1-17 说明石灰的生产过程。
1-18 合金烘烤的目的是什么，温度如何确定？
1-19 生产现场合金化时选择合金的根据是什么？
1-20 石灰在转炉炼钢中的作用是什么？

2 顶吹转炉冶炼

2.1 顶吹转炉装料

2.1.1 装入制度

装入制度就是确定转炉合理的装入量以及合适的铁水废钢比。

氧气顶吹转炉的装入制度有定量装入制度、定深装入制度、分阶段定量装入制度。其中，定深装入制度即每炉熔池深度保持不变，由于其生产组织困难，现已很少使用。定量装入制度和分阶段定量装入制度在国内外得到广泛应用。

2.1.1.1 定量装入制度

定量装入制度就是在整个炉役期间，每炉的装入量保持不变。这种装入制度的优点是：便于生产组织，操作稳定，有利于实现过程自动控制。但炉役前期熔池深、后期熔池变浅，只适合大吨位转炉。国内外大型转炉已广泛采用定量装入制度。

2.1.1.2 分阶段定量装入制度

分阶段定量装入制度是指在一个炉役期间，按炉膛扩大的程度划分为几个阶段，每个阶段定量装入。这样既大体上保持了整个炉役中具有比较合适的熔池深度，又保持了各个阶段中装入量的相对稳定；既能增加装入量，又便于组织生产。这是适应性较强的一种装入制度，我国各中、小转炉炼钢厂普遍采用这种装入制度。

2.1.1.3 顶吹转炉的装入顺序

（1）先装废钢，后兑铁水。目前国内各钢厂普遍采用溅渣护炉技术，这种装入顺序比较常见。

（2）先兑铁水，后装废钢。炉役末期、补炉后的第一炉、废钢比大以及重型废钢比例大的情况，需使用此方法。

2.1.2 装入量

转炉的装入量是指主原料的装入数量，包括铁水和废钢的装入数量。

实践证明每座转炉都必须有个合适的装入量，装入量过大或过小都不能得到好的技术经济指标。若装入量过大，将导致吹炼过程的严重喷溅，造渣困难，延长冶炼时间，吹损增加，炉衬寿命降低。装入量过小时，不仅产量下降，而且由于熔池变浅，控制不当，炉底容易受氧气流股的冲击作用而过早损坏，甚至使炉底烧穿，进而造成漏钢事故，对钢的质量也有不良影响。

在确定合理的装入量时，必须考虑以下因素：

（1）要有合适的炉容比。炉容比一般是指转炉新砌砖后，炉内自由空间的容积 V 与金属装入量 T 之比，以 V/T 表示，单位为 m^3/t。在转炉生产中，炉渣喷溅和生产率与炉容比密切相关。合适的炉容比是从生产实践中总结出来的，与铁水成分、喷头结构、供氧强度等因素有关。例如，铁水中含 Si、P 较高，则吹炼过程中渣量大，炉容比应大一些，否则易使喷溅增加。使用供氧强度大的多孔喷头时，应使炉容比大些，否则容易损坏炉衬。目前，大多数顶吹转炉的炉容比选择在 0.7 ~ 1.1 之间，表 2-1 为国内外顶吹转炉炉容比的统计情况。

表 2-1　国内外顶吹转炉的炉容比

炉容量/t	≤30	50	100 ~ 150	150 ~ 200	200 ~ 300	>300
炉容比/$m^3 \cdot t^{-1}$	0.92 ~ 1.15	0.95 ~ 1.05	0.85 ~ 1.05	0.7 ~ 1.09	0.7 ~ 1.10	0.68 ~ 0.94

大转炉的炉容比可以小些，小转炉的炉容比要稍大些。目前我国一些钢厂转炉的炉容比见表 2-2。

表 2-2　我国一些钢厂顶吹转炉炉容比

厂 名	首钢一炼	太钢二炼	首钢三炼	攀钢	本钢二炼	鞍钢三炼	首钢二炼	宝钢一炼
吨位/t	30	50	80	120	120	150	210	300
炉容比/$m^3 \cdot t^{-1}$	0.86	0.97	0.73	0.90	0.91	0.86	0.92	1.05

（2）合适的熔池深度。为了保证生产安全和延长炉底寿命，要保证熔池具有一定的深度。不同公称吨位转炉的熔池深度见表 2-3。熔池深度 H 必须大于氧气射流对熔池的最大穿透深度 h，一般认为，对于单孔喷枪，$h/H \leqslant 0.7$ 是合理的。

表 2-3　不同公称吨位转炉的熔池深度

公称吨位/t	30	50	80	100	210	300
熔池深度/mm	800	1050	1190	1250	1650	1949

（3）对于模铸车间，装入量应与锭型配合好。装入量减去吹损及浇注必要损失后的钢水量，应是各种锭型的整数倍，尽量减少注余钢水量。装入量可按下列公式进行计算。

$$装入量 = \frac{钢锭单重 \times 钢锭支数 + 浇注必要损失}{钢水收得率} - 合金用量 \times 合金吸收率$$

上式中有关单位采用 t。

此外，确定装入量时，还要受到钢包的容积、转炉倾动机构的能力、浇注吊车的起重能力等因素的制约。所以在制订装入制度时，既要发挥现有设备的潜力，又要防止片面的不顾实际的盲目超装，以免造成浪费和事故。

2.1.3　铁水、废钢装入

2.1.3.1　转炉装料操作规程

（1）兑铁水。

1）准备工作。当转炉具备兑铁水条件或等待兑铁水时，将铁水包吊至转炉正前方，吊车放下副钩，炉前指挥人员将两只铁水包底环分别挂好钩。

2）兑铁水操作。炉前指挥人员站于转炉和转炉操作室中间靠近转炉的旁侧（见图2-1）。指挥人员的站位必须保证能同时被摇炉工和吊车驾驶员看到，又不会被烫伤。

① 指挥摇炉工将炉子倾动向前至兑铁水开始位置。

② 指挥吊车驾驶员开动大车和主、副钩，将铁水包运至炉口正中和高度恰当的位置。

③ 指挥吊车驾驶员开小车将铁水包移近炉口位置，必要时指挥吊车对铁水包位置进行微调。

④ 指挥吊车上升副钩，开始兑铁水。

⑤ 随着铁水不断兑入炉内，要同时指挥炉口不断下降和吊车副钩不断上升，使铁水流逐步加大并全部进入炉内。而铁水包和炉口应保证互不相碰，铁水不可溅在炉外。

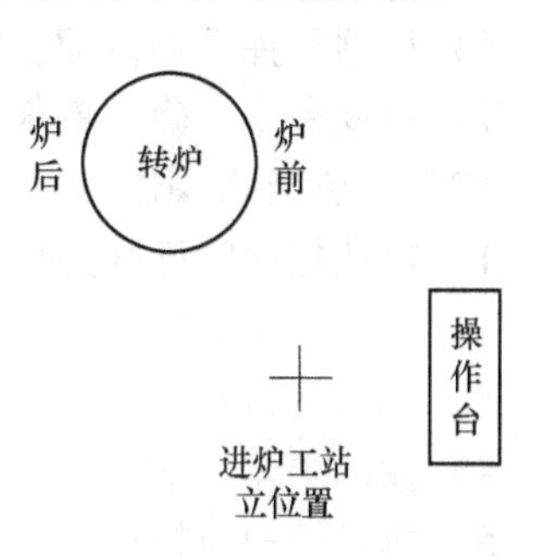

图 2-1 炉前进炉工站位示意图

⑥ 兑完铁水后指挥吊车离开，至此，兑铁水完毕。

（2）加废钢。

1）准备工作。在废钢跨将废钢装入废钢斗，由吊车吊起并送至炉前平台，由炉前进料工将废钢斗尾部的钢丝绳从吊车主钩上松下，勾在吊车副钩上待用。如逢雨天废钢斗中有积水，可在炉前平台起吊废钢斗时将废钢斗后部稍稍抬高或在兑铁水前进废钢。

2）加废钢操作。炉前指挥人员站立于转炉和转炉操作室中间近转炉的旁侧（同兑铁水位置）。待兑铁水吊车开走后，即指挥进废钢。

① 指挥摇炉工将炉子倾动向前（正方向）至进废钢位置。

② 指挥吊废钢的吊车工将吊车开至炉口正中位置。

③ 指挥吊车移动大、小车，将废钢斗口伸进转炉炉口。

④ 指挥吊车提升副钩，将废钢倒入炉内。如有废钢搭桥、卡死等，可指挥吊车将副钩稍稍下降再提起，让废钢松动一下，再倒入炉内。

⑤ 加完废钢后即指挥吊车离开，指挥转炉摇正，至此，加废钢完毕。

（3）向转炉兑入铁水、加废钢时的注意事项。

1）指挥人员必须注意站立的位置，以确保安全，决不能站在正对炉口的前方。

2）站位附近要有安全退路且无杂物，以保证当铁水溅出或进炉大喷时可以撤到安全地区。

3）站位应保证摇炉工和吊车工都能清楚地看清指挥人员的指挥手势。

4）指挥人员指挥进炉时，要眼观物料进炉口的情况和炉口喷出的火焰情况，如有异常现象发生，要及时采取有效措施，防止出现意外事故。

5）兑铁水前，转炉内应无液态残渣，并应疏散周围人员，以防造成人员伤害和设备事故。如果没有二次除尘设备，兑铁水时转炉倾动角度小些，尽量使烟尘进入烟道。

2.1.3.2 转炉装料作业要求

（1）铁水兑入操作。

1）确认炉内无液态渣。

2）确认是本炉次铁水。

3）确认炉前无闲杂人员，挡火门开到位。

4）确认渣罐车不在炉下。

5）倾动炉体呈42°，指挥行车到兑入位置。

6）根据指挥手势，配合铁水罐兑入，缓缓摇炉。

7）兑铁完毕、确认铁水罐离开炉口后，方可摇炉。

（2）废钢装入操作。

1）确认挡火门已开到位。

2）确认是本炉次废钢。

3）确认废钢不潮湿。

4）倾动炉体呈52°。

5）提升炉前防护门。

6）确认行车、废钢槽到达装入位置后，方可装入废钢。

7）确认废钢槽已离开转炉炉口后，方可摇炉操作。

（3）注意事项。

1）过程中禁止铁水罐碰撞炉体，防止铁水罐坠落。

2）如遇有铁水结壳情况，必须处理后再兑入。

3）加入过程要缓慢进行。

4）指挥的手势要清楚、正确。

5）过程中禁止行车脱钩，防止废钢槽坠落。

6）确认废钢中没有密封容器及爆炸物。

2.2 顶吹转炉冶炼

2.2.1 炼钢的基本任务

从化学成分来看，钢和生铁都是铁碳合金，并还含有Si、Mn、P、S等元素，由于碳和其他元素含量不同，所形成的组织不同，因而性能也不一样。根据Fe-C相图，碳质量分数在0.0218%～2.11%之间的铁碳合金为钢；碳质量分数在2.11%以上的铁碳合金是生铁（根据国家标准和国际标准规定，以碳质量分数2%为钢和铸铁的分界点）；碳质量分数在0.0218%以下的铁碳合金称为工业纯铁（冶标规定碳质量分数在0.04%以下的为工业纯铁）。

若以生铁为原料炼钢，需氧化脱碳。钢中P、S含量过高分别造成钢的“冷脆”性和“热脆”性，炼钢过程应脱除P、S。钢中的氧含量超过限度后会加剧钢的热脆性，并形成大量氧化物夹杂，因而要脱氧。钢中含有氢、氮会分别造成钢的氢脆和时效性，应该降低钢中有害气体含量。夹杂物的存在会破坏钢基体的连续性，从而降低钢的力学性能，也应该去除。炼钢过程应设法提高温度达到出钢要求，同时还要加入一定种类和数量的合金，使钢的成分达到所炼钢种的规格。

综上所述，炼钢的基本任务包括：脱碳、脱磷、脱硫、脱氧，去除有害气体和夹杂，提高温度，调整成分。炼钢过程通过供氧、造渣、升温、加合金、搅拌等手段完成炼钢基本任务。氧气顶吹转炉炼钢过程主要是降碳、升温、脱磷、脱硫以及脱氧和合金化等高温物理化学反应的过程，其工艺操作则是控制供氧、造渣、升温及加入合金材料等，以获得所要求的钢液，并浇成合格钢锭或铸坯。

2.2.2　氧气射流与熔池相互作用

顶吹氧气转炉是将高压、高纯度（含 $O_2$99.5%以上）的氧气通过水冷氧枪，以一定距离（喷头到熔池面的距离约为1～3m）从熔池上面吹入。为了使氧流有足够的能力穿入熔池，使用出口为拉瓦尔型的多孔喷头，氧气的使用压力为（10～15）$\times 10^5$Pa，氧流出口速度可达450～500m/s。

2.2.2.1　转炉炉膛内氧气射流的特征

转炉炉膛是一个复杂的高温多相体系，喷吹入炉内的氧气射流离开喷头后，由于炉内周围环境性质变化，使射流的特性也变得有些不能确定了。开吹时，射流与熔池之间的炉内空间充满了热气体，主要是熔池内排出的CO和空气所组成。但是在吹氧几分钟后就开始形成炉渣，从熔池内排出的CO气体速度也很快增大，开始产生泡沫渣，不久就把喷枪淹没了。在这种情况下，不可能在真实的转炉上直接测定射流特性，也无法找到合适的实验方法来推测炉内的情况。同时，喷吹入炉膛的氧射流与炉内介质存在着温度差、浓度差和密度差，还存在着反向流动的介质和化学反应。因此，炉膛内的氧气射流与在静止条件下研究的自由射流存在很大的差异，它是处于反向流动介质条件下的具有伴随流的非等温紊流射流。

在顶吹转炉炉膛内氧气射流的特征大致如下：

（1）氧枪经常在出口马赫数远大于1的条件下工作。因此，喷孔出口的超音速射流与自由射流不同。在靠近喷孔产生激波的一段中，氧气射流与周围介质之间不进行传质，射流横断面的变化不明显，它只是射流的压力向周围介质的压力接近使射流密度发生变化的结果。其后，当射流与周围介质的压力变为相等时，开始从周围介质向射流内部传质，射流的横断面逐渐扩大，一直到周围介质传递到轴心，而射流轴心速度仍保持为等于出口的速度，这一段称为初始段。此后，射流轴心速度逐渐降低到音速，这一段称为过渡段。过渡段以后的亚音速段称为基本段。通常在顶吹氧气转炉内，在氧气射流到达熔池的路程中射流应具有超声速或声速。当氧气在喷孔内膨胀不足时，射流的射程比自由射流的射程大。

（2）在转炉炉膛内，氧气射流遭到与射流运动方向相反、以CO为主的相遇气流的作用，使射流的衰减加速。相遇气流作用的定量概念至今还不清楚。但可以推断，它的影响在吹炼的不同时期是不同的。在强烈脱碳的吹炼中期影响最大，此时，在氧气射流下的一次反应区进行着碳的强烈氧化，伴随着金属液从一次反应区向上剧烈翻腾，阻滞氧气射流向下穿透。在吹炼的初期和末期，脱碳速度不大，相遇气流的影响较小。

（3）氧气射流在转炉炉膛内向下流动的过程中，将从周围抽吸烟尘、金属滴和渣滴等密度很大的质点，使射流的速度降低，扩张角减小。此外，氧气射流有时还会受到熔池中喷溅出来的金属和炉渣的冲击。

（4）转炉炉膛内的氧气射流，其初始温度比周围介质的温度低得多，当射流与从周围抽吸的高温介质混合时，射流被加热。同时，进入射流的CO和金属滴要在射流中燃烧放热，并使射流的黑度增大而接受周围介质的辐射热。氧气射流因被加热膨胀，使射程和扩张角增大。同时，氧气的纯度降低。在热模拟实验中，将氧气射入1500℃的CO室中，在距喷孔15～20个孔径处，射流温度达1300～1800℃；在距喷孔35～40个孔径处，其温度则达2150～2300℃。显然，这样的高温是危及炉衬的。

（5）冷态实验表明，多孔喷头与单孔喷头的射流流动状况有重要区别。首先，在总喷出量相同的情况下，就绝对值而言，多孔喷头射流的速度衰减和全能衰减都较快，因而射程较短。这是由于每一喷孔的直径都大大减小，同时射流与周围介质的总接触面积显著增大，因而与周围介质之间的传质加快。其次，对于无中心孔的喷头，就每一射流而言，与周围环境是非轴对称的。冷态实验表明，在每一射流的内侧，存在着高速射流的影响，内侧与介质之间的传质较外侧弱，因而射流内侧的速度衰减较外侧慢，造成射流横断面上的速度分布不对称，内侧速度偏高，射流轴心相应内移。可以推想，这在实际转炉内也是存在的。

（6）氧枪出口处的氧气射流，其密度显著大于周围气相介质的密度，这应有利于射程的增大。当然，这种密度差将随远离喷孔而迅速减小。

综上所述，氧气射流在转炉炉膛内的流动规律与自由射流有相同的方面，也有重要的不同。这在运用自由射流的规律分析转炉内的状况时应当特别注意。

2.2.2.2　射流的状态

A　单孔喷头的射流状态

高压氧射流由喷头喷出后的运动规律为：氧射流由喷头喷出后，在向前运动时吸收了炉内气体，导致氧射流流量不断增加，流股各截面速度逐渐变小，边缘速度比中间降低得快，截面逐渐扩大。由于动压头与速度平方成正比，故射流动压头也逐渐降低。氧射流由喷头喷出后，射向熔池的情况如图2-2所示，距喷头不同距离处氧射流断面上的压力变化如图2-3所示。

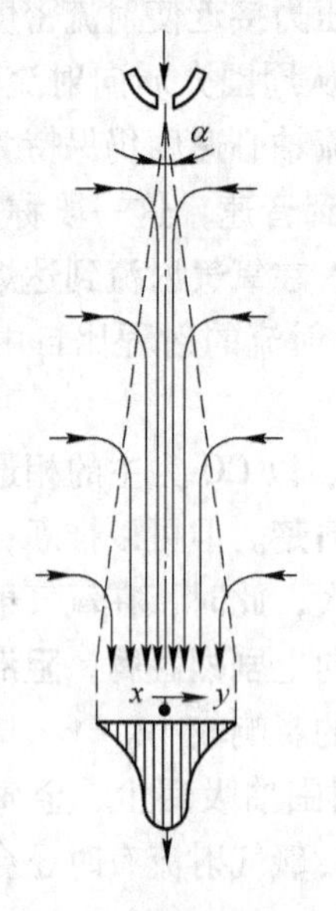

图2-2　氧射流由喷头喷出后流股的形状
α—射流展开角

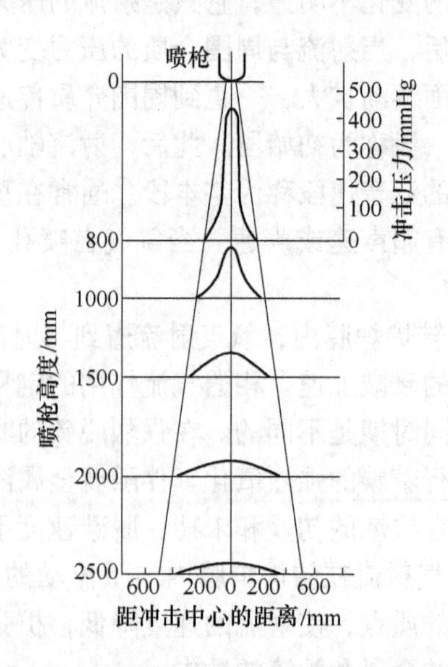

图2-3　氧射流冲击压力与枪高的关系
（喷头尺寸 d＝45mm，1mmHg＝133.322Pa）

氧射流由喷头喷出后，由于是超声速气流，流股并不马上扩张，当射流速度降到声速后才扩张。射流展开角约为12°。

由图2-3可见，当供氧压力一定时，若喷头距液面较近，则对液面的冲击力较大，接触面积较小；相反，若喷头距液面较远，则对液面的冲击力减小，接触面积增大。如果喷头至液面距离一定时，供氧压力增大，则氧射流动压头增大，对金属液面的冲击力也增大，接触面积减小。

B　多孔喷头的射流状态

多孔喷头的设计思想是增大流量，分散射流，增加流股与熔池液面的接触面积，使气体逸出更均匀，吹炼更平稳。然而，多孔喷头与单孔喷头的射流流动状态有重要差别，在总的喷出量相同的情况下，多孔喷头射流的速度衰减要快些，射程要短些，几股射流之间还存在相互影响。

（1）多孔喷头的单孔轴线速度衰减。多孔喷头中的单孔轴线速度衰减规律与单孔喷头的衰减规律是相似的，只是速度衰减更快一些。图2-4所示是冷态条件下四孔喷头中某一单孔轴线速度的测定结果。

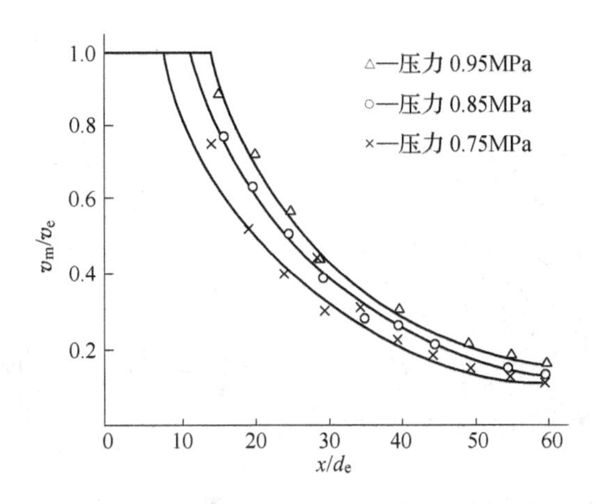

图2-4　四孔喷头某单孔轴线速度测定结果

（2）多孔喷头的速度分布。多孔喷头的速度分布是非对称的，它受喷孔布置的影响。若喷头中心有孔时，其流股速度的最大值在氧枪中心线上；若喷头中心没有孔时，其流股速度的最大值不在氧枪中心线上。其流速分布情况如图2-5和图2-6所示。

（3）射流间的相互作用。多孔喷头是从一个喷头流出几股射流，而每一股射流都要从其周围的空间吸入空气。由于各射流围成的中心区域较外围空间小得多，因而使中心区域的压力下降，介质流速增大，从而倾向于各射流互相牵引。其结果使各单独射流的特性参数变为非轴对称性，在靠近喷头中心线两侧速度明显偏高、压力明显偏低。如图2-7和图2-8所示。

喷头上各喷孔间的间隔距离或夹角减小，都会造成流股间相互牵引的增加。一股射流从喷孔喷出后，在一段距离内保持射流的刚性，但同时也吸入周围介质，由于中心区域压力降低，推动了各个流股向中心靠拢。喷孔夹角越小，流股靠拢的趋势越明显。当各个流股接触时开始混合，这种混合从中心区边缘向各流股中发展，最后形成多流股汇合。为使

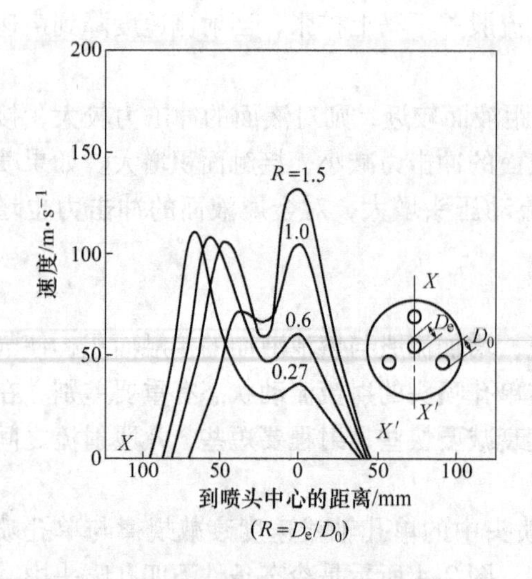

图 2-5　喷头有中心孔的速度分布

D_e—中心孔直径，mm；D_0—边孔直径，mm

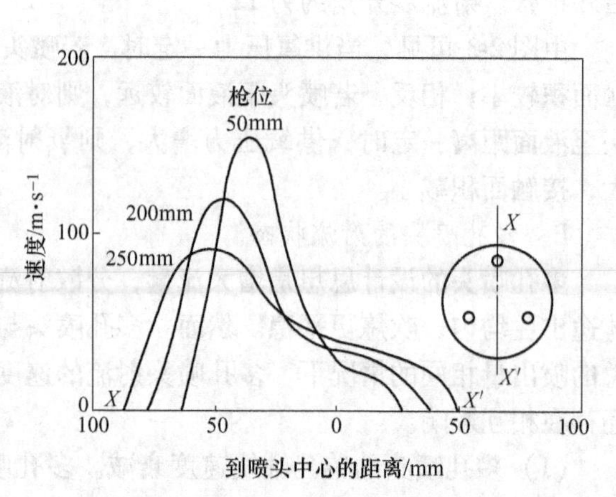

图 2-6　喷头无中心孔的速度分布

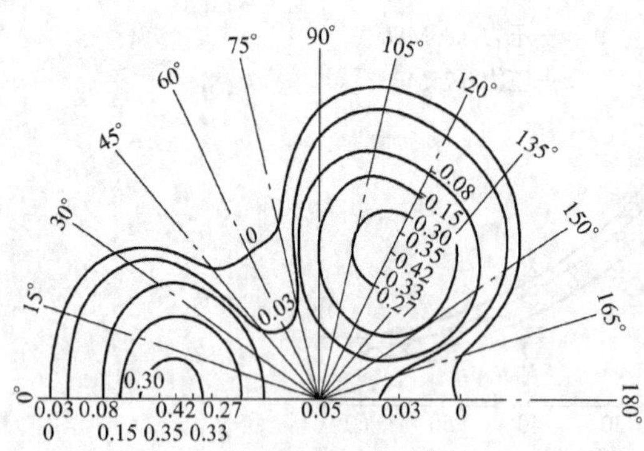

图 2-7　三孔喷头射流的截面压力分布

（单位：10^5Pa）

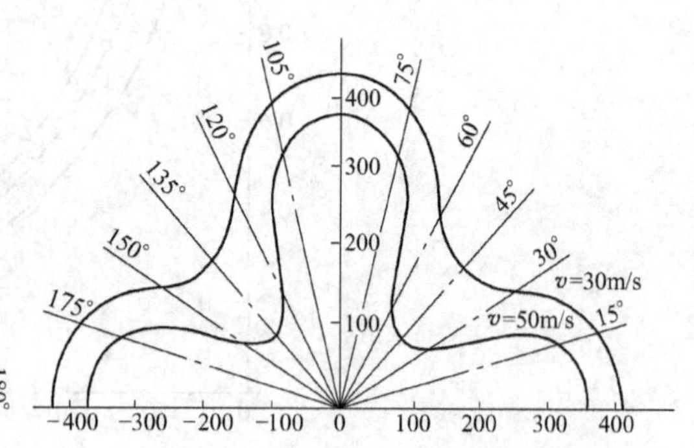

图 2-8　四孔喷头射流的截面速度分布

各个流股分开，国外研究结果表明，各喷孔夹角应在 15°～18°之间，过大的夹角会使流股冲击力减小，也使冲击区接近炉壁。为了提高炉衬寿命，改善冶金效果和减少喷溅，有人提出多孔喷头的流股应有轻度的汇合。众多的研究指出，喷孔夹角与孔数有关，通常采用的喷孔夹角为：三孔喷头 9°～12°，四孔喷头 12°～15°，四孔以上喷头 15°～20°。

另外，增加各喷孔间的距离与增加喷孔夹角具有同样的使射流分开的作用，而且增大各喷孔间距离不会降低射流的冲击力。三孔喷头典型的间距为一个喷孔的出口直径（即喷头中心线与各喷孔中心线之间的距离为一个喷孔的出口直径）。

多孔喷头所形成的多个流股喷出后，在行进中与周围气流掺混，横截面增大。当各流股外边界互相接触后彼此掺混，从而使流股的行进方向发生偏移，朝着喷头中心轴线一方移动。其偏移程度与喷孔夹角有关，图 2-9 是三孔喷头某喷孔流股冷态测试结果。由图可见，喷孔夹角越小，偏移喷孔几何轴线越严重。

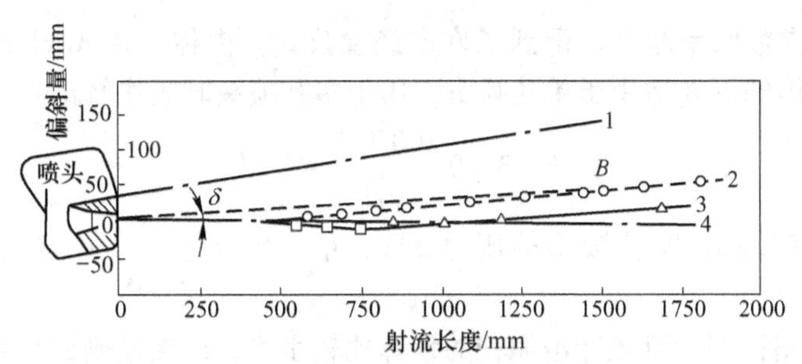

图 2-9 三孔喷头某喷孔流股偏移情况

1—氧枪喷头轴线；2—8°流股轴线；3—9°流股轴线；4—喷孔几何轴线

B—偏移程度；δ—喷孔夹角

2.2.2.3 氧气射流与熔池的相互作用

A 氧气射流与熔池的物理作用

氧气射流通过高温炉气冲击金属熔池，引起熔池内金属液的运动，起到机械搅拌作用。搅拌作用强且均匀，则化学反应快，冶炼过程平稳，冶炼效率高。

搅拌作用的强弱和均匀程度与氧气射流对熔池的冲击状况和熔池运动情况有关。一般以熔池中产生的凹坑深度（冲击深度）和凹坑面积（冲击面积）来衡量。由于氧气射流对熔池的冲击是在高温下进行的，实际测定有不少困难，目前通常用冷模型、热模型进行研究，也有在工业炉内直接进行测定研究的。

a 凹坑的形成

氧气射流冲击在熔池表面上，当这个冲击力大于维持液面平衡状态的炉内压力时，就会把铁水挤开而形成凹坑。

（1）凹坑的特点。从凹坑处取样分析，发现该处金属液主要为铁的氧化物，大部分为 FeO（可达 85% ~98%）。

有人研究认为，在凹坑区紧邻液面上方的气相温度可高达 2000 ~2400℃（比熔池温度高出 500 ~800℃）。

（2）冲击深度。凹坑的最低点到熔池表面的距离称为冲击深度。冲击深度 h 取决于氧射流冲击液面时的速度 V_S 和密度 ρ_S。根据滞止点（即凹坑的最低点）的压力平衡关系，可用下式表示：

$$\frac{1}{2}\rho_S V_S^2 = \gamma h + \frac{2\sigma}{R_0} \tag{2-1}$$

式中，γ 为铁水密度，kg/m³；h 为冲击深度，cm；σ 为铁水表面张力，N/m；R_0 为凹坑底部的曲率半径，cm；ρ_S 为氧气射流滞止点处气体的密度，kg/m³；V_S 为氧气射流滞止点处中心轴线上气体的速度，m/s。

当喷头尺寸、使用枪位确定后，则可根据射流衰减的规律确定 V_S 和 ρ_S。若假定冲击凹坑剖面具有与射流速度剖面相似的形状，则可根据射流与铁水接触面位置的情况确定 R_0（σ 也有一定值），这样就可以按上式求出冲击深度。但根据冷态测试的数据确定 V_S 和 ρ_S 并不能真正反映炉内的实际情况，所以用上式计算时会遇到一定的困难。

目前国内外不少冶金工作者根据冷、热模型试验的结果，将冲击深度与氧枪使用的滞止压力、枪高等参数联系起来，得到了许多经验公式。佛林（R. A. Flim）的经验公式应用比较广泛，具体如下（适用于单孔喷头，用于多孔喷头时应作修正）：

$$h = 34.0\frac{100P_0 d_t}{\sqrt{H}} + 3.81 \tag{2-2}$$

式中，h 为冲击深度，cm；P_0 为喷头前压力，kPa；d_t 为喉口直径，cm；H 为喷头距液面的高度，cm。

（3）有效冲击面积。有效冲击面积的计算比较困难，尚无精确的计算公式。

b 熔池内金属液在氧气射流作用下的运动过程

氧气射流冲击熔池液面后使其形成凹坑，凹坑中心部分被吹入气流所占据，排出气体沿坑壁流出，排出的气流层一方面与吹入气流的边界相接触，另一方面与凹坑壁相接触。由于排出气体的速度比较大，因此对凹坑壁面有一种牵引作用。这样就会使邻近凹坑的液体层获得一定速度，沿坑底流向四周，随后沿坑壁向上和向外运动，往往沿凹坑周界形成一个“凸肩”，然后在熔池上层内继续向四周流动。从凹坑内流出的铁水，为达到平衡必须由四周给予补充，于是就引起熔池内液体运动，其总趋势是朝向凹坑，这样熔池内的铁水就形成了以射流滞止点为中心的环状流，起到对熔池的搅拌作用，如图 2-10 所示。

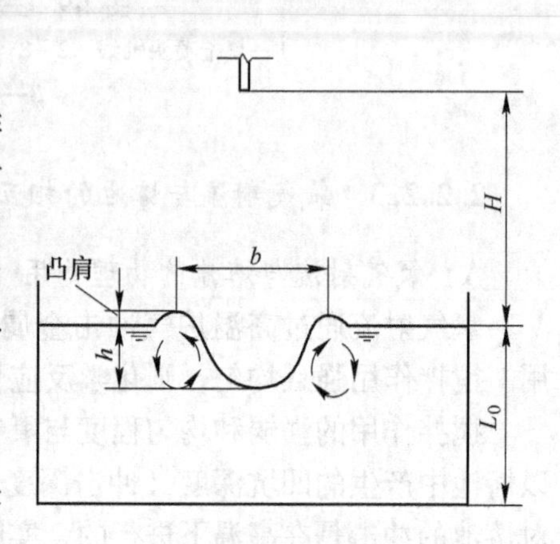

图 2-10 熔池运动示意图
H—枪高；L_0—熔池深度；
h—凹坑深度；b—凹坑宽度

实践证明，喷头结构、枪位等对熔池内液体循环运动有着密切的影响。例如，在一定的供氧压力下，若提高枪位，冲击深度将减小，环状流较弱，不能拖动熔池底层铁水，不利于冶炼的正常进行。相反，若枪位过低，冲击深度过大，将会损伤炉底并影响氧枪寿命。所以从熔池获得良好的搅拌条件出发，必须有一个合适的枪位，以得到适当的冲击深度。一般认为冲击深度约为熔池深度的 50% ~75% 较适宜。不同枪位炉内熔池运动状况的模拟试验如图 2-11 所示。

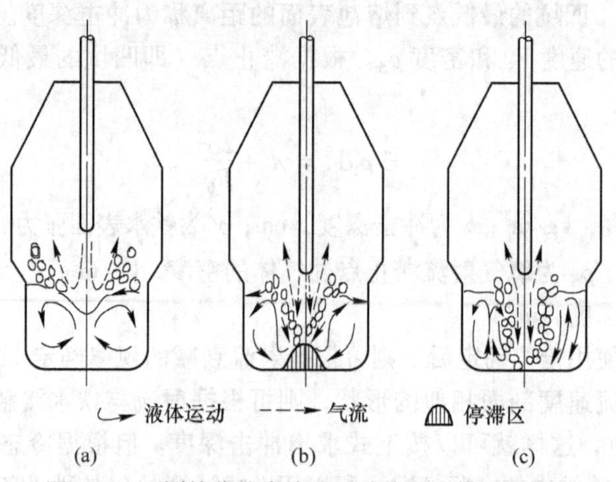

图 2-11 不同枪位炉内熔池运动状况（模型实验）
（a）枪位较高时；（b）枪位较低时，凹坑加深仍有停滞区；（c）枪位更低时，凹坑穿透到底部

对于熔池半径很大的大吨位炉子，单股射流产生的环流很难使整个熔池，特别是熔池外层铁水有良好的循环运动，所以必须增加射流流股，以增大搅拌作用。因此，通常采用多孔喷枪。

熔池循环运动状况如图 2-12、图 2-13 所示。

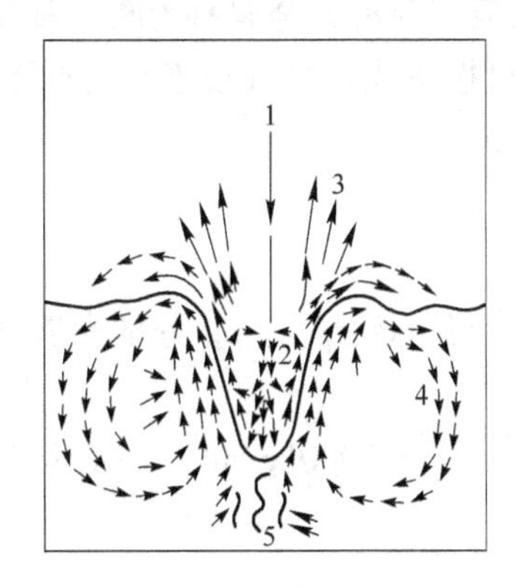

图 2-12　使用单孔喷枪时，熔池运动情况

1—氧射流；2—氧流流股；3—喷溅；4—钢水的运动；5—停滞区

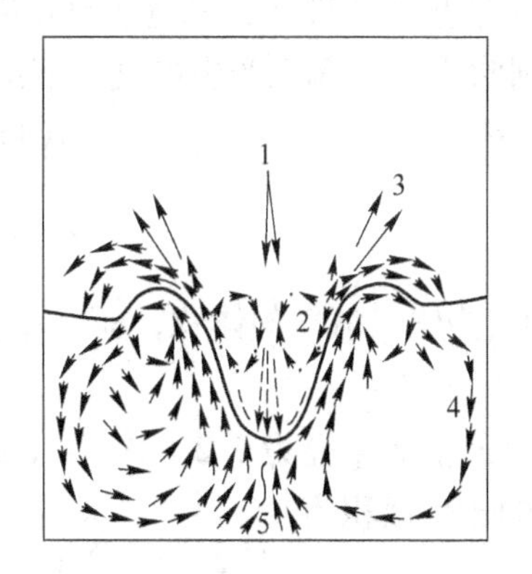

图 2-13　使用多孔喷枪时，熔池运动情况（模型实验）

1—氧射流；2—氧流流股；3—喷溅；4—钢水的运动；5—停滞区

应该指出，在氧气射流与熔池相遇处，按非弹性体的碰撞进行研究，射流的动能主要消耗于非弹性碰撞的能量损失（约占 70% ~80%）和克服浮力的能量损失（约占 5% ~ 10%），用于搅动熔池的能量仅占 20%。因此只靠氧射流约 20% 的能量搅动熔池，搅拌强度显然是不足的。这可由顶吹氧气转炉吹炼低碳钢的末期脱碳速度比底吹氧气转炉慢得多，而且熔池成分和温度不均匀的现象来说明。因此顶吹氧气转炉熔池搅动的能量主要是由吹炼过程中脱碳反应产生的 CO 气体从熔池排出的上浮力提供的（忽略金属液各部分因成分和温度不同所引起的密度不同产生的对流）。当然，脱碳反应速度及其反应的均匀性也和氧气射流与熔池的作用情况密切相关。例如，减小氧气射流的穿透深度而增大冲击面积，可使 CO 气体沿熔池横截面分散析出，同样增多喷孔数和增大喷孔倾角，能使 CO 气体呈多股形式在不同的地点分散析出，因而显著改善熔池中液体循环的速度场。所以，合理的喷头设计及供氧制度为氧气射流与熔池间的物理和化学作用创造了最良好的条件。

c　熔池与射流间的相互破碎与乳化

转炉吹炼中，由于氧气射流和炉内产生的 CO 气体共同作用，引起氧气射流与金属液和炉渣之间的相互破碎，形成液滴和气泡，产生金属 - 炉渣 - 气泡的乳化液，它们之间的接触面积剧烈增大。这是吹氧炼钢的特点，是转炉反应速度快、生产率高的根本原因。因此，在研究转炉内的传质、传热和反应速度时，仅仅把进入金属熔池的氧射流周围的凹坑表面积当做氧气与金属液的接触面积是不全面的。

研究表明，顶吹转炉吹炼时期，不存在单独的炉渣层与钢水层，熔池中大部分熔体可看成是钢 - 渣 - 气的乳化液，只有熔池底部的金属液才可能是单相的液层。在反应区中，气 - 液相的接触面积和比表面积可以通过金属液滴的平均尺寸和进入流股的液体量来计算。关于转炉液滴生成的研究资料很多，但数据各有差异。一般认为，金属液量为炉渣量的26%～65%，它随不同的吹炼时期而变化，并在脱碳速度最大时渣中铁珠量最多。多数研究报告中认为，金属液滴中直径为0.15～2mm的粒级占90%以上。6t转炉实验指出，大部分铁珠尺寸是0.3～0.5mm，而200t转炉中发现的铁珠尺寸主要是0.05～2mm。

在一般生产条件下，氧枪浸没在泡沫渣中，进入氧气射流的金属料为吹入氧气质量的3倍，则吹入1m³氧气产生的气－液接触比表面$\sum S$可按下式计算（设液滴为球形）：

$$n(4\pi r_m^3\rho_m/3)=3V_{O_2}\rho_{O_2}$$

$$\sum S=n4\pi r_m^2=\frac{3\times 3V_{O_2}\rho_{O_2}}{r_m\rho_m} \tag{2-3}$$

式中，V_{O_2}为吹入氧气的体积，m³；r_m为金属液滴的半径，m；ρ_{O_2}，ρ_m分别为氧气和金属液的密度，kg/m³。

取金属液滴半径为0.2×10^{-3}m，$\rho_{O_2}=1.43$kg/m³，$\rho_m=7000$kg/m³，则吹入1m³氧气可达到的比表面积为：

$$\sum S=\frac{3\times3\times1\times1.43}{0.2\times10^{-3}\times7000}\approx 9.2\text{m}^2/\text{m}^3$$

若液滴直径为0.1mm，则可达到的比表面积为37m²/m³。

在射流冲击的熔池中，了解金属液与炉渣的接触面积也是很重要的。在熔池强烈搅拌的运动状况下，炉渣也被破碎成渣滴，当熔池平均对流速度为0.3～0.5m/s时，相对应的渣滴尺寸为1.5～4.0mm。根据装入炉内的渣量和渣滴尺寸，就可计算出其单位质量的渣滴总表面积：

$$\sum S_S=\frac{3W_S}{r_S\rho_S} \tag{2-4}$$

式中，W_S为1t金属的渣量；r_S，ρ_S分别为渣滴的半径和密度。

通常，渣量为金属量的10%～15%，取渣量为12%，ρ_S为3000kg/m³，r_S为2mm，则1t金属中渣滴总表面积为：

$$\sum S_S=\frac{3\times1000\times12\%}{2\times10^{-3}\times3000}=60\text{m}^2/\text{t}$$

以上计算虽然是粗略的，但可以看出气－液、渣－钢间接触表面的数量级关系。因此，在转炉吹炼中，应使气－渣－钢间发生乳化，以增大反应界面积。而在吹炼快结束阶段，则希望金属与炉渣分离，以减少渣中铁的损失。

关于金属与炉渣间的乳化是金属与炉渣互相掺混和弥散的过程，归纳有关研究资料表明，促使钢－渣乳化形成和稳定的因素有：适当提高黏度，炉渣中存在稳定的固体质点，降低钢－渣间的界面张力和创造稳定的吸附膜。研究结果还表明，增大炉渣黏度，使金属液滴在炉渣中的沉降速度大为减小，因而使乳化的稳定性提高；固体质点附着在金属液滴和气泡表面时，可以阻碍乳化液的破坏；当固体质点附着在金属液滴和气泡表面时，可以阻碍乳化液的破坏；增加渣中FeO、SiO_2、P_2O_5等表面活性物质，可使钢－渣间界面张力降低，有利于金属液和炉渣间互相掺混和弥散，实现乳化液的形成和稳定。

B　氧气射流对熔池的化学作用

这里主要叙述射流中的氧是如何传给金属和炉渣，进行杂质氧化和促进石灰熔解的。

近年来这方面有许多实验和理论研究。B. И. 巴普基兹曼斯基认为最可能的传氧机理是：进入熔池的高速氧气射流，在开始的一段里，将射流周围坑穴中的金属表面层以及卷入射流中的金属滴表面层氧化成 Fe_2O_3。由于液滴的表面积很大，卷入射流的金属滴中的任何元素在强氧化性气氛下氧化都极迅速，因而液滴是将氧传给熔池的基本载体。载氧液滴随射流急速前进，参与熔池的循环运动，并在熔池中进行二次氧化，将氧传给金属。同时，由于它的密度较金属液小而逐渐上浮。在高枪位或低氧压“软吹”的情况下，射流穿透深度小，熔池搅拌微弱，载氧液滴中的 Fe_2O_3 向熔池传氧较慢而上浮路程较短，其将载有较多的氧上浮进入炉渣，使炉渣的氧化性提高；相反，在低枪位或高氧压“硬吹”的情况下，则载氧液滴将载有较少的氧进入炉渣，而使炉渣的氧化性降低。

射流被熔池的反作用击散产生的氧气气泡同样参与熔池的循环，并在循环过程中进行金属的氧化。

此外，射流中的部分氧直接与炉渣接触，将氧直接传给炉渣：

$$1/2\{O_2\} + 2(FeO) = (Fe_2O_3)$$

枪位越高或氧压越低时，射流直接传给炉渣的氧量越多。

无论是载氧液滴带入炉渣的 Fe_2O_3，还是射流直接氧化炉渣产生的 Fe_2O_3，由于熔池的搅拌，它们都迅速将氧传给金属和进行杂质的氧化反应：

$$(Fe_2O_3) + [Fe] = 3(FeO)$$

$$(FeO) = [Fe] + [O]$$

$$[O] + [C] = \{CO\}$$

氧射流直接与金属接触将金属中杂质氧化的机理有以下三种不同的观点。

第一种是“直接氧化”或“一步氧化”，认为金属中的杂质被气态氧直接氧化：

$$x[R] + y/2\{O_2\} = R_xO_y$$

第二种是“间接氧化”或“二步氧化”，认为氧气与金属接触首先将铁元素氧化：

$$2[Fe] + \{O_2\} = 2(FeO)$$

生成的（FeO）溶解到金属中再氧化金属中的杂质：

$$(FeO) = [FeO]$$

$$y[FeO] + x[R] = (R_xO_y) + y[Fe]$$

在这种情况下，可将熔池划分为两个反应区，在“一次反应区”内，射流中的氧与金属直接接触，首先将铁氧化；在“二次反应区”内，即熔池的其余部分，主要是氧化铁中的氧氧化其他杂质。

第三种观点实际上是上述两种观点的综合，认为在吹炼时既有直接氧化，也有间接氧化。

杂质（如碳）的氧化过程处于非平衡状态时，

$$q_{O_2} = q_C = \beta_C \Delta w[C]$$

$$\Delta w[C] = \frac{q_{O_2}}{\beta_C} \tag{2-5}$$

式中，q_{O_2} 为通过单位相间表面的氧气的扩散流；q_C 为通过单位相间表面的碳的扩散流；β_C 为碳的传质系数；$\Delta w[C]$ 为金属内部与反应表面之间碳的浓度梯度。

由式（2-5）可见，氧气射流运动速度很大时，q_{O_2} 很大，故 $\Delta w[C]$ 很大，说明此时碳的氧化过程受碳从金属内部向反应表面的扩散限制。其他杂质的传质系数比碳还小，可见在 q_{O_2} 很大时，任何杂质都来不及到达反应表面，最有可能的是完全氧化的金属表面被一层以 Fe_2O_3 为主的氧化膜所覆盖。在这种情况下杂质的氧化必然是间接氧化。

实验室的研究表明，氧气在与金属相遇处的速度大于1～4m/s时就产生氧化膜。由式（2-5）可见，氧流的速度很小（小于1～4m/s）时，$\Delta w[C]$ 也很小，杂质的氧化过程受供氧速度限制，在金属表面上来不及形成氧化膜，氧气直接氧化杂质是可能的。由此看来，部分被击碎的射流产生的氧气气泡进入循环区，由于气泡的运动速度很小，氧气直接氧化杂质是很有可能的。

综合上述，在顶吹转炉吹炼过程中，射流与熔池直接接触的一次反应区，杂质主要是间接氧化；而在二次反应区内，含氧的气泡可能直接氧化杂质。

2.2.3 金属熔体和熔渣的性质

2.2.3.1 金属熔体的物理化学性质

A 密度

钢液的密度是指单位体积钢液所具有的质量，常用符号 ρ 表示，单位通常采用 kg/m^3。影响钢液密度的因素主要有温度和钢液的化学成分。

总的来讲，温度升高，钢液密度降低，原因在于原子间距增大。固体纯铁密度为 $7880kg/m^3$，1550℃时液态纯铁的密度为 $7040kg/m^3$，钢的变化与纯铁类似。表2-4表示了纯铁的密度与温度的关系。

表2-4 纯铁的密度与温度的关系

温度/℃	20	600	912	912	1394	1394	1538	1538	1550	1600
状态	α-Fe	α-Fe	α-Fe	γ-Fe	γ-Fe	δ-Fe	δ-Fe	液体	液体	液体
$\rho/kg \cdot m^{-3}$	7880	7870	7570	7630	7410	7390	7350	7230	7040	7030

钢液密度随温度的变化可用下式计算：

$$\rho = 8523 - 0.8358(t + 273) \tag{2-6}$$

各种金属元素和非金属元素对钢液密度的影响不同，其中碳的影响较大且比较复杂。表2-5表示了铁碳熔体的密度变化情况。成分对钢液密度的影响可用下述经验式计算：

$$\rho_{1600} = \rho_{1600}^{\ominus} - 210w[C] - 164w[Al] - 60w[Si] - 550w[Cr] - 7.5w[Mn] + 43w[W] + 6w[Ni]$$

表2-5 铁碳熔体的密度 （kg/m^3）

密度 温度/℃ / w[C]/%	1500	1550	1600	1650	1700
0.00	7.46	7.04	7.03	7.00	6.93
0.10	6.98	6.96	6.95	6.89	6.81
0.20	7.06	7.01	6.97	6.93	6.81

续表 2-5

密度 温度/℃ w[C]/%	1500	1550	1600	1650	1700
0.30	7.14	7.06	7.01	6.98	6.82
0.40	7.14	7.05	7.01	6.97	6.83
0.60	6.97	6.89	6.84	6.80	6.70
0.80	6.86	6.78	6.73	6.67	6.57
1.00	6.78	6.70	6.65	6.59	6.50
1.20	6.72	6.64	6.61	6.55	6.47
1.60	6.67	6.57	6.54	6.52	6.43

B 熔点

钢的熔点是指钢完全转变成均一液体状态时的温度，或是冷凝时开始析出固体的温度。钢的熔点是确定冶炼和浇铸温度的重要参数，纯铁的熔点约为 1538℃，当某元素溶入后，纯铁原子之间的作用力减弱，铁的熔点就降低。降低的程度取决于加入元素的浓度、原子量和凝固时该元素在熔体与析出的固体之间的分配。钢的熔点可由下述经验式计算进行（单位为℃）：

$$t_{熔} = 1538 - 90w[C] - 28w[P] - 40w[S] - 17w[Ti] - 6.2w[Si] - 2.6w[Cu] - 1.7w[Mn] - 2.9w[Ni] - 5.1w[Al] - 1.3w[V] - 1.5w[Mo] - 1.8w[Cr] - 1.7w[Co] - 1.0w[W] - 1300w[H] - 90w[N] - 100w[B] - 65w[O] - 5w[Cl] - 14w[As] \tag{2-7}$$

C 黏度

黏度是钢液的一个重要性质，它对冶炼温度参数的制定、元素的扩散、非金属夹杂物的上浮和气体的去除以及钢的凝固、结晶都有很大影响。黏度是指各种不同速度运动的液体各层之间所产生的内摩擦力。

黏度有两种表示方法：一种为动力黏度，用符号 μ 表示，单位为 Pa · s；另一种为运动黏度，用符号 ν 表示，单位为 m^2/s。

$$\nu = \frac{\mu}{\rho} \tag{2-8}$$

钢液的黏度比正常熔渣的黏度要小得多，1600℃时其值为 0.002 ~ 0.003Pa · s，纯铁液 1600℃时黏度为 0.0005Pa · s。

影响钢液黏度的因素主要是温度和成分。温度升高，黏度降低。钢液中的碳对黏度的影响非常大，这主要是因为碳含量使钢的密度和熔点发生变化，从而引起黏度的变化。

当 $w[C] < 0.15\%$ 时，黏度随着碳含量的增加而大幅度下降，主要原因是钢的密度随碳含量的增加而降低；当 $0.15\% \leqslant w[C] < 0.40\%$ 时，黏度随碳含量的增加而增加，原因是此时钢液中同时存在 δ-Fe 和 γ-Fe 两种结构，密度是随碳含量的增加而增加，而且钢液中生成的 Fe_3C 体积较大；当 $w[C] \geqslant 0.40\%$ 时，钢液的结构近似于 γ-Fe 排列，钢液密度下降，钢的熔点也下降，故钢液的黏度随着碳含量的增加继续下降。生产实践表明，同一

温度下，高碳钢的流动性比低碳钢钢液的好。因此，一般在冶炼低碳钢时，温度要控制得略高一些。碳含量对钢液黏度的影响如图 2-14 所示。

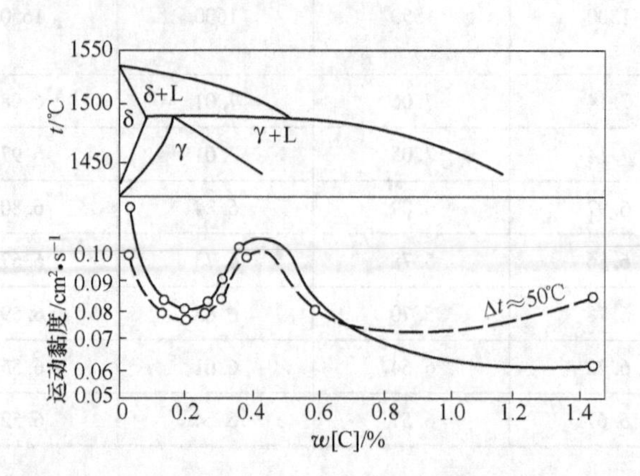

图 2-14　温度高于液相线 50℃时，碳含量对钢液黏度的影响

除了 C 对钢的熔点有影响之外，Si、Mn、Ni 使钢的熔点降低，所以 Si、Mn、Ni 含量增加，钢液黏度降低；尤其是这些元素含量很高时，降低更显著。但 Ti、W、V、Mo、Cr 的含量增加则使钢液的黏度增加，原因是这些元素易生成高熔点、大体积的各种碳化物。

钢液中非金属夹杂物含量增加，钢液黏度增加，流动性变差。钢液中的脱氧产物对流动性的影响也很大，当钢液分别用 Si、Al 或 Cr 脱氧时，初期由于脱氧产物生成，夹杂物含量高，黏度增大；但随着夹杂物不断上浮或形成低熔点夹杂物，黏度又下降。因此，如果脱氧不良，钢液流动性一般不好。实际应用中常用流动性来表示钢液的黏稠状况，黏度的倒数即为流体的流动性。

D　表面张力

任何物质的分子之间都有吸引力。钢液因原子或分子间距非常小，它们之间的吸引力较强，而且钢液表面层和内部所引起的这种吸引力的变化是不同的。内部每一质点所受到的吸引力的合力等于零，质点保持平衡状态；而表面层质点受内部质点的吸引力大于气体分子对表面层质点的吸引力，这样表面层质点所受的吸引力不等于零，且方向指向钢液内部。这种使钢液表面产生自发缩小倾向的力称为钢液的表面张力，用符号 σ 表示，单位为 N/m。实际上，钢液的表面张力就是指钢液和他的饱和蒸汽或空气界面之间的一种力。

钢液的表面张力不仅对新相的生成（如 CO 气泡的产生）、钢液凝固过程中结晶核心的形成等有影响，而且对相间反应（如脱氧产物、夹杂物和气体从钢液中排除）、渣钢分离、钢液对耐火材料的侵蚀等也有影响。

影响钢液表面张力的因素很多，但主要有温度、钢液成分及钢液的接触物。

钢液的表面张力是随着温度的升高而增大，原因之一是温度升高时表面活性物质（如 C、O 等）的热运动增强，使钢液表面过剩浓度减少或浓度均匀化，从而引起表面张力增大。

1550℃时，纯铁液的表面张力约为 1.7 ~ 1.9N/m。溶质元素对纯铁液表面张力的影响程度取决于它的性质与铁的差别的大小。如果溶质元素的性质与铁相近，则其对纯铁液的表面张力影响较小，反之则较大。一般来讲，金属元素的影响较小，非金属元素的影响较大。

E 导热能力

钢的导热能力可用导热系数来表示，即当体系内维持单位温度梯度时，在单位时间内流经单位面积的热量。钢的导热系数用符号 λ 表示，单位为 W/(m · ℃)。

影响钢导热系数的因素主要有钢液的成分、组织、温度、非金属夹杂物含量以及钢中晶粒的细化程度等。

通常钢中合金元素越多，钢的导热能力就越低。各种合金元素对钢的导热能力影响的次序为：C、Ni、Cr 最大，Al、Si、Mn、W 次之，Zr 最小。合金钢的导热能力一般比碳钢差，高碳钢的导热能力比低碳钢差。

一般来讲，具有珠光体、铁素体和马氏体组织的钢，其导热能力在加热时都降低，但在临界点 Ac_3 以上加热将增加。

各种钢的导热系数随温度变化规律不一样，800℃以下，碳钢的导热系数随温度的升高而下降；800℃以上则略有升高。

2.2.3.2 熔渣的物理化学性质

炼好钢首先要炼好渣，所有炼钢任务的完成几乎都与熔渣有关。熔渣的结构决定着熔渣的物理化学性质，而熔渣的物理化学性质又影响着炼钢的化学反应平衡及反应速率。因此，在炼钢过程中必须控制和调整好炉内熔渣的物理化学性质。

A 熔渣的作用、来源、分类与组成

(1) 熔渣在炼钢过程中的作用。

1) 去除铁水和钢水中的磷、硫等有害元素，同时能将铁和其他有用元素的损失控制在最低限度；

2) 保护钢液不过度氧化、不吸收有害气体，保温、减少有益元素烧损；

3) 防止热量散失，以保证钢的冶炼温度；

4) 吸收钢液中上浮的夹杂物及反应产物。

熔渣在炼钢过程中也有不利作用，主要表现在：侵蚀耐火材料，降低炉衬寿命，特别是低碱度熔渣对炉衬的侵蚀更为严重；熔渣中夹带小颗粒金属及未被还原的金属氧化物，降低了金属的回收率。

因此，造好渣是炼钢的重要条件，造出成分合适、温度适当并具有适宜于某种精炼目的的炉渣，发挥其积极作用，抑制其不利作用。

(2) 熔渣的来源。熔渣的来源主要有：

1) 炼钢过程有目的加入的造渣材料，如石灰、石灰石、萤石、硅石、铁矾土及火砖块；

2) 钢铁材料中 Si、Mn、P、Fe 等元素的氧化产物；

3) 冶炼过程被侵蚀的炉衬耐火材料。

(3) 熔渣的分类与组成。不同炼钢方法采用不同的渣系进行冶炼，造不同成分的炉渣，可达到不同的冶炼目的。例如，转炉炼钢造碱性氧化渣，而电炉炼钢造碱性还原渣，它们在物理化学性质和冶金反应特点上有明显的差别。碱性氧化渣因碱性氧化物 CaO 和 FeO 含量较高，具有脱磷、脱硫能力；碱性还原渣因含有 CaC_2，不仅具有脱硫能力，而且具有脱氧能力。表 2-6 所示为转炉和电炉的炉渣成分和性质。

表 2-6　转炉和电炉的炉渣成分和性质

类　别	化学成分	转炉中组成/%	电炉中组成/%	冶金反应特点
酸性氧化渣	CaO + FeO + MnO	50	50	(1) [C], [Si], [Mn] 氧化缓慢; (2) 不能脱 P、脱 S; (3) 钢水中 w[O] 较低
	SiO_2	50	50	
	P_2O_5	1 ~ 4		
碱性氧化渣	CaO/SiO_2	3.0 ~ 4.5	2.5 ~ 3.5	(1) [C], [Si], [Mn] 迅速氧化; (2) 能较好脱 P; (3) 能脱去 50% 的 S; (4) 钢水中 w[O] 较高
	CaO	35 ~ 55	40 ~ 50	
	FeO	7 ~ 30	10 ~ 25	
	MnO	2 ~ 8	5 ~ 10	
	MgO	2 ~ 12	5 ~ 10	
碱性还原渣（白渣）	CaO/SiO_2		2.0 ~ 3.5	(1) 脱 S 能力强; (2) 脱氧能力强; (3) 钢水易增碳; (4) 钢水易回磷; (5) 钢水中 w[H] 增加; (6) 钢水中 w[N] 增加
	CaO		50 ~ 55	
	CaF_2		5 ~ 8	
	Al_2O_3		2 ~ 3	
	FeO		< 0.5	
	MgO		< 10	
	CaC_2		< 1	

B　熔渣的熔点

通常,炼钢过程要求熔渣的熔点低于所炼钢种的熔点 50 ~ 200℃。除 FeO 和 CaF_2 以外,其他简单氧化物的熔点都很高,它们在炼钢温度下难以单独形成熔渣,实际上它们是形成多种低熔点的复杂化合物。熔渣的熔化温度是固态渣完全转化为均匀液态时的温度。同理,液态炉渣开始析出固体成分时的温度为熔渣的凝固温度。熔渣的熔化温度与熔渣的成分有关,一般来说,熔渣中高熔点组元越多,熔化温度越高。熔渣中常见的氧化物的熔点见表 2-7。

表 2-7　熔渣中常见的氧化物的熔点　（℃）

化合物	熔点	化合物	熔点
CaO	2600	$MgO \cdot SiO_2$	1557
MgO	2800	$2MgO \cdot SiO_2$	1890
SiO_2	1713	$CaO \cdot MgO \cdot SiO_2$	1390
FeO	1370	$3CaO \cdot MgO \cdot 2SiO_2$	1550
Fe_2O_3	1457	$2CaO \cdot MgO \cdot 2SiO_2$	1450
MnO	1783	$2FeO \cdot SiO_2$	1205
Al_2O_3	2050	$MnO \cdot SiO_2$	1285
CaF_2	1418	$2MnO \cdot SiO_2$	1345
$CaO \cdot SiO_2$	1550	$CaO \cdot MnO \cdot SiO_2$	> 1700
$2CaO \cdot SiO_2$	2130	$3CaO \cdot P_2O_5$	1800
$3CaO \cdot SiO_2$	> 2065	$CaO \cdot Fe_2O_3$	1220
$3CaO \cdot 2SiO_2$	1485	$2CaO \cdot Fe_2O_3$	1420
$CaO \cdot FeO \cdot SiO_2$	1205	$CaO \cdot 2Fe_2O_3$	1240
$Fe_2O_3 \cdot SiO_2$	1217	$CaO \cdot 2FeO \cdot SiO_2$	1205
$MgO \cdot Al_2O_3$	2135	$CaO \cdot CaF_2$	1400

C 熔渣的黏度

黏度是熔渣重要的物理性质，对元素的扩散、渣－钢间反应、气体逸出、热量传递、铁损及炉衬寿命等均有很大的影响。影响熔渣黏度的因素主要有熔渣的成分、熔渣中的固体熔点和温度。

一般来讲，在一定的温度下，凡是能降低熔渣熔点成分、在一定范围内增加其浓度，可使熔渣黏度降低；反之，则使熔渣黏度增大。在酸性渣中提高 SiO_2 含量时，导致熔渣黏度升高；相反，在酸性渣中提高 CaO 含量，会使黏度降低。

碱性渣中，CaO 超过 50% 后，其黏度随 CaO 增加而增加。SiO_2 在一定范围内增加，能降低碱性渣的黏度；但 SiO_2 含量超过一定值形成 $2CaO \cdot SiO_2$ 时，则使熔渣变稠，原因是 $2CaO \cdot SiO_2$ 的熔点高达 2130℃。FeO（熔点 1370℃）和 Fe_2O_3（熔点 1457℃）有明显降低熔渣熔点的作用，增加 FeO 含量，熔渣黏度显著降低。MgO 在碱性渣中对黏度影响很大，当 MgO 浓度超过 10% 时，会破坏渣的均匀性，使熔渣变黏。Al_2O_3 能降低渣的熔点，从而具有稀释碱性渣的作用。CaF_2 本身熔点较低，它能降低熔渣的黏度。

炼钢过程中希望造渣材料完全溶解，形成均匀相的熔渣。但实际上，炉渣中往往悬浮着石灰颗粒、MgO 质颗粒、熔渣自身析出的 $2CaO \cdot SiO_2$ 和 $3CaO \cdot P_2O_5$ 固体颗粒以及 Cr_2O_3 等，这些固体颗粒的状态对熔渣的黏度产生不同影响。少量尺寸大的颗粒（直径达数毫米），对熔渣黏度影响不大；尺寸较小（$10^{-3} \sim 10^{-2}$mm）、数量多的固体颗粒呈乳浊液状态，使熔渣黏度增加。

对酸性渣而言，温度升高，聚合的 Si—O 离子键易破坏，黏度下降；对碱性渣而言，温度升高，有利于消除没有熔化的固体颗粒，因而黏度下降。总之，温度升高，熔渣的黏度降低。在 1600℃ 炼钢温度下，熔渣黏度在 0.02～0.1Pa · s 之间。表 2-8 为熔渣和钢水的黏度。

表 2-8 熔渣和钢水的黏度

物 质	温度/℃	黏度/Pa · s	物 质	温度/℃	黏度/Pa · s
水	25	0.00089	稠熔渣	1595	0.20
铁水	1425	0.0015	FeO	1400	0.030
钢水	1595	0.0025	CaO	接近熔点	<0.050
稀熔渣	1595	0.0020	SiO_2	1942	1.5×10^4
黏度中等渣	1595	0.020	Al_2O_3	2100	0.05

D 熔渣的密度

熔渣的密度决定熔渣所占据的体积大小及钢液液滴在渣中的沉降速度。固体炉渣的密度可近似用下式计算：

$$\rho_{渣} = \sum \rho_i w_{(i)} \tag{2-9}$$

式中，$w_{(i)}$ 为渣中各化合物的质量分数，%；ρ_i 为各化合物的密度，kg/m^3。

1400℃ 时熔渣的密度与组成的关系：

$$\frac{1}{\rho^0_{渣}} = [0.45w(SiO_2) + 0.286w(CaO) + 0.204w(FeO) + 0.35w(Fe_2O_3) + 0.237w(MnO) + 0.367w(MgO) + 0.48w(P_2O_5) + 0.402w(Al_2O_3)] \times 10^{-3}$$

熔渣的温度高于 1400℃ 时，可表示为：

$$\rho_{渣}=\rho_{渣}^{0}+0.07\times\left(\frac{1400-t}{100}\right)$$

一般液态碱性渣的密度为3.0g/m³，固态碱性渣的密度为3.5g/m³，$w(FeO)>40\%$的高氧化性渣的密度为4.0g/m³，酸性渣的密度一般为3.0g/m³。

E　熔渣的表面张力

熔渣的表面张力主要影响渣－钢间的物化反应及熔渣对夹杂物的吸附等。转炉熔渣的表面张力普遍低于钢液，电炉熔渣的表面张力一般高于转炉。

氧化渣（35%～45% CaO，10%～20% SiO_2，3%～7% Al_2O_3，8%～30% FeO，2%～8% P_2O_5，4%～10% MnO，7%～15% MgO）的表面张力为0.35～0.45N/m。

还原渣（55%～60% CaO，20% SiO_2，2%～5% Al_2O_3，8%～10% MgO，4%～8% CaF_2）的表面张力为0.35～0.45N/m。

钢包处理的合成渣（55% CaO，20%～40% Al_2O_3，2%～15% SiO_2，2%～10% MgO）的表面张力为0.4～0.5N/m。

影响熔渣表面张力的因素有温度和成分。熔渣的表面张力一般是随着温度的升高而降低，但高温冶炼时，温度的变化范围较小，因而影响也就不明显。

SiO_2和P_2O_5具有降低FeO熔体表面张力的功能，而Al_2O_3则相反。CaO一开始能降低熔渣的表面张力，但后来则是起到提高的作用，原因是复合阴离子在相界面的吸附量发生了变化。MnO的作用与CaO类似。

可以用表面张力因子近似计算熔渣体系的表面张力，即

$$\sigma_{渣\cdot气}=\sum N_i\sigma_i \tag{2-10}$$

式中，$\sigma_{渣\cdot气}$为熔渣的表面张力，N/m；N_i为熔渣组元的摩尔分数；σ_i为熔渣组元的表面张力因子。

F　熔渣的碱度

熔渣中碱性氧化物含量总和与酸性氧化物含量总和之比称为熔渣碱度，常用符号R表示。熔渣碱度的大小直接对渣－钢间的物理化学反应（如脱磷、脱硫、去气等）产生影响。由于碱性氧化物和酸性氧化物种类很多，为方便起见，当炉料中$w[P]<0.30\%$时，$R=w(CaO)/w(SiO_2)$。

当$0.30\%\leqslant w[P]<0.60\%$时，$R=w(CaO)/[w(SiO_2)+w(P_2O_5)]$。

熔渣$R<1.0$时为酸性渣，由于SiO_2含量高，高温下可拉成细丝，称为长渣，冷却后呈黑亮色玻璃状。熔渣$R>1.0$为碱性渣，称为短渣。炼钢熔渣$R\geqslant3.0$。

炼钢熔渣中含有不同数量的碱性、中性和酸性氧化物，它们pH值由大到小可排列如下：

$$CaO>MnO>FeO>MgO>CaF_2>Fe_2O_3>Al_2O_3>TiO_2>SiO_2>P_2O_5$$

G　熔渣的氧化性

熔渣的氧化性也称熔渣的氧化能力，它是熔渣的一个重要的化学性质。熔渣的氧化性是指在一定的温度下，单位时间内熔渣向钢液供氧的数量。在其他条件一定的情况下，熔渣的氧化性决定了脱磷、脱碳以及夹杂物的去除等。由于氧化物分解压不同，只有(FeO)和(Fe_2O_3)才能向钢中传氧，而(Al_2O_3)、(SiO_2)、(MgO)、(CaO)等不能传氧。

熔渣的氧化性通常采用渣中氧化铁（FeO和Fe_2O_3）的含量多少来表示。把渣中的

Fe_2O_3 折算成 FeO 有两种方法。

全氧折合法：　　$\sum w(FeO) = w(FeO) + 1.35w(Fe_2O_3)$

全铁折合法：　　$\sum w(FeO) = w(FeO) + 0.9w(Fe_2O_3)$

通常按全铁折合法将 Fe_2O_3 折算成 FeO，其原因是取出的渣样在冷却过程中渣样表面的低价铁有一部分被空气氧化成高价铁，即 FeO 氧化成 Fe_3O_4，因而使分析得出的 Fe_2O_3 量偏高，用全铁折合法折算时可抵消此误差。

熔渣氧化性在炼钢过程中的作用体现在对熔渣自身、对钢水和对炼钢操作工艺影响的 3 个方面。

（1）影响化渣速度和熔渣黏度。渣中 FeO 能促进石灰溶解，加速化渣，改善炼钢反应动力学条件，加速传质过程。渣中 Fe_2O_3 和碱性氧化物反应生成铁酸盐，降低熔渣熔点和黏度，避免炼钢渣“返干”。

（2）影响熔渣向熔池传氧、脱磷和钢液的含氧量。低碳钢水氧含量明显受熔渣氧化性的影响，当钢水含碳量相同时，熔渣氧化性强，则钢液氧含量高，而且有利于脱磷。

（3）影响铁合金和金属收得率及炉衬寿命。熔渣氧化性越强，铁合金和金属收得率越低，同时降低炉衬寿命。

2.2.4 氧气转炉内的基本反应

在通常的氧气转炉炼钢过程中，总要根据冶炼钢种的要求，将铁水中的 C、Si、Mn、P、S 去除至规定的要求。虽然从热力学的平衡条件来看，不论各种炼钢方法之间差异如何，其气－渣－金属相之间的反应平衡都是相同的。但是，由于各种炼钢方法所处环境的动力学条件不同，在冶炼过程中对反应平衡的偏差程度也各不相同。本节主要阐述氧气转炉内各炼钢过程中的基本反应。

2.2.4.1 冶炼一炉钢的操作过程

要想找出吹炼过程中金属成分和炉渣成分的变化规律，首先就必须熟悉一炉钢的操作过程。图 2-15 给出了氧气顶吹转炉吹炼一炉钢的操作实例。

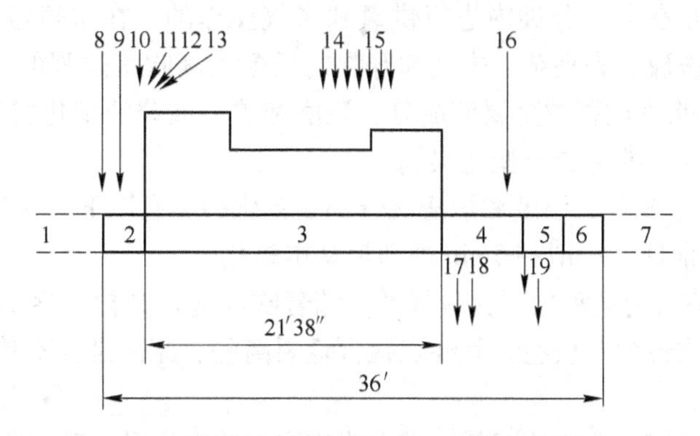

图 2－15　顶吹转炉吹炼一炉钢的操作实例

1—上炉排渣；2—装料；3—吹炼；4—出钢准备；5—出钢；6—排渣；7—下炉装料；8—废钢 17000kg；9—铁水 155000kg；10—石灰 5200kg；11—铁皮 300kg；12—萤石 180kg；13—铁矿石 600kg；14—铁矿石 150kg × 3 次；15—石灰 300kg × 3 次；16—锰铁；17—取样；18—测温；19—锰铁、铝

由图 2-15 可以清楚地看出，氧气顶吹转炉炼钢的工艺操作过程可分以下几步进行：

（1）出完上炉钢并倒完炉渣后，迅速检查炉体，必要时进行补炉，然后堵好出钢口，及时加料。

（2）在装入废钢和兑入铁水后，把炉体摇正。在下降氧枪的同时，向炉中加入第一批渣料（石灰、镁球、白云石、氧化铁皮、铁矿石），其量约为总量的 2/3 ~ 1/2。当氧枪降至规定的枪位时，吹炼过程正式开始。

当氧气流与溶池面接触时，碳、硅、锰开始氧化，称为点火。点火后约几分钟，炉渣形成并覆盖于熔池面上，随着 Si、Mn、C、P 的氧化，熔池温度升高，火焰亮度增加，炉渣起泡，并有小铁粒从炉口喷溅出来，此时应当适当降低氧枪高度。

（3）吹炼中期脱碳反应剧烈，渣中氧化铁降低，致使炉渣的熔点增高和黏度增大，并可能出现稠渣（即“返干”）现象。此时，应适当提高氧枪枪位，并可分批加入铁矿石和第二批造渣材料（其余的 1/3），以提高炉渣中的氧化铁含量及调整炉渣。第三批造渣料为萤石，用以调整炉渣的流动性。但是否加第三批造渣材料，其加入量多少，要视各厂生产情况而定。

（4）吹炼后期，由于熔池金属中碳含量大大降低，则使脱碳反应减弱，炉内火焰变得短而透明。最后根据火焰状况、供氧数量和吹炼时间等因素，按所炼钢种的成分和温度要求确定吹炼终点，并且提高氧枪停止供氧（称为拉碳），倒炉，经测温、取样后，根据分析结果决定出钢或补吹时间。

（5）当钢水成分和温度均已合格即可倒炉出钢。在出钢过程中，向钢包内加入铁合金，进行脱氧和合金化（有时可在打出钢口前向炉内投入部分铁合金）。出钢完毕，溅渣护炉，之后将炉渣倒入渣罐。

通常将相邻两炉之间的间隔时间（即从装钢铁材料到倒渣完毕）称为冶炼周期或冶炼一炉钢的时间，一般为 20 ~ 40min。其中吹入氧气的时间称为供氧时间或纯吹炼时间。其与炉子吨位大小和工艺有关。

2.2.4.2　吹炼过程状况

氧气转炉炼钢是在十几分钟内进行供氧和供气操作的，在这短短的时间内要完成造渣、脱碳、脱磷、脱硫、去夹杂、去气和升温的任务，其吹炼过程的反应状况是多变的。图 2-16 是顶吹转炉吹炼过程中金属液成分、温度和炉渣成分的变化实例，图 2-17 是复合吹炼转炉在吹炼过程中的各成分变化实例。

在吹炼过程中金属液成分、温度和炉渣成分都是变化的。有以下一些基本规律：

（1）Si 在吹炼前期，一般在 5min 内即被基本氧化。

（2）Mn 在吹炼前期被氧化到含量很低，随着吹炼进行其含量逐步回升。复吹转炉中锰的回升趋势比顶吹转炉要快些，其终点锰含量要高些。原因是复吹转炉渣中（FeO）含量比顶吹转炉低些。

（3）P 在吹炼前期含量快速降低，进入吹炼中期略有回升，而到吹炼后期再度降低。

（4）S 在吹炼过程中是逐步降低的。

（5）C 在吹炼过程中快速减少，但前期脱碳速度慢，中期脱碳速度快。

（6）熔池温度在吹炼过程中逐步升高，尤以吹炼前期升温速度快。

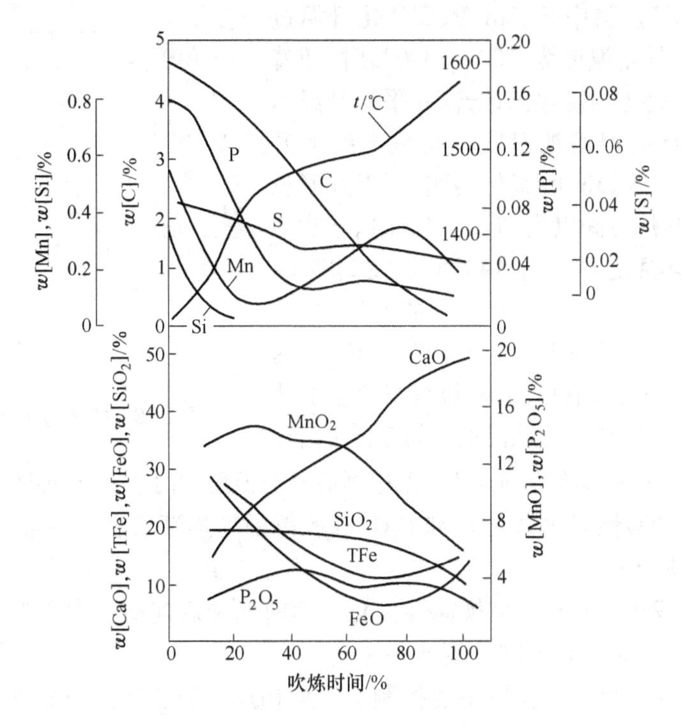

图 2-16 顶吹转炉炉内变化

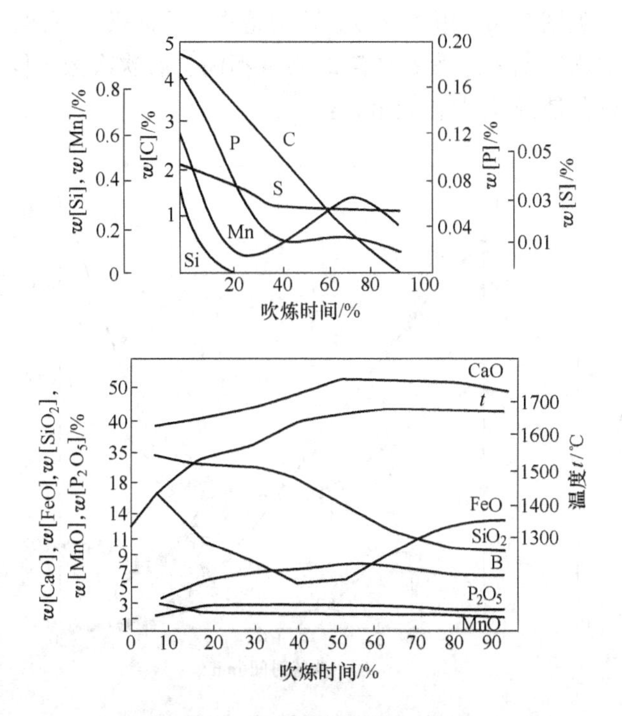

图 2-17 复合吹炼转炉炉内变化

图 2-18 显示了炉料中 Si、Mn、P、C 氧化升温过程。吹炼开始前，铁水温度为1200～1300℃时，随着吹炼过程的进行，熔池温度逐渐地升高，平均升温速度为 20～30℃/min，但熔池温度不是呈直线上升的，吹炼初期，由于 Si、Mn 的氧化迅速，所以升温较快（约在 20% 的吹炼时间以内，即 3～4min），但吹炼前期熔池的平均温度不超过 1400℃。在 20%～70% 吹炼时间内，熔池升温稍缓，从 1400℃逐渐升到 1500℃以上。到吹炼末期，即在 70%～100% 的吹炼时间内，升温速度又有所加快，最终熔池温度达到 1600℃以上。要控制好吹炼温度，就应根据钢种对温度的要求来调整冷却剂的加入量，以达到成分与温度同时达到出钢要求的目的。

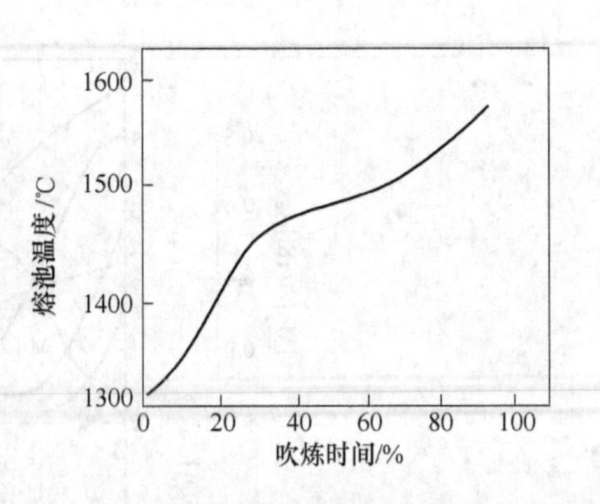

图 2-18　吹炼过程中温度的变化

（7）炉渣中的酸性氧化物 SiO_2 和 P_2O_5 在吹炼前期逐渐增多，随着石灰的溶解增加，渣量增大，其含量降低。

（8）吹炼过程中（FeO）呈规律性变化，即前期和后期高、中期低。而复吹转炉在冶炼后期（FeO）含量比顶吹转炉更低一些。

（9）钢中的氧到目前为止还不能控制。吹炼初期，随着钢液中硅含量降低，氧含量升高。吹炼中期脱碳反应剧烈，钢液中氧含量降低。吹炼后期，由于钢中碳含量降低，钢中氧含量显著升高（见图 2-19）。一般根据终点碳含量的不同，氧质量分数在 0.06%～0.1% 之间变化。当然，由于钢种、吹炼方法不同，终点钢中碳含量和终点钢中氧含量的关系会有很大差别（见图 2-20 和图 2-21）。特别是吹炼后期操作不同，将会使钢中氧含量有大幅度变化，如吹炼后期采用萤石调渣的用量不同、后吹次数不同、终点钢液温度不同、炉龄长短不同以及是否采用硅铁提温等。

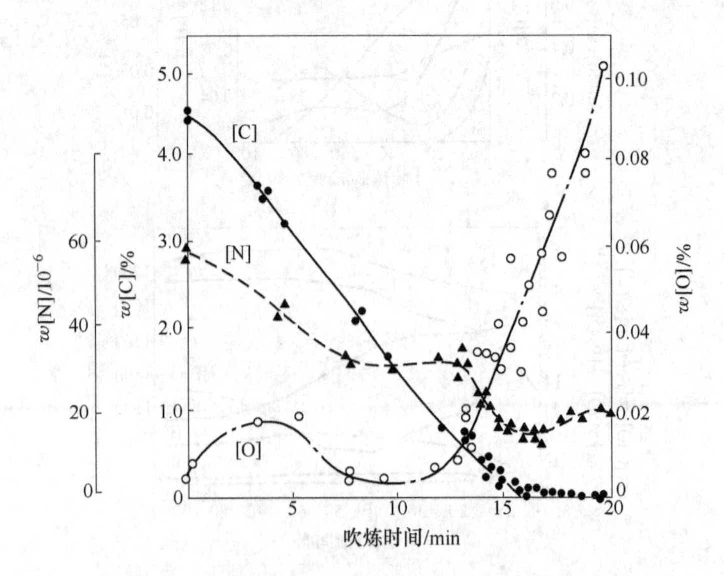

图 2-19　转炉吹炼中［C］、［O］、［N］的变化

（炉数 3；氧流量 $470m^3$；枪高 1400mm；喷嘴直径 35.4mm×4mm）

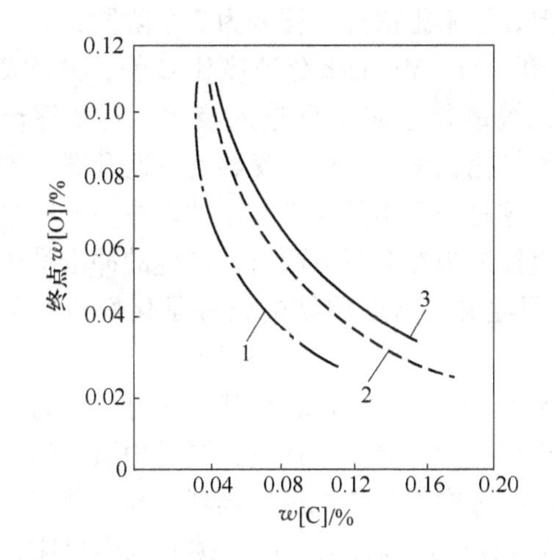

图 2-20　不同钢种终点［C］、［O］的关系图
1—连铸 Al 镇静钢；2—普通模铸镇静钢；
3—连铸热轧材

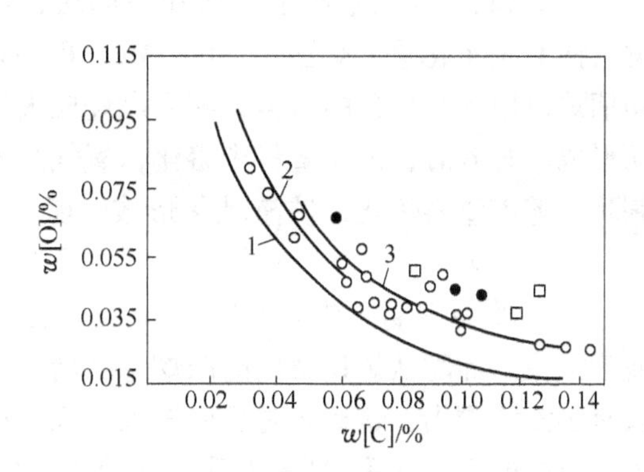

图 2-21　各种炼钢方法［C］、［O］的关系
1—平衡值；2—LD 转炉；3—碱性平炉；
○—卡尔度法；□—罗托法；●—电弧炉

（10）随着吹炼的进行，石灰在炉内溶解量增多，渣中 CaO 含量逐渐增高，炉渣碱度也随之变大。

（11）吹炼过程中金属熔池含氮量的变化规律与脱碳反应有密切的关系。由图 2-19 可知，吹炼前期发生脱氮，中期停滞，到后期又进行脱氮，但停吹前 2～3min 起氮含量又上升。这个脱氮曲线也随操作方法不同会有大幅度的变化。通常认为，吹炼时熔池内脱碳反应产生的 CO 气泡中氮气的分压力近于零，因而钢中的氮析出会进入 CO 气泡中，和 CO 气体一起被排出炉外。因此脱碳速度越快，终点氮含量也越低。图 2-22 为平均脱碳速度与终点钢中氮含量的关系。冶炼中期脱氮停滞的原因是：此时脱碳是在冲击区附近进行的，该处气泡形成的氧化膜使钢中氮的扩散减慢；同时熔池内部产生的 CO 气泡减少，相应地减少了脱氮量。吹炼后期，由于脱碳效率显著降低，废气量减少，所以从炉口卷入的空气量增多，炉气中氮的分压增大，因而停吹前 2～3min 时出现增氮现象。

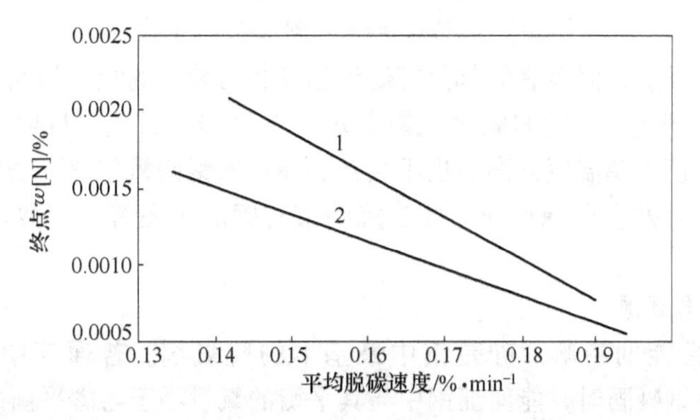

图 2-22　平均脱碳速度和终点［N］的关系
1—顶吹；2—复吹

根据一炉钢冶炼过程中炉内成分的变化情况，通常把冶炼过程分为3个阶段：

(1) 吹炼前期。吹炼前期由于铁水温度不高，Si、Mn的氧化速度比C快，开吹2～4min时，Si、Mn已基本上被氧化。同时，铁也被氧化形成FeO进入渣中，石灰逐渐熔解，使P也氧化进入炉渣中。Si、Mn、P、Fe的氧化放出大量热，使熔池迅速升温。吹炼初期炉口出现黄褐色的烟尘，随后燃烧成火焰，这是由带出的铁尘和小铁珠在空气中燃烧而形成。开吹时，由于渣料未熔化，氧气射流直接冲击在金属液面上，产生的冲击噪声较刺耳。随着渣料熔化，炉渣乳化形成，噪声变得温和。吹炼前期的任务是化好渣、早化渣，以利于磷和硫的去除；同时也要注意造渣，以减少炉渣对炉衬的侵蚀。

(2) 吹炼中期。铁水中Si、Mn氧化后，熔池温度升高，炉渣也基本化好，C的氧化速度加快。此时从炉口冒出的浓烟急剧增多，火焰变大，亮度也提高；同时炉渣起泡，炉口有小渣块溅出，这标志着反应进入吹炼中期。吹炼中期是碳氧反应剧烈时期，此期间供入熔池中的氧气几乎100%与碳发生反应，使脱碳速度达到最大。由于碳氧剧烈反应，使炉温升高，渣中FeO含量降低，磷和锰在渣－钢液之间的分配发生变化，产生回磷和回锰现象。但此期间由于温度高、低FeO、高CaO存在，使脱S反应得以大量进行。同时，由于熔池温度升高使废钢大量熔化。吹炼中期的任务是脱碳和去硫，因此应控制好供氧和底气搅拌，防止炉渣返干和喷溅的发生。

(3) 吹炼后期。吹炼后期钢水中碳含量低，脱碳速度减小，从炉口排出的火焰逐渐收缩，透明度增加。这时吹入熔池中的氧气使部分铁氧化，使渣中（FeO）和钢水中[O]含量增加。同时，温度达到出钢要求，钢水中磷、硫得以去除。吹炼后期要做好终点控制，保证温度、C、P、S含量达到出钢要求。此外还要根据所炼钢种要求，控制好炉渣氧化性，使钢水中氧含量合适，以保证钢的质量。对于复吹转炉，则应增大底吹供气流量，以均匀成分、温度、去除夹杂。若终点控制失误，则要补加渣料或补吹。

2.2.4.3 吹炼过程硅、锰的氧化

炼钢用的钢铁料含有硅、锰，成品钢对硅、锰的含量有要求。因此，很有必要了解硅、锰在炼钢过程中的氧化和还原规律。

炼钢中硅、锰的氧化以间接氧化方式为主，其反应式为：

$$[Si]+2(FeO)=\!=\!=(SiO_2)+2[Fe]$$

$$[Mn]+(FeO)=\!=\!=(MnO)+[Fe]$$

两者均是放热反应，因此它们都是在熔池温度相对较低的吹炼初期被大量氧化。硅的氧化产物是酸性的SiO_2，而锰的氧化产物是碱性的MnO，因此在目前的碱性操作中，硅氧化得很彻底，即使后期温度升高后也不会被还原；而锰则氧化得不彻底，而且冶炼后期熔池温度升高后还会发生还原反应，即吹炼结束时钢液中还有一定数量的锰存在，称为“余锰”。

A 硅的氧化与还原

(1) 硅对钢性能的影响。硅是钢中最基本的脱氧剂。普通钢中含硅在0.17%～0.37%，1450℃下钢凝固时，能保证钢中与其平衡的氧量小于与碳平衡的氧量，抑制凝固过程中CO气泡的产生。生产沸腾钢时，$w[Si]=0.03\%\sim0.07\%$，$w[Mn]=0.25\%\sim0.70\%$，它只能微弱控制C、O反应。硅能提高钢的力学性能，增加钢的电阻和导磁性。

（2）硅的氧化与还原反应。

$$[Si]+2[O]=(SiO_2)$$

$$[Si]+2(FeO)=(SiO_2)+2[Fe]$$

$$[Si]+\{O_2\}=(SiO_2)$$

$$[Si]+2(FeO)+2(CaO)=(Ca_2SiO_4)+2[Fe]$$

$$2[C]+(SiO_2)=[Si]+2\{CO\}$$

上面的反应式表明，硅的氧化与还原反应的影响因素有温度、炉渣成分、金属液成分和炉气氧分压。低温有利于硅的氧化；降低炉渣中 SiO_2 的含量（如增加 CaO、FeO 含量），有利于硅的氧化；炉渣氧化能力越强，越有利硅的氧化；增加金属液中硅元素的含量，有利于硅的氧化；炉气氧分压越高，越有利于硅的氧化。

硅氧化是用氧炼钢的主要热源之一。在转炉吹炼前期，由于硅大量氧化，熔池温度升高，进入碳氧化期。在钢液脱氧过程中，由于含硅脱氧剂的氧化，可补偿一些钢包的散热损失。总之，硅的氧化有利于保持或提高钢液的温度。

硅氧化反应受炉渣成分影响，同样，硅氧化反应产物影响炉渣成分，如 SiO_2 降低炉渣碱度，不利于钢液脱磷、脱硫，侵蚀炉衬耐火材料，降低炉渣氧化性，增加造渣消耗。

金属液中硅氧化使 $w[Si]$ 降低，从而影响金属液中其他成分（[C]、[Mn]、[P]、[S] 等）的活度及热力学条件。可见，硅氧化反应平衡是非稳态。

B 锰的氧化与还原

（1）锰对钢性能的影响。锰是一种弱的脱氧剂，在碳含量非常低、氧含量很高时，起协助脱氧作用，消除钢中硫的热脆倾向，改变硫化物的形态和分布，提高钢的质量。

锰还可以提高钢的强度，并可提高钢的淬透性能，稳定并扩大奥氏体区，常作为合金元素生成奥氏体不锈钢、耐热钢等。

（2）锰的氧化与还原反应。

$$[Mn]+[O]=(MnO)$$

$$[Mn]+(FeO)=(MnO)+[Fe]$$

$$2[Mn]+\{O_2\}=2(MnO)$$

$$[C]+(MnO)=[Mn]+\{CO\}$$

与硅的氧化和还原一样，影响锰的氧化和还原反应的因素有温度、炉渣成分、金属液成分和炉气氧分压。温度低有利于锰的氧化；炉渣碱度高，使（MnO）的活度提高，在大多数情况下，（MnO）基本以游离态存在，如果 $a_{(MnO)}>1.0$，则不利于锰的氧化；炉渣氧化性强，有利于锰的氧化；增加 Mn 元素活度的元素，有利于锰的氧化；炉气氧分压越高，越有利于锰的氧化。

在碱性转炉炼钢过程中，当脱碳反应激烈进行时，炉渣中（FeO）大量减少，温度升高，使钢液中 $w[Mn]$ 回升，这就是产生了锰还原。在酸性渣中，锰的氧化较为完全。

钢液中残［Mn］的作用：

1）防止钢水的过氧化或避免钢水中含有过多的过剩氧，以提高脱氧合金的收得率，降低钢中氧化物夹杂；

2）可作为钢液温度高低的标志，炉温高有利于（MnO）的还原，残锰含量高；

3）能确定脱氧后钢水的锰含量达到所炼钢种的规格，并节约 Fe-Mn 用量。

2.2.4.4　吹炼过程的脱碳

C-O 反应是炼钢过程中的重要反应，这不仅是由于可脱除铁水中多余的碳，而且也是因为 C-O 反应生成的 CO 气体造成了熔池搅拌，使炉渣泡沫化，促使传热和传质过程加速、钢水中有害气体和夹杂去除、金属液成分和温度均匀，并且碳的氧化还是转炉炼钢的重要热源之一。

A　吹炼过程中碳的氧化

氧气转炉炼钢过程中，碳的氧化按下列反应进行：

$$[C]+[O]=CO \qquad \lg\frac{P_{CO}}{a_{[C]}a_{[O]}}=\frac{1168}{T}+2.07 \tag{2-11}$$

$$[C]+1/2O_2=CO \qquad \lg\frac{P_{CO}}{a_{[C]}\sqrt{P_{O_2}}}=\frac{7200}{T}+2.22 \tag{2-12}$$

$$[C]+CO_2=2CO \qquad \lg\frac{P_{CO}^2}{a_{[C]}P_{CO_2}}=-\frac{6400}{T}+6.175 \tag{2-13}$$

$$[C]+2[O]=CO_2 \qquad \lg\frac{P_{CO_2}}{a_{[C]}a_{[O]}^2}=\frac{10175}{T}-2.88 \tag{2-14}$$

一般认为，在熔池中金属液内的 C-O 反应是以式（2-11）为主，只有当熔池金属液中 $w[C]<0.05\%$ 时，式（2-13）才比较显著。表 2-9 中的试验结果说明了这个问题。

表 2-9　不同温度下平衡气相中 CO_2 浓度　（%）

$w[C]$/%	1500℃	1550℃	1600℃	1650℃	1700℃
0.01	20.1	16.7	13.8	11.5	9.5
0.05	5.6	4.3	3.3	2.7	2.1
0.10	2.8	2.2	1.7	1.3	1.1
0.50	0.44	0.34	0.26	0.21	0.16
1.00	0.16	0.12	0.034	0.07	0.06

在氧气射流冲击区，碳的反应以式（2-12）为主，即铁水中的碳与吹入的氧气直接反应；而底吹 CO_2 气体时，则发生式（2-13）即 CO_2 成为供气体，直接参加反应。

研究认为，所有这些脱碳反应的动力学过程都是复杂的，其过程的控制环节大都受物质扩散控制；只有当气相与金属间传质很快时，反应的限制环节才决定于化学反应。

B　吹炼过程的脱碳速度

氧气转炉吹炼过程中，金属熔池中脱碳速度变化可由图 2-23 和图 2-24 表示。脱碳速度的变化在整个吹炼过程分为 3 个阶段。

第 1 阶段：吹炼前期，以 Si、Mn 氧化为主，脱碳速度由于温度升高而逐步加快。

第 2 阶段：吹炼中期，以碳的氧化为主，脱碳速度达到最大。

第 3 阶段：吹炼后期，随着金属熔池中碳含量的减少，脱碳速度逐渐降低。

由此可见，整个冶炼过程中脱碳速度的变化曲线近似于梯形。根据这种梯形模型，可以对氧气转炉炼钢过程各阶段的脱碳速度写出下列表示式：

第一阶段　　$-\mathrm{d}w[C]/\mathrm{d}t=K_1t$

第二阶段 $-\mathrm{d}w[\mathrm{C}]/\mathrm{d}t = K_2$

第三阶段 $-\mathrm{d}w[\mathrm{C}]/\mathrm{d}t = K_3 w[\mathrm{C}]$

式中，K_1，K_2，K_3 为系数，分别受各阶段主要因素影响；t 为吹炼时间，min；$w[\mathrm{C}]$ 为熔池碳含量,%。

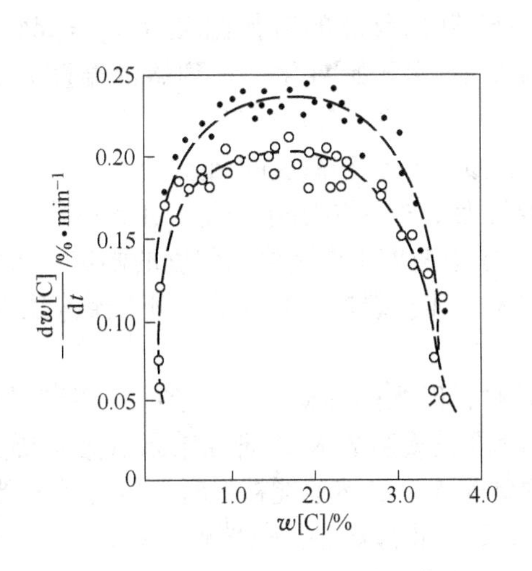

图 2-23 转炉炼钢脱碳速度随时间的变化

●—供氧强度为 2.2m³/(t · min)（标态）；

○—供氧强度为 1.9m³/(t · min)（标态）

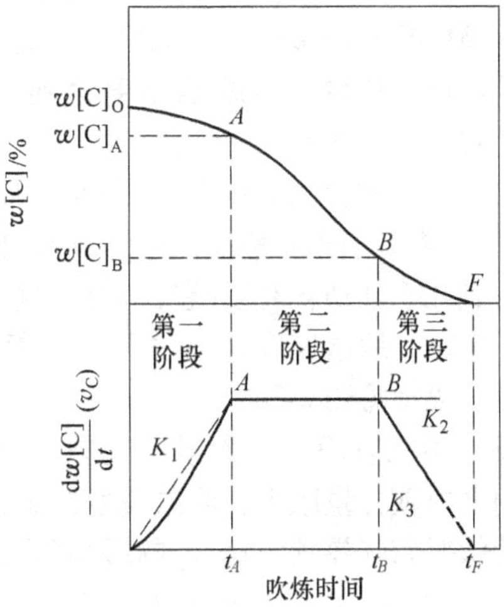

图 2-24 脱碳速度和吹炼时间关系的模拟图

各阶段脱碳速度估计如下：

（1）第一阶段。吹炼一开始，Si、Mn、P 首先迅速氧化，同时 Fe、C 也逐步氧化。碳的氧化反应受铁水中 Si、Mn 含量影响很大，图 2-25 中分析说明了这一点。当铁水中 Si 当量（$w[\mathrm{Si}]+0.25w[\mathrm{Mn}]$）>1 时，脱碳速度趋于零。随着铁水中 Si、Mn 氧化而含量降低，脱碳反应速度加快。

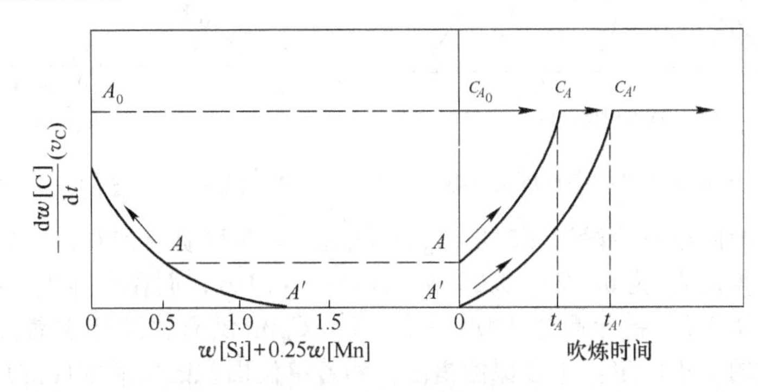

图 2-25 供氧强度对脱碳速度的影响

A_0—前期供氧强度；A—中期供氧强度；A'—末期供氧强度；t_A—冶炼前期；$t_{A'}$—冶炼中期；

C_{A_0}—前期碳的浓度；C_A—中期的浓度；$C_{A'}$—末期的浓度

另外，温度对 Si、Mn、C 的选择性氧化也有较大影响，尤以 Si 的影响为重。C 与 Si

的选择性氧化可由下式确定：

$$(SiO_2)+2[C]═══2CO+[Si] \qquad \Delta G^{\ominus}=131100-73.8T(J) \tag{2-15}$$

在实际生产条件下，$\Delta G=\Delta G^{\ominus}+RT\ln\ (P_{CO}^2 a_{[Si]}/a_{[C]}^2 a_{(SiO_2)})$

吹炼初期，$P_{CO}=0.1MPa$、$w[C]=4\%$、$w[Si]=0.6\%$，碱度为1～1.5，$a_{(SiO_2)}=0.1$，$w(FeO)=20\%$，并忽略Mn、P对活度的影响。把以上数据代入式（2-15）中得到：$\Delta G^{\ominus}=131100-70.87T$。令$\Delta G=0$，求出C→Si氧化反应的转换温度为$t_{转}=1641K=1368℃$。也就是说，当熔池温度达到1368℃后，碳才开始氧化；直到熔池温度升高到1480℃时，碳才开始剧烈氧化。由此可见，吹炼前期的脱碳速度受铁水中Si、Mn含量和熔池温度的影响，因而系数K_1并非是常数，而是铁水成分和温度的函数。

（2）第二阶段。熔池中Si、Mn基本氧化结束后，C开始剧烈氧化，在此阶段，氧枪供给的氧几乎都消耗在脱碳反应上。这个阶段，脱碳速度主要受供氧强度的影响。当供氧强度一定时，脱碳速度是常数K_2，供氧强度越大，其脱碳速度也越大。不同供氧强度的脱碳速度模型见图2-26。

（3）第三阶段。当脱碳反应进行到一定时候，即当熔池碳含量达到临界碳含量时，随着钢水中碳含量减少，脱碳速度降低。第三阶段脱碳系数K_3，研究结果认为主要受熔池运动状况和临界碳含量C_β的影响为大。当脱碳速度大、熔池搅拌好时，K_3增大；当C_β大时，K_3减小。对顶吹转炉研究的结果示于图2-27，得到了很好的线性关系：

$$K_3=0.996K_2^2/2C_\beta-0.0002$$

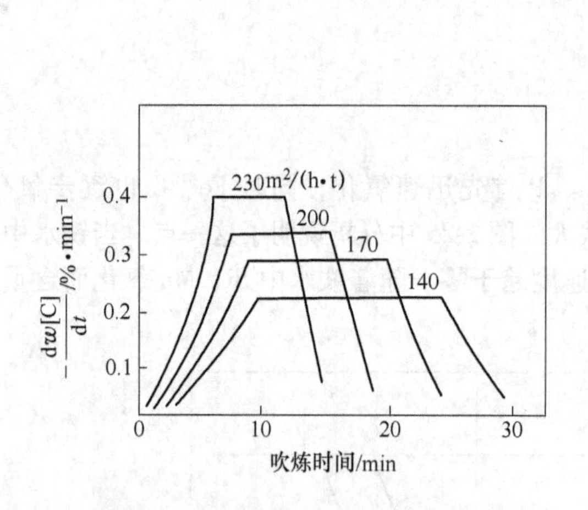

图2-26　供氧强度对脱碳速度的影响

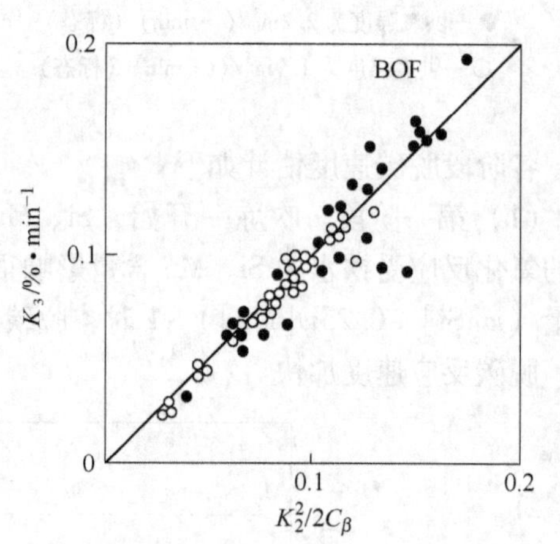

图2-27　K_3与$K_2^2/2C_\beta$的关系

关于第二阶段向第三阶段过渡时的C_β的问题，有多种研究和观点，差别很大。通常在实验室条件下得出C_β为0.1%～0.2%或0.07%～0.1%，而在实际生产中则为0.1%～0.2%或0.2%～0.3%，甚至高达1.0%～1.2%。C_β依供氧速度和供氧方式、熔池搅拌强弱和传质系数的大小而定。川合保治指出，随着单位面积的供氧强度的加大或熔池搅拌的减弱，C_β有所增高。

2.2.4.5　吹炼过程脱磷与脱硫

A　吹炼过程中脱磷

磷是钢中有害杂质之一。磷使钢具有冷脆性，增加钢对脆性断裂的倾向及提高冷脆温度，即提高冲击韧性显著降低的温度。钢中最大允许的磷含量是0.02%～0.05%（质量分数），而对某些优质钢种要求磷在0.008%～0.015%范围内。

高炉冶炼不能控制铁水的磷量，矿石中的磷几乎全部进入生铁，致使生铁的磷质量分数高达0.1%～2.0%。生铁中的磷主要是在炼钢过程中利用高碱度氧化渣的作用除去的。

磷是易氧化元素，在转炉吹炼前期发生氧化反应：

$$2[P]+5(FeO)=\!=\!=(P_2O_5)+5Fe$$

然后再与渣中（CaO）反应，生成稳定化合物：

$$(P_2O_5)+n(CaO)=\!=\!=(nCaO\cdot P_2O_5)$$

冶炼中磷的氧化去除反应为：

$$2[P]+5(FeO)+n(CaO)=\!=\!=(nCaO\cdot P_2O_5)+5Fe$$

式中，n 一般取4。炉渣中（FeO）和（CaO）越多，则越有利于磷的去除。

在金属与炉渣平衡的情况下：

$$w[P]=\sqrt{\frac{a_{(4CaO\cdot P_2O_5)}}{K_P a_{(FeO)}^5 a_{(CaO)}^4}} \tag{2-16}$$

由式（2-16）可见，促进炉渣对金属脱磷的热力学因素有：

（1）加入固体氧化剂（铁矿石、铁皮）或用高枪位向熔池吹氧以增大 $a_{(FeO)}$。

（2）加入石灰和促进石灰在碱性渣中迅速溶解的物质以增大 $a_{(CaO)}$，即增大自由CaO的浓度。

（3）用更新与金属接触的渣相的方法，即用放渣和加入CaO与FeO造新渣的方法来减小 $a_{(4CaO\cdot P_2O_5)}$。

（4）保持适当的低温，因为温度从1673K到1873K，使反应的平衡常数 K_P 减小到1/370。

成品钢的含磷量往往比冶炼终了钢水含磷量高，在冶炼过程中如果炉温过高，碱度、$\sum w(FeO)$ 过低，磷含量也有回升现象，这些现象称为“回磷”。出钢后的回磷量一般为0.01%～0.02%，有时更高。

吹炼到达终点时，由于钢水温度升高，钢液中含碳量不同，对渣中 $w(FeO)$ 含量有影响，因而影响终点磷含量。在工业生产中，为了减少回磷现象，通常的办法是保证冶炼后期炉渣为高碱度，并化好渣，适当保持一定的 $w(FeO)$ 含量，以稳定去磷效果。

总之，为了去磷，吹炼过程中应根据去磷反应的热力学条件，首先在冶炼前期化好渣，尽快形成高氧化性炉渣，以利于在吹炼前期低温脱磷。若铁水磷含量高，还可在化好渣的情况下倒掉部分高磷炉渣，以提高脱磷效果。而在吹炼后期，则要控制好炉渣碱度和渣中 $w(FeO)$ 含量，保证磷被稳定在渣中而不发生回磷现象。

B　吹炼过程脱硫

硫使钢材产生热脆性，脱硫反应表示如下：

$$[FeS]+(CaO)=\!=\!=(CaS)+(FeO) \tag{2-17}$$

渣中 $w(CaO)$ 高、$w(FeO)$ 低，有利于脱硫反应进行。但在氧气转炉炼钢中，由于熔池供氧，使炉内呈氧化气氛，故渣中 $w(FeO)$ 不低，因而使转炉的脱硫能力受到限制。

转炉吹炼过程中，铁水中硫的去除分为两部分，一部分为气化脱硫，其反应为：

$$[S] + 2[O] = SO_2 \tag{2-18}$$

$$(S^{2-}) + 3/2O_2 = SO_2 + (O^{2-}) \tag{2-19}$$

$$(S^{2-}) + 6(Fe^{3+}) + 2(O^{2-}) = SO_2 + 6(Fe^{2+}) \tag{2-20}$$

对以上三个反应，热力学的分析表明，式（2-18）中反应平衡时的 SO_2 分压为 0.02Pa，反应很容易达到平衡，故可以认为钢液中硫的氧化去除作用不大。而渣中硫的气化反应是主要的，由式（2-19）、式（2-20）可见，渣中的硫向气相转移与渣中硫的活度和氧势有关。硫在渣中的活度与炉渣碱度有关，碱度越高，硫的活度越低。因此，高碱度对气化脱硫不利，但对炉渣脱硫有利。因此在氧气转炉炼钢中，一般认为铁水含硫量的10%左右是通过气化脱硫去除的。

另一部分为炉渣脱硫，其反应见式（2-17）。要实现炉渣脱硫，必须化好渣，没有良好的石灰溶解，脱硫就会变成一句空话。图 2-28 所示为不同石灰成渣时金属液中硫的变化情况。图中转炉 A 吹炼中石灰成渣快，因而金属液中 $w[S]$ 一直降低；而转炉 B 吹炼中石灰成渣慢，直到吹炼后期石灰成渣增多以后，金属液中 $w[S]$ 才得以降低。因此要想去除硫，做好吹炼过程中的石灰溶解成渣操作是至关重要的。当金属液中含硫较高时，可以在吹炼过程中依靠提高碱度或增大渣量的办法，采取倒渣操作来提高脱硫效果。

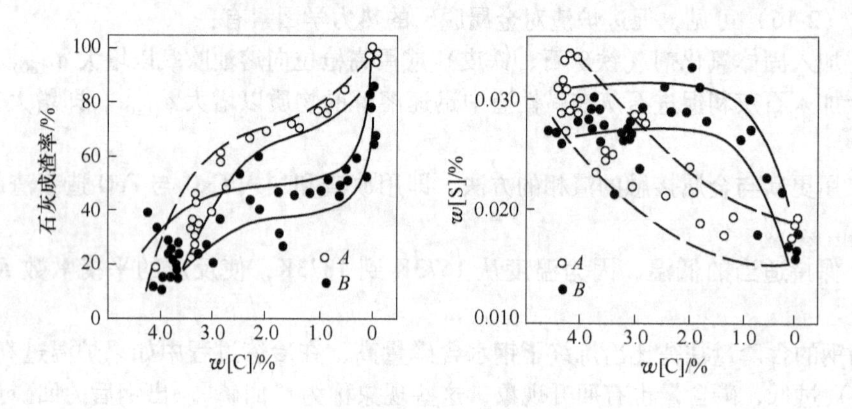

图 2-28　成渣与硫变化

总之，在氧气转炉炼钢中为了去硫，就要充分应用脱硫的热力学条件，实现高温状况下化好渣，利用吹炼过程中后期高温、高碱度、低氧化性的有利条件去硫。

2.2.4.6　脱氧

氧是在钢的凝固过程偏析倾向最严重的元素之一，在钢凝固和随后的冷却过程中，由于溶解度急剧降低，钢中原来溶解的绝大部分氧以铁氧化物、氧硫化物等微细夹杂物形式在奥氏体或铁素体晶界处富集存在。氧化物、氧硫化物等微细夹杂物会造成晶界脆化，在钢的加工和使用过程中容易成为晶界开裂的起点，导致钢材发生脆性破坏。此外，钢中氧含量增加会降低钢材的延性、冲击韧性和抗疲劳破坏性能，提高钢材的韧－脆转换温度，降低钢材的耐腐蚀性能等。

A　脱氧的方式

不管是哪种炼钢方法，都需要在熔池中供氧去除 C、Si、Mn、P 等杂质元素，吹炼结束后，钢液达到了一定成分和温度，其氧含量一般超过 C-O 平衡线。

如果钢水不进行脱氧，连铸坯就得不到正确的凝固组织结构。钢中氧含量高还会产生皮下气泡、疏松等缺陷，并加剧硫的危害作用；而且还会生成过多的氧化物夹杂，降低钢的塑性、冲击韧性等力学性能。因此，必须除去钢中的过剩氧。

在出钢或浇铸过程中，适当加脱氧剂减少钢液含氧量的操作称之为脱氧。按脱氧原理分，脱氧方法有 3 种，即沉淀脱氧法、扩散脱氧法和真空脱氧法。

（1）沉淀脱氧法。该法是指将脱氧剂加到钢液中，直接与钢液中的氧反应生成稳定的氧化物，即直接脱氧。沉淀脱氧效率高，操作简单，成本低，对冶炼时间无影响，但沉淀脱氧的脱氧程度取决于脱氧剂能力和脱氧产物的排出条件。

（2）扩散脱氧法。该法是根据氧分配定律建立起来的，一般用于电炉还原期或钢水炉外精炼。随着钢水中的氧向炉渣中扩散，炉渣中（FeO）逐渐增多，为了使（FeO）含量保持在低水平，需在渣中加脱氧剂还原渣中的（FeO），这样可以保证钢水中的氧不断向渣中扩散。扩散脱氧的产物存在于熔渣中，这样有利于提高钢水的洁净度，但扩散脱氧的速度慢、时间长，可以通过吹氩搅拌或钢渣混冲等方式加速脱氧进程。另外，进行扩散脱氧操作前需换新渣，以防止回磷。

（3）真空脱氧法。该法将钢包内钢水置于真空条件下，通过抽真空打破原有的碳氧平衡，促使碳与氧反应，达到通过钢中碳去除氧的目的。此法的优点是脱氧比较彻底，脱氧产物为 CO 气体，不污染钢水，而且在排出 CO 气体的同时还具有脱氢、脱氮的作用。

B 脱氧剂及其脱氧能力

炼钢常用的脱氧元素有硅、锰和铝。

（1）硅。硅具有较强的脱氧能力，随温度降低其脱氧能力增强，为绝大多数钢种采用。

（2）锰。锰脱氧能力很弱，局部锰含量高，可局部脱氧。随温度降低，锰的脱氧能力增强。与硅、铝同时使用，可增强硅、锰的脱氧能力，常用于沸腾钢脱氧。

（3）铝。铝具有非常强的脱氧能力，随温度降低其脱氧能力增强，被大多数钢种采用。

（4）复合脱氧剂。复合脱氧剂由两种或多种脱氧元素制成的脱氧剂，如硅锰、硅钙、硅锰铝等，其优点为：

1）可以提高脱氧元素的脱氧能力；

2）利于形成液态脱氧产物，便于分离与上浮；

3）利于提高易挥发元素的溶解度，减少元素的损失，提高脱氧元素的脱氧效率。

C 脱氧合金化

目前冶炼和连铸的钢种主要是镇静钢，各种牌号的合金钢、高碳钢、中碳钢和低碳钢优质钢都属于镇静钢。镇静钢脱氧比较完全，一般脱氧后的钢水氧质量分数小于 0.002%。镇静钢的脱氧可分为两种类型：钢包内脱氧；炉内预脱氧，钢包内终脱氧。

脱氧和合金化操作不能截然分开，而是紧密相连。合金化操作的关键问题是合金化元素的加入次序，合金化一般的原则是：

（1）脱氧元素先加，合金化元素后加。

（2）脱氧能力比较强而且比较贵重的合金，应在钢水脱氧良好的情况下加入。

(3) 熔点高、不易氧化的元素，可加在炉内。

脱氧元素被钢水吸收的部分与加入总量之比，称为脱氧元素收得率（η）。在生产碳素钢时，如知道终点钢水成分、钢水量、钢种成分、合金成分及其收得率，可根据成品钢成分，计算脱氧加入量。准确判断和控制脱氧元素收得率，是达到预期脱氧程度和提高成品钢成分命中率的关键。

冶炼一般合金钢和低合金钢时，合金加入量的计算方法和脱氧剂基本相同，而冶炼高合金钢时，合金加入量大，必须考虑加入的合金量对钢水重量和钢水终点成分的影响。

2.2.4.7 钢水的去气

钢液中的气体会显著降低钢的性能，而且容易造成钢的许多缺陷。钢中气体主要是指氢与氮，它们可以溶解于液态、固态的纯铁和钢中。

A 氮和氢对钢性能的影响

氢在固态钢中的溶解度很小，在钢水凝固和冷却过程中，氢会和 CO、N_2 等气体一起析出，形成皮下气泡、中心缩孔、疏松、产生白点和发纹。

钢热加工过程中，钢中含有氢气的气孔会沿加工方向被拉长形成发裂，进而引起钢材的强度、塑性、冲击韧性的降低，即发生“氢脆”现象。

在钢材的纵向断面上，呈现出圆形或椭圆形的银白色斑点称之为“白点”，实为交错的细小裂纹。主要原因是钢中的氢在小孔隙中析出的压力和钢相变时产生的组织应力的综合力超过了钢的强度。一般白点产生的温度低于 200℃。

钢中的氮是以氮化物的形式存在，它对钢质量的影响体现出双重性。

氮含量高的钢种长时间放置将会变脆，这一现象称为“老化”或“时效”。其原因是钢中氮化物的析出速度很慢，逐渐改变着钢的性能。低碳钢中氮产生的脆性比磷还严重。

钢中氮含量高时，在 250 ~ 450℃温度范围内，其表面发蓝，钢的强度升高，冲击韧性降低，称为“蓝脆”。氮含量增加，钢的焊接性能变坏。

钢中加入适量的铝，可生成稳定的 AlN，能够抑制 Fe_4N 的生成和析出，不仅改善钢的时效性，还可以阻止奥氏体晶粒的长大。氮可以作为合金元素起到细化晶粒的作用，在冶炼铬钢、镍铬系钢或铬锰系钢等高合金钢时，加入适量的氮能够改善其塑性和高温加工性能。

B 金属液中氢、氮的溶解度

氢在纯铁液中的溶解度是指在一定的温度下和 100kPa 气压时，氢在纯铁液中溶解的数量，服从西华特定律，即

$$\frac{1}{2}H_2(g) \rightleftharpoons [H], \quad w[H] = K_H\sqrt{p_{H_2}} \tag{2-21}$$

式中，$w[H]$ 为纯铁液中氢的溶解度；p_{H_2} 为纯铁液外面的氢气分压，kPa；K_H 为氢分压为 100kPa 时，纯铁液中氢溶解度反应的平衡常数。

氮在纯铁液的溶解度与氢类似，也服从西华特定律，即

$$\frac{1}{2}N_2(g) \rightleftharpoons [N], \quad w[N] = K_N\sqrt{p_{N_2}} \tag{2-22}$$

1873K 下金属液中氢和氮的溶解度如图 2-29 所示。

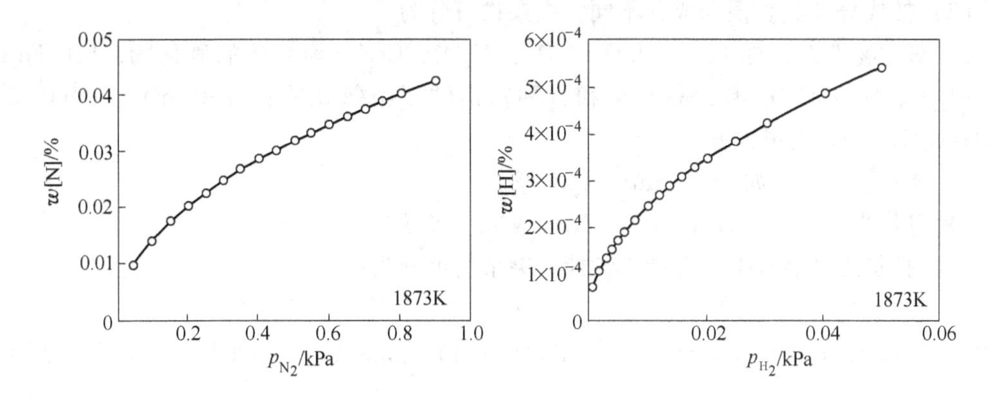

图 2-29 1873K 时金属液中氮、氢的溶解度

C 影响氢和氮在钢中溶解度的因素

气体在钢中的溶解度取决于温度、相变、金属成分以及与金属相平衡的气相中该气体的分压。

（1）氢和氮在液态纯铁中溶解度随温度升高而增加。

（2）固态纯铁中气体的溶解度低于液态。

（3）氮在固态纯铁中的溶解度随温度的升高降低，原因是有氮化物析出。

（4）在 910℃ 发生 α-Fe 向 γ-Fe 转变，1400℃ 时发生 γ-Fe 向 δ-Fe 转变，溶解度也发生突变。在奥氏体中因晶格常数大能溶解更多的气体。

D 钢液的脱氮和脱氢

（1）利用脱碳反应脱除［N］、［H］。脱碳可以强烈搅拌熔池，加速［N］、［H］向液－气反应界面的传递；脱碳反应生成大量 CO 气泡，在 CO 气泡内氮、氢的分压近似为零，而且 CO 气泡可成为 N_2、H_2 核心。

（2）在钢包内吹氩脱除［N］、［H］。

（3）钢水经真空精炼脱除［N］、［H］。

2.2.4.8 夹杂物的去除

A 夹杂物分类

（1）按来源分类。钢中非金属夹杂按来源分可以分为外来夹杂和内生夹杂。

外来夹杂，是指冶炼和浇铸过程中带入钢液中的炉渣和耐火材料以及钢液被大气氧化所形成的氧化物。

内生夹杂包括：

1）脱氧时的脱氧产物；

2）钢液温度下降时，硫、氧、氮等杂质元素溶解度下降而以非金属夹杂形式出现的生成物；

3）凝固过程中因溶解度降低、偏析而发生反应的产物；

4）固态钢相变时因溶解度变化而生成的产物。

钢中大部分内生夹杂是在脱氧和凝固过程中产生的。

（2）按成分分类。根据成分不同，夹杂物可分为：

1）氧化物夹杂，即 FeO、MnO、SiO_2、Al_2O_3、Cr_2O_3 等简单的氧化物，FeO-Fe_2O_3、FeO-Al_2O_3、MgO-Al_2O_3 等尖晶石类和各种钙铝的复杂氧化物；2FeO-SiO_2、2MnO-SiO_2、3MnO-Al_2O_3-2SiO_2 等硅酸盐。

2）硫化物夹杂，如 FeS、MnS、CaS 等。

3）氮化物夹杂，如 AlN、TiN、ZrN、VN、BN 等。

（3）按加工性能分类。按加工性能，夹杂物可分为：

1）塑性夹杂，是在热加工时沿加工方向延伸成条带状的夹杂物。

2）脆性夹杂，是完全不具有塑性的夹杂物，如尖晶石类型夹杂物、熔点高的氮化物。

3）点状不变形夹杂，如 SiO_2 质量分数超过 70% 的硅酸盐、CaS、钙的铝硅酸盐等。

由于非金属夹杂对钢的性能产生严重的影响，因此在炼钢、精炼和连铸过程中应最大限度地降低钢液中夹杂物的含量，控制其形状和尺寸。

B　夹杂物对钢材性能的影响

非金属夹杂在钢中以独立相存在，破坏了钢基体的连续性，使钢的组织不均匀，强度、塑性、冲击韧性、抗疲劳性能等力学性能减弱，铸造性能、切削性能等工艺性能降低。

C　钢中非金属夹杂物的去除

（1）提高原材料质量和清洁度，最大限度减少外来夹杂。

（2）完善和强化冶炼、浇注操作，提高从钢液中排除的数量。

（3）出钢后采用炉外处理措施，强化排除夹杂物。

（4）提高耐火材料质量。

（5）采用保护浇注措施，防止或减少钢液的二次氧化。

2.2.5　冶炼工艺制度

2.2.5.1　造渣制度

造渣是转炉炼钢的一项重要操作。许多炼钢任务是通过造渣来完成的，所以有"炼钢就是炼渣"之说。可以说，渣造好了，钢也就炼好了。造渣，是指通过控制入炉渣料的种类和数量，使炉渣具有某些性质，以满足熔池内有关炼钢反应需要的工艺操作要求。

转炉冶炼对炉渣的要求是：具有一定的碱度、合适的氧化性和流动性以及适度的泡沫化。

造渣制度是确定合适的造渣方法、渣料的种类、渣料的加入数量和时间以及加速成渣的措施。由于转炉冶炼时间短，必须快速成渣才能满足冶炼进程和强化冶炼的要求，同时造渣对避免喷溅、减少金属损失和提高炉衬寿命都有直接影响。

转炉炼钢造渣的目的是去除磷硫、减少喷溅、保护炉衬、减少终点氧；核心是快速成渣；原则是初渣早化、过程化透、终渣做黏、出钢挂炉、溅渣黏住。

A　炉渣的形成和石灰的溶解

氧气转炉炼钢过程时间很短，必须做到快速成渣，使炉渣尽快具有适当的碱度、氧化性和流动性，以便迅速地把铁水中的磷、硫等杂质去除到所炼钢种的要求以下。

a 炉渣的形成

炉渣一般是由铁水中的 Si、P、Mn、Fe 的氧化以及加入的石灰溶解而生成，另外还有少量的其他渣料（白云石、萤石等）、带入转炉内的高炉渣和侵蚀的炉衬等。炉渣的氧化性和化学成分在很大程度上控制了吹炼过程中的反应速度。如果吹炼要在脱碳时同时脱磷，则必须控制（FeO）含量在一定范围内，以保证石灰不断溶解，形成一定碱度、一定数量的泡沫化炉渣。

开吹后，铁水中 Si、Mn、Fe 等元素氧化生成 FeO、SiO_2、MnO 等氧化物进入渣中，这些氧化物相互作用生成许多矿物质。吹炼前期渣中主要矿物组成为各类橄榄石 $(Fe,Mn,Mg,Ca)SiO_4$ 和玻璃体 SiO_2。随着炉渣中石灰溶解，由于 CaO 与 SiO_2 的亲和力比其他氧化物大，CaO 逐渐取代橄榄石中的其他氧化物，形成硅酸钙。随碱度增加，进而形成 $CaO \cdot SiO_2$、$3CaO \cdot 2SiO_2$、$2CaO \cdot SiO_2$、$3CaO \cdot SiO_2$，其中最稳定的是 $2CaO \cdot SiO_2$。到吹炼后期，C-O 反应减弱，（FeO）含量有所提高，石灰进一步溶解，渣中可能产生铁酸钙。

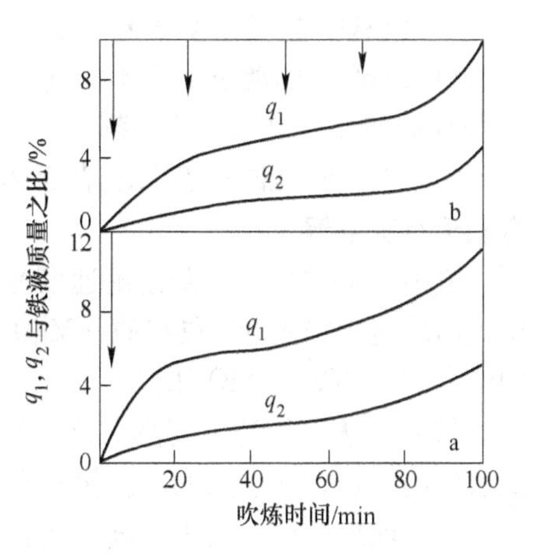

图 2-30 吹炼过程中渣量 q_1 和石灰溶解量 q_2 的变化

a—矿石冷却；b—废钢冷却

b 石灰的溶解

石灰的溶解在成渣过程中起着决定性的作用，图 2-30 给出吹炼过程中渣量和石灰溶解量的变化情况。由图可见，在 25% 的吹炼时间内，渣主要靠元素 Si、Mn、P 和 Fe 的氧化形成。在此后的时间里，成渣主要是靠石灰的溶解，特别是在 60% 的吹炼时间以后，由于炉温升高，石灰溶解加快使渣大量形成。

石灰在炉渣中的溶解是复杂的多相反应，其过程分为 3 步：

第 1 步，液态炉渣经过石灰块外部扩散边界层向反应区迁移，并沿气孔向石灰块内部迁移。

第 2 步，炉渣与石灰在反应区进行化学反应，形成新相。该反应不仅在石灰块外表面进行，而且在内部气孔表面上进行。其反应为：

$$(FeO) + (SiO_2) + CaO \longrightarrow (FeO_x) + (CaO \cdot FeO \cdot SiO_2)$$

$$(Fe_2O_3) + 2CaO = (2CaO \cdot Fe_2O_3)$$

$$(CaO \cdot FeO \cdot SiO_2) + CaO = (2CaO \cdot SiO_2) + (FeO)$$

第 3 步，反应产物离开反应区向炉渣熔体中转移。

炉渣由表及里逐渐向石灰块内部渗透，表面有反应产物形成。通常在顶吹转炉和底吹转炉吹炼前期，从炉内取出的石灰块表面存在着高熔点、致密坚硬的 $2CaO \cdot SiO_2$ 外壳，阻碍石灰的溶解。但在复吹转炉中，从炉内取出的石灰块样均没有发现 $2CaO \cdot SiO_2$ 外壳，其原因可认为是底吹气体加强了熔池搅拌，避免了顶吹转炉中渣料被吹到炉膛四周的不活动区，从而加快了（FeO）向石灰的渗透。

由以上分析可知，影响石灰溶解的主要因素有以下几点。

（1）炉渣成分。实践证明，炉渣成分对石灰溶解速度有很大影响。有研究表明，石灰溶解与炉渣成分之间的统计关系为：

$$v_{CaO} = k(w(CaO) + 1.35w(MgO) + 2.75w(FeO) + 1.90w(MnO) - 39.1) \quad (2\text{-}23)$$

式中，v_{CaO}为石灰在渣中的溶解速度，kg/(m^2 · s)；k 为比例系数；w(××) 为渣中氧化物含量，%。

由式（2-23）可见，（FeO）对石灰溶解速度影响最大，是石灰溶解的基本熔剂。其原因是：

1）（FeO）能显著降低炉渣黏度，加速石灰溶解过程的传质。

2）（FeO）能改善炉渣对石灰的润湿和向石灰孔隙中的渗透。

3）（FeO）的离子半径不大（$r_{Fe^{2+}} = 0.083$nm，$r_{Fe^{3+}} = 0.067$nm，$r_{O^{2-}} = 0.132$nm），且与 CaO 同属立方晶系，这些都有利于其向石灰晶格中迁移并生成低熔点物质。

4）（FeO）能减少石灰块表面 $2CaO \cdot SiO_2$ 的生成，并使生成的 $2CaO \cdot SiO_2$ 变疏松，有利于石灰溶解。

渣中（MnO）对石灰溶解速度的影响仅次于（FeO），故在生产中可在渣料中配加锰矿。向炉渣中加入6%左右的（MgO）也对石灰溶解有利，因为 $CaO\text{-}MgO\text{-}SiO_2$ 系化合物的熔点都比 $2CaO \cdot SiO_2$ 低。

（2）温度。熔池温度高（高于炉渣熔点以上），可以使炉渣黏度降低，加速炉渣向石灰块内的渗透，使生成的石灰块外壳化合物迅速熔融而脱落成渣。转炉冶炼的实践已经证明，在熔池反应区，由于温度高而且（FeO）多，使石灰的溶解加速进行。

（3）熔池的搅拌。加快熔池的搅拌，可以显著改善石灰溶解的传质过程，增加反应界面，提高石灰溶解速度。复吹转炉的生产实践也已证明，由于熔池搅拌加强，使石灰溶解和成渣速度都比顶吹转炉提高。

（4）石灰的质量。表面疏松、气孔率高、反应能力强的活性石灰，有利于炉渣向石灰块内渗透，也扩大了反应界面，加速了石灰溶解过程。目前，在世界各国转炉炼钢中都提倡使用活性石灰，以利于快成渣、成好渣。

由此可见，成渣过程就是石灰的溶解过程。石灰熔点高，（FeO）含量高、温度高和搅拌激烈是加快石灰溶解的必要条件。

B 泡沫渣

在吹炼过程中，由于氧气流股对熔池的作用，产生了许多金属液滴。这些金属液滴落入炉渣后，与 FeO 作用生成大量的 CO 气泡并分散于熔渣之中，形成了气 - 熔渣 - 金属密切混合的乳浊液。分散在熔渣中的小气泡的总体积往往超过熔渣本身的体积。熔渣成为薄膜，将气泡包住并使其隔开，引起熔渣发泡膨胀，形成泡沫渣。在正常情况下，泡沫渣的厚度经常有 1 ~2m 甚至 3m。

由于炉内的乳化现象大大发展了气 - 熔渣 - 金属的界面，加快了炉内化学反应速度，从而达到了良好的吹炼效果。若控制不当，严重的泡沫渣也会导致喷溅事故。

a 影响泡沫渣形成的因素

氧气顶吹转炉吹炼过程中，泡沫渣内气体来源于供给炉内的氧气和碳氧化生成的 CO 气体，而且主要是 CO 气体。这些气体能否稳定的存在于熔渣中，还与熔渣的物理性质有关。

SiO_2 或 P_2O_5 都是表面活性物质，能够降低熔渣的表面张力，它们生成的吸附薄膜常常成为稳定泡沫的重要因素。但单独的 SiO_2 或 P_2O_5 对稳定气泡的作用不大，若两者同时存在，效果最好。因为 SiO_2 能增加薄膜的黏性，而 P_2O_5 能增加薄膜的弹性，这都会阻碍小气泡的聚合和破裂，有助于气泡稳定在熔渣中。FeO、Fe_2O_3 和 CaF_2 含量的增加也能降低熔渣的表面张力，有利于泡沫渣的形成。

熔渣中固体悬浮物对稳定气泡也有一定作用。当熔渣中存在着 $2CaO \cdot SiO_2$、$3CaO \cdot P_2O_5$、CaO 和 MgO 等固体微粒时，它们附着在小气泡表面上，能使气泡表面薄膜的韧性增强，黏性增大，也阻碍了小气泡的合并和破裂，从而使泡沫渣的稳定期延长。当熔渣中析出大量的固体颗粒时，气泡膜就变脆而破裂，熔渣就出现了返干现象。所以熔渣的黏度对熔渣的泡沫化有一定的影响，但也不是说熔渣越黏越利于泡沫化。另外，低温有利于熔渣泡沫的稳定。

总之，影响熔渣泡沫化的因素是多方面的，不能单独强调某一方面，而应综合各方面因素加以分析。

b 吹炼过程中泡沫渣的形成及控制

吹炼前期熔渣碱度低，并含有一定数量的 FeO、SiO_2、P_2O_5 等，主要是这些物质的吸附作用稳定了气泡。

吹炼中期碳激烈氧化，产生大量的 CO 气体，由于熔渣碱度提高，形成了硅酸盐及磷酸盐等化合物，SiO_2 和 P_2O_5 的活度降低，SiO_2 和 P_2O_5 的吸附作用逐渐消失，稳定气泡主要靠固体悬浮微粒。此时如果能正确操作，避免或减轻熔渣的返干现象，就能控制合适的泡沫渣。

吹炼后期脱碳速度降低，只要熔渣碱度不过高，稳定泡沫的因素就大大减弱了，一般不会产生严重的泡沫渣。

吹炼过程中氧压低、枪位过高，渣中 TFe 含量大量增加，使泡沫渣发展，严重的还会产生泡沫性喷溅或溢渣；相反，若枪位过低，尤其是在碳氧化激烈的中期，渣 TFe 含量低，又会导致熔渣的返干而造成金属喷溅。所以，只有控制得当，才能够保持正常的泡沫渣。

C 造渣方法

在生产实践中，一般根据铁水成分及吹炼钢种的要求来确定造渣方法。常用的造渣方法有单渣操作、双渣操作、留渣操作等。

(1) 单渣操作。单渣操作就是在冶炼过程中只造一次渣，中途不倒渣、不扒渣，直到终点出钢。当铁水 Si、P、S 含量较低或者钢种对 P、S 要求不严格，以及冶炼低碳钢种时，均可以采用单渣操作。

单渣操作工艺比较简单，吹炼时间短，劳动条件好，易于实现自动控制。单渣操作的脱磷率在 90% 左右，脱硫率在 35% 左右。

(2) 双渣操作。在冶炼中途分一次或几次除去约 1/2 ~ 2/3 的熔渣，然后加入渣料重新造渣的操作方法称双渣法。在铁水含硅量较高或含磷量大于 0.5%（质量分数），或虽然磷含量不高但吹炼优质钢，或吹炼中、高碳钢种时，一般采用双渣操作。

最早采用双渣操作是为了脱磷，现在除了冶炼低锰钢外已很少采用。但当前有的转炉终点不能一次拉碳，需多次倒炉并添加渣料后吹，这是一种变相的双渣操作，实际对钢的质量、消耗以及炉衬都十分不利。

(3) 留渣操作。留渣操作就是将上炉终点熔渣的一部分或全部留给下炉使用。终点熔渣一般有较高的碱度和（FeO）含量，而且温度高，对铁水具有一定的脱磷和脱硫能力。将其留到下一炉，有利于初期渣及早形成，并且能提高前期去除 P、S 的效率，有利于保护炉衬，节省石灰用量。

在留渣操作时，兑铁水前首先要加石灰稠化熔渣，避免兑铁水时产生喷溅而造成事故。溅渣护炉技术在某种程度上可以看做是留渣操作的特例。

根据以上的分析比较，单渣操作是简单稳定的，有利于自动控制。因此，对于 Si、S、P 含量较高的铁水，最好经过铁水预处理，使其在进入转炉之前就符合炼钢要求。这样生产才能稳定，有利于提高劳动生产率，实现过程自动控制。

D　渣料加入量的确定

加入炉内的渣料主要指石灰和白云石，还有少量助熔剂。

a　石灰加入量的确定

石灰加入量主要根据铁水中 Si、P 含量和炉渣碱度来确定。

(1) 炉渣碱度的确定。碱度高低主要根据铁水成分而定，一般来说，铁水 P、S 含量低，炉渣碱度控制在 2.8～3.2；P、S 含量中等的铁水，炉渣碱度控制在 3.2～3.5；P、S 含量较高的铁水，炉渣碱度控制在 3.5～4.0。

(2) 石灰加入量（W）的计算。

1）铁水中 $w[P]<0.30\%$ 时，石灰加入量可用下式计算：

$$W=\frac{2.14w[Si]}{w(CaO)_{有效}}\times R\times 1000$$

式中，R 为碱度，$R=w(CaO)/w(SiO_2)$；$w(CaO)_{有效}$ 为石灰中的有效 CaO 含量，$w(CaO)_{有效}=w(CaO)_{石灰}-R\times w(SiO_2)_{石灰}$,%；2.14 为 SiO_2/Si 的相对分子质量之比。

2）铁水中 $w[P]>0.30\%$ 时，$R=w(CaO)/(w(SiO_2)+w(P_2O_5))$，则

$$W=\frac{2.2(w[Si]+w[P])}{w(CaO)_{有效}}\times R\times 1000$$

式中，2.2 为相对分子质量之比的平均值，$2.2=1/2\left[(M_{SiO_2}/M_{Si})+(M_{P_2O_5}/M_P)\right]$。

3）其次，根据冷却剂用量计算应补加的石灰量。矿石含有一定数量的 SiO_2，每千克矿石需补加石灰的用量（$W_{补}$）按下式计算：

$$W_{补}=\frac{w(SiO_2)_{矿石}\times R}{w(CaO)_{有效}}$$

b　白云石加入量确定

白云石加入量根据炉渣中所要求的 MgO 含量来确定，一般炉渣中 MgO 含量控制在 6%～8%。炉渣中的 MgO 含量由石灰、白云石和炉衬侵蚀所带入，故在确定白云石加入量时要考虑它们的相互影响。

(1) 白云石应加入量 $W_{白}$（kg/t）。

$$W_{白}=\frac{渣量\times w(MgO)}{w(MgO)_{白}}\times 1000$$

式中，$w(MgO)_{白}$ 为白云石中 MgO 含量。

（2）白云石实际加入量 $W'_{白}$。白云石实际加入量中，应减去石灰中带入的 MgO 量折算的白云石数量 $W_{灰}$ 和炉衬侵蚀进入渣中的 MgO 量折算的白云石数量 $W_{衬}$。

$$W'_{白} = W_{白} - W_{灰} - W_{衬}$$

下面通过实例计算说明其应用。设渣量为金属装入量的 12%，炉衬侵蚀量为装入量的 1%，炉衬中 $w(MgO)$ 为 40%。渣中 $w(MgO)$ 为 8%，碱度 $R = 3.5$。

铁水成分为：$w(Si) = 0.7\%$，$w(P) = 0.2\%$，$w(S) = 0.05\%$。

石灰成分为：$w(CaO) = 90\%$，$w(MgO) = 3\%$，$w(SiO_2) = 2\%$。

白云石成分为：$w(CaO) = 40\%$，$w(MgO) = 35\%$。

白云石应加入量：

$$W_{白} = \frac{12\% \times 8\%}{35\%} \times 1000 = 27.4\text{kg/t}$$

炉衬侵蚀进入渣中 MgO 所折算的白云石数量：

$$W_{衬} = \frac{1\% \times 40\%}{35\%} \times 1000 = 11.4\text{kg/t}$$

石灰中带入的 MgO 所折算的白云石数量：

$$W_{灰} = W(MgO_{灰})/W(MgO_{白}) = \frac{2.14 \times 0.7\%}{90\% - 3.5 \times 2\%} \times 3.5 \times 1000 \times \frac{3\%}{35\%} = 5.4\text{kg/t}$$

实际白云石加入量：

$$W'_{白} = 27.4 - 11.4 - 5.4 = 10.6\text{kg/t}$$

（3）白云石带入渣中的 CaO 所折算的石灰数量为：10.6 × 40%/90% = 4.7kg/t。

（4）石灰实际加入量 = W − 白云石折算石灰量 = $\frac{2.14 \times 0.7\%}{90\% - 3.5 \times 2\%} \times 3.5 \times 1000 - 4.7 =$ 58.5kg/t。

（5）石灰与白云石入炉比例。白云石实际加入量/石灰实际加入量 = 10.6/58.5 = 0.18

在工厂生产实际中，由于石灰质量不同，白云石与石灰入炉量之比可达 0.20 ~ 0.30。

c 助熔剂加入量的确定

转炉造渣中常用的助熔剂是氧化铁皮和萤石。萤石化渣快，效果明显。但用量过多对炉衬有侵蚀作用；另外，我国萤石资源短缺，价格较高，所以应尽量少用或不用。原冶金部转炉操作规程中规定，萤石用量应小于 4kg/t。

氧化铁皮或铁矿石也能调节渣中 FeO 含量，起到化渣作用，但它对熔池有较大的冷却效应，应视炉内温度高低确定加入量。一般铁矿或氧化铁皮加入量为装入量的 2% ~ 5%。

E 渣料加入时间

渣料的加入数量和加入时间对化渣速度有直接的影响，应根据各厂原料条件来确定。通常情况下，渣料分两批或三批加入。第一批渣料在兑铁水前或开吹时加入，加入量为总渣量的 1/2 ~ 2/3，并将白云石全部加入炉内。第二批渣料加入时间是在第一批渣料化好后，铁水中硅、锰氧化基本结束后分小批加入，其加入量为总渣量的 1/3 ~ 1/2。若是双渣操作，则是倒渣后加入第二批渣料。第二批渣料通常是分小批多次加入，多次加入对石灰溶解有利，也可用小批渣料来控制炉内泡沫渣的溢出。第三批渣料视炉内磷、硫去除情况而决定是否加入，其加入数量和时间均应根据吹炼实际情况而定。无论加几批渣料，最后一小批渣料必须在拉碳倒炉前3min加完，否则来不及化渣。

所以单渣操作时，渣料一般都是分两批加入，具体数量各厂不同。首钢一炼钢厂和上钢一厂渣料的加入数量和加入时间列于表2-10。

表2-10 渣料的加入数量和加入时间

厂名	批数	渣料加入量占总加入量的比					加入时间
		石灰	矿石	萤石	铁皮	生白云石	
首钢一炼钢厂	一	1/2~2/3	1/3	1/3		2/3~3/3	开吹时加入
	二	1/3~1/2	2/3	2/3		0~1/3	开吹3~6min加完
	三	根据情况调整					终点前3min加完
上钢一厂	一	1/2	全部	1/2	1/2	全部	开吹前一次加入
	二	1/2	0	1/2	1/2	0	开吹后5~6min开始加，11~12min加完
	三	根据需要调整					终点前3~4min加完

如果炉渣熔化得好，炉内CO气泡排出受到金属液和炉渣的阻碍，发出的声音比较闷；而当炉渣熔化不好时，CO气泡从石灰块的缝隙穿过排出，声音比较尖锐。采用声呐装置接收这种声音信息可以判断炉内炉渣的熔化情况，并将信息送入计算机处理，进而指导枪位的控制。

人工判断炉渣化好的特征是：炉内声音柔和，喷出物不带铁、火花分叉、呈片状，落在炉壳上黏附。否则噪音尖锐，火焰散，喷出石灰和金属粒及渣料颗粒不带火花，颗粒落在炉壳上自然滚落。

第二批渣料加得过早和过晚均对吹炼不利。加得过早，炉内温度低，第一批渣料还没有化好又加冷料，熔渣就更不容易形成，有时还会造成石灰结坨，影响炉温的提高。加得过晚，正值碳的激烈氧化期，TFe含量低。当第二批渣料加入后，炉温骤然降低，不仅渣料不易熔化，还抑制了碳氧反应，会产生金属喷溅，当炉温再度提高后就会造成大喷溅。

第三批渣料的加入时间要根据炉渣化得好坏及炉温的高低而定。炉渣化得不好时，可适当加入少量萤石进行调整。炉温较高时，可加入适量的冷却剂调整。

2.2.5.2 供氧制度

将0.7~1.5MPa的高压氧气通过水冷氧枪从炉顶上方送入炉内，使氧气流股直接与钢水熔池作用，完成吹炼任务。供氧制度是指在供氧喷头结构一定的条件下，使氧气流股最合理的供给熔池，创造炉内良好的物理化学条件。因此，制订供氧制度时应考虑喷头结构、供氧压力、供氧强度和氧枪高度控制等因素。

A 氧枪喷头

转炉供氧的射流特征是通过氧枪喷头来实现的，因此，喷头结构的合理选择是转炉供氧的关键。氧枪喷头有单孔、多孔和双流道等多种结构，对喷头的选择要求为：

(1) 应获得超音速流股，有利于氧气利用率的提高。

(2) 合理的冲击面积，使熔池液面化渣快，对炉衬冲刷少。

(3) 有利于提高炉内的热效率。

(4) 便于加工制造，有一定的使用寿命。

B 供氧工艺参数

a 氧气流量与供氧强度

(1) 氧气流量。氧气流量 Q 是指在单位时间内向熔池供氧的数量（常用标准状态下的体积量度）。氧气流量是根据吹炼每吨金属料所需要的氧气量、金属装入量、供氧时间等因素来确定的，即

$$Q=\frac{V}{t} \tag{2-24}$$

式中，Q 为氧气流量（标态），m^3/min 或 m^3/h；V 为一炉钢的氧耗量（标态），m^3；t 为供氧时间，min 或 h。

一般供氧时间为 14～22min，大转炉吹氧时间稍长些。

【例 2-1】 转炉装入量 132t，吹炼 15min，氧耗量为 $6068m^3$，求此时氧气流量为多少？

解： $V=6068m^3$，$t=15min$

$$Q=\frac{V}{t}=\frac{6068}{15}=404.53m^3/min=24272m^3/h$$

答： 此时氧气流量为 $24272m^3/h$。

(2) 供氧强度。供氧强度 I 是指单位时间内每吨金属的氧耗量，可由式（2-25）确定。

$$I=\frac{Q}{T} \tag{2-25}$$

式中，I 为供氧强度（标态），$m^3/(t\cdot min)$；Q 为氧气流量（标态），m^3/min；T 为一炉钢的金属装入量，t。

【例 2-2】 根据例 2-1 的条件，求此时的供氧强度。若将供氧强度提至 $3.6m^3/(t\cdot min)$，每炉钢吹炼时间可缩短多少？

解： $V=6068m^3$，$T=132t$，$t=15min$

供氧强度 $$I=\frac{Q}{T}=\frac{V}{t\times T}=\frac{6068}{15\times 132}=3.06m^3/min$$

冶炼时间 $$t=\frac{V}{I\times T}=\frac{6068}{3.6\times 132}=12.769min$$

每炉钢吹炼时间缩短值：$\Delta t=15-12.769=2.231min=2min14s$

答： 此时供氧强度为 $3.06m^3/(t\cdot min)$。提高供氧强度后，每炉钢吹炼时间可缩短 2min14s。

顶吹转炉炼钢的氧气流量和供氧强度主要决定于喷溅情况，通常应在基本上不产生喷溅的情况下控制在上限。目前国内 30～50t 转炉的供氧强度在 $2.8\sim 4.0m^3/(t\cdot min)$，120～150t 转炉的供氧强度在 $2.3\sim 3.5m^3/(t\cdot min)$，大于 150t 转炉的供氧强度一般在 $2.5\sim 4.0m^3/(t\cdot min)$。

b 金属氧耗量

吹炼 1t 金属料所需要的氧气量可以通过计算求出来。其步骤是：首先计算出熔池各元素氧化所需的氧气量和其他氧耗量，然后再减去铁矿石或氧化铁皮带给熔池的氧量。现举例说明。

【**例 2-3**】已知：金属装入量中铁水占 90%，废钢占 10%，吹炼钢种是 Q235B，渣量是金属装入量的 7.777%。吹炼过程中，金属料中 90% 的碳氧化生成 CO，10% 的碳氧化生成 CO_2。求：100kg 金属料 $w[C]=1\%$ 时，氧化消耗的氧气量。

解：12g 的 C 生成 CO 消耗 16g 氧气，生成 CO_2 消耗 32g 氧气。设 100kg 金属料 $w[C]=1\%$ 时生成 CO 消耗的氧气量为 $x$kg，生成 CO_2 消耗的氧气量为 $y$kg。

$$[C]+\frac{1}{2}\{O_2\}=\!=\!=\{CO\}$$

$$\begin{array}{cc} 12g & 16g \\ 1\%\times100\times90\%\,kg & x \end{array}$$

$$x=\frac{1\%\times100\times90\%\times16}{12}=1.200kg$$

$$[C]+\{O_2\}=\!=\!=\{CO_2\}$$

$$\begin{array}{cc} 12g & 32g \\ 1\%\times100\times10\%\,kg & y \end{array}$$

$$y=\frac{1\%\times100\times10\%\times32}{12}=0.267kg$$

则氧化 $w[C]=1\%$ 的氧耗量 $=1.200+0.267=1.467kg$

答：100kg 的金属料 $w[C]=1\%$ 时氧化消耗的氧气量为 1.467kg。

同理可以算出 100kg 金属料中 $w[Si]=1\%$、$w[Mn]=1\%$、$w[P]=1\%$、$w[S]=1\%$、$w[Fe]=1\%$ 的氧耗量。渣中 $w(FeO)=9\%$，$w(Fe_2O_3)=3\%$。吹炼过程中被氧化进入炉渣的 Fe 元素数量为：FeO 中 $w[Fe]=0.544kg$，Fe_2O_3 中 $w[Fe]=0.163kg$。100kg 金属料各元素氧化量和氧耗量见表 2-11。

表 2-11　100kg 金属料各元素氧化量和氧耗量

项　目	w/%						
	C	Si	Mn	P	S	FeO	Fe_2O_3
铁水	4.3	0.50	0.30	0.04	0.04		
废钢	0.10	0.25	0.40	0.02	0.02		
平均	3.88	0.475	0.31	0.038	0.038		
终点	0.15	痕迹	0.124	0.004	0.025		
烧损量/kg	3.73	0.475	0.186	0.034	0.013	0.544	0.163
每 1% 元素消耗氧气量/kg	1.467	1.143	0.291	1.290	1/3①	0.286	0.429

① 气化脱硫量占总脱硫量的 1/3。

这样每 100kg 金属料需氧量为：

$$1.467\times\Delta w[C]+1.143\times\Delta w[Si]+0.291\times\Delta w[Mn]+1.290\times\Delta w[P]+$$
$$1/3\times\Delta w[S]+0.286\times\Delta w[Fe]_{(FeO)}+0.429\times\Delta w[Fe]_{(Fe_2O_3)}$$

式中，$\Delta w[C]$，$\Delta w[Si]$，$\Delta w[Mn]$，$\Delta w[P]$，$\Delta w[S]$，$\Delta w[Fe]$ 分别是钢中 C，Si，Mn，P，S，Fe 的氧化量，用质量分数表示。

已知铁水 $w[C]=4.3\%$，占装入量的 90%；废钢 $w[C]=0.1\%$，占装入量的 10%，

则平均碳含量 =4.3% ×90% +0.1% ×10% =3.88%。

同样可以算出 Si，Mn，P，S 的平均含量，见表 2-11。将表 2-11 中数据代入上式得：

$$每100kg金属氧耗量 = 1.467 \times 3.73 + 1.143 \times 0.475 + 0.291 \times 0.186 + 1.290 \times 0.034 + 1/3 \times 0.013 + 0.286 \times 0.544 + 0.429 \times 0.163 = 6.343kg$$

这是氧耗量的主要部分。另外还有一部分氧耗量是随生产条件的变化而有差异，如炉气中部分 CO 燃烧生成 CO_2 所需要的氧气量、炉气中含有一部分自由氧，还有烟尘中的氧含量以及喷溅物中的氧含量等。其数量随枪位、氧压、供氧强度、喷嘴结构、转炉炉容比、原材料条件等的变化而波动，波动范围较大。例如，炉气中 CO_2 含量的波动范围是 5% ~30%；自由氧含量 $\varphi(O_2)$ =0.1% ~2.0%。这部分的氧耗量是无法精确计算的，因此用一个氧气的利用系数加以修正。根据生产经验认为，氧气的利用系数一般在 80% ~90% 范围内。

$$综上，每100kg金属料的氧耗量 = \frac{6.343}{80\% \sim 90\%} = 7.929 \sim 7.048kg$$

当采用铁矿石或氧化铁皮为冷却剂时，将带入熔池一部分氧，这部分氧量与矿石的成分和加入的数量有关。若矿石用量是金属量的 0.418%，根据矿石成分计算，每 100kg 金属料由矿石带入熔池的氧量为 0.096kg，若全部用来氧化杂质，则每 100kg 金属料的氧耗量是：

$$(7.929 \sim 7.048) - 0.096 = 7.833 \sim 6.952kg$$

氧气纯度为 99.6%，其密度为 $1.429kg/m^3$，则每吨金属料的氧耗量（标态）是：

$$\frac{(7.833 - 6.952)}{99.6\% \times 1.429} \times \frac{1000}{100} = 55.03 \sim 48.84m^3/t$$

平均为 $51.94m^3/t$。计算的结果与各厂实际氧耗量（标态）$50 \sim 60m^3/t$ 大致相同。

c 供氧时间

供氧时间是根据经验确定的，主要考虑转炉吨位大小、原料条件、造渣制度、吹炼钢种等情况来综合确定。小型转炉单渣操作供氧时间一般为 12 ~14min；大、中型转炉单渣操作供氧时间一般为 18 ~22min。

d 氧压

供氧制度中规定的工作氧压是测定点的氧压，以 $p_{用}$ 表示，它不是喷嘴前的氧压，更不是出口氧压，测定点到喷嘴前还有一段距离（见图 2-31），有一定的氧压损失。一般允许 $P_{用}$ 偏离设计氧压 ±20%，目前国内一些小型转炉的工作氧压约为 $(5 \sim 8) \times 10^5Pa$，一些大型转炉则为 $(8.5 \sim 11) \times 10^5Pa$。

喷嘴前的氧压用 p_0 表示，出口氧压用 p 表示。p_0 和 p 都是喷嘴设计的重要参数。出口氧压应稍高于或等于周围炉气的气压。如果出口氧压小于或高出周围气压很多，出口后的氧气流股就会收缩或膨胀，使得氧流很不稳定，并且能量损失较大，不利于吹炼。所以，通常选用 p =0.118 ~0.123MPa。

喷嘴前氧压 p_0 值的选用应考虑以下因素：

（1）氧气流股出口速度要达到超声速（450 ~530m/s），即 Ma =1.8 ~2.1。

（2）出口氧压应稍高于炉膛内气压。从图 2-32 可以看出，当 p_0 >0.784MPa 时，随氧压的增加，氧流出口速度显著增加；当 p_0 >1.176MPa 以后，氧压增加，氧流出口速度增

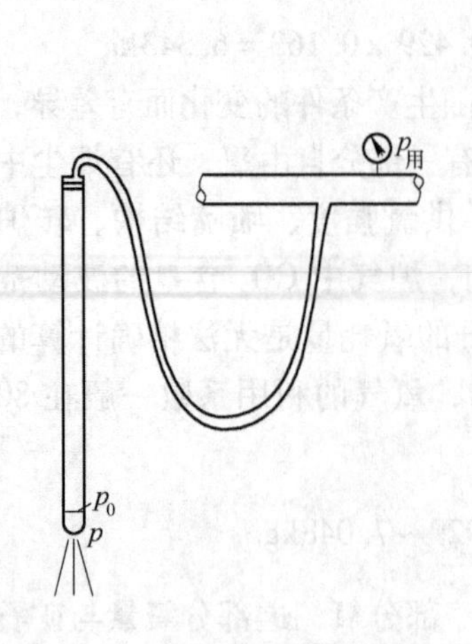

图 2-31　氧枪氧压测定点示意图

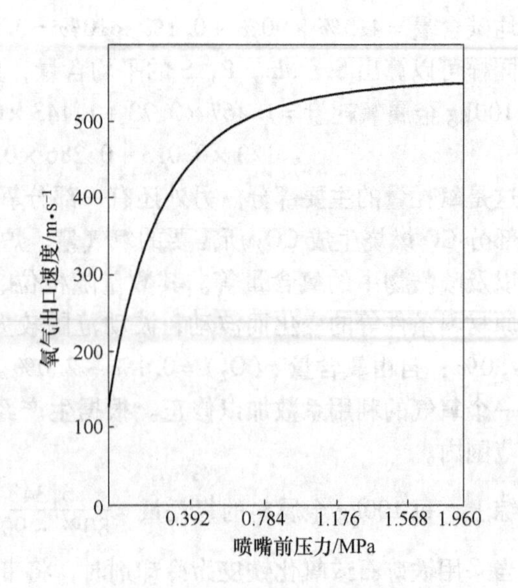

图 2-32　氧压与出口速度的关系

加不多。所以，通常喷嘴前氧压选择为 0.784～1.176MPa。

喷嘴前氧压与流量有一定关系，若已知氧气流量和喷嘴尺寸，p_0 是可以根据经验公式计算出来的。当喷嘴结构及氧气流量确定以后，氧压也就确定了。

e　枪位

枪位是指由氧枪喷头出口到静止熔池表面之间的距离。

枪位的高低与炉内反应密切相关。根据氧气射流特性可知，当氧压一定时，枪位越低，氧气射流对熔池的冲击动能越大，熔池搅拌加强，氧气利用率越高，其结果是加速了炉内脱硅、脱碳反应，使渣中（FeO）含量降低，表 2-12 和表 2-13 的数据说明了这种结果。同时，由于脱碳速度快，缩短了反应时间，热损失相对减少，使熔池升温迅速。但枪位过低，则不利于成渣，也可能冲击炉底；而枪位过高，将使熔池的搅拌能力减弱，造成熔池表面铁的氧化，使渣中（FeO）含量增加，导致炉渣严重泡沫化而引起喷溅。由此可见，只有合适的枪位才能获得良好的吹炼效果。

表 2-12　不同枪位时渣中 *w*(FeO)　　(%)

时间/min		<4	4～12	12～15
枪位/m	0.7	15～36	7～15	10～15
	0.8	25～35	11～25	11～20
	0.9	27～43	13～27	13～25

表 2-13　不同枪位时的脱碳速度　　(%/min)

吹炼时间/min		3	5	7	9	11	13
枪位高度/m	0.90	0.312				0.294	0.330
	0.95						
	1.00	0.294		0.376	0.414		0.285

续表 2-13

吹炼时间/min		3	5	7	9	11	13
枪位高度/m	1.05		0.320				
	1.10	0.298		0.323	0.364		0.226
	1.15					0.246	
	1.20			0.253	0.418		0.145
	1.25		0.310			0.200	

在确定合适的枪位时，主要考虑两个因素：一是要有一定的冲击面积；二是在保证炉底不被损坏的条件下有一定的冲击深度。氧枪高度可按经验确定一个控制范围，然后根据生产中的实际吹炼效果加以调整。由于喷嘴在加工过程中临界直径的尺寸很难做到非常准确，而生产中装入量又有波动，所以过分的追求氧枪高度的精确计算是没有意义的。

喷枪高度范围的经验公式为：

$$H = (25 \sim 55)d_{喉} \tag{2-26}$$

式中，H 为喷嘴距溶池面的高度，mm；$d_{喉}$ 为喷嘴喉口直径，mm。

由于三孔喷嘴的氧气流股的铺散面积比单孔的喷嘴的要大，所以三孔喷枪的枪位可比单孔喷枪低一些。

喷枪高度范围确定后，常用流股的穿透深度来核算所确定的喷枪高度。为了保证炉底不受损坏，要求氧气流股的穿透深度（$h_{穿}$）与熔池深度（$h_{熔}$）之比要小于一定的比值。对单孔喷枪，$h_{穿}/h_{熔} \leqslant 0.70$；对多孔喷枪，$h_{穿}/h_{熔} \leqslant 0.25 \sim 0.40$。

（1）枪位确定原则。通常遵循“高－低－高－低”的原则：

1）前期高枪位化渣，但应预防喷溅。吹炼前期，铁水中的硅迅速氧化，渣中的（SiO_2）较高而熔池的温度尚低，为了加速头批渣料的熔化（尽早脱磷并减轻炉衬侵蚀），除加适量萤石或氧化铁皮助熔外，应采用较高的枪位，保证渣中（FeO）达到并维持在25%～30%的水平；否则，石灰表面生成 C_2S 外壳，阻碍石灰溶解。当然，枪位也不可过高，以防止发生喷溅，合适的枪位是使液面到达炉口而又不溢出。

2）中期低枪位脱碳，但应防止返干。吹炼中期，主要是脱碳，枪位应低些。但此时不仅吹入的氧几乎全部用于碳的氧化，而且渣中的（FeO）也被大量消耗，易出现“返干”现象而影响 S、P 的去除，故不应太低，使渣中的（FeO）保持在10%～15%以上。

3）后期提枪调渣、控制终点。吹炼后期，C-O 反应已弱，产生喷溅的可能性不大，此时的基本任务是调好炉渣的氧化性和流动性继续去除硫、磷，并准确控制终点碳（较低），因此枪位应适当高些。

4）终点前点吹破坏泡沫渣。接近终点时，低枪位吹炼，均匀钢液的成分和温度，同时降低炉渣的（FeO）含量并破坏泡沫渣，以提高金属和合金的收得率。

（2）实际枪位确定需考虑的因素。

1）吹炼的不同时期。由于吹炼各时期的炉渣成分、金属成分和熔池温度明显不同，它们的变化规律也有所不同，因此枪位应相应的调整。

吹炼前期的特点是硅迅速氧化，渣中（SiO_2）含量大，熔池温度不高。此时要求快速熔化加入的石灰，尽快形成碱度不低于1.5～1.7的活跃炉渣，以免酸性渣严重侵蚀炉衬，并尽量增加前期的脱磷、脱硫率。所以，在温度正常时，除适当加入萤石或氧化铁皮等助熔剂外，一般应采用较高的枪位，使渣中的$\sum w(\mathrm{FeO})$稳定在25%～30%的水平。如果枪位过低，渣中$\sum w(\mathrm{FeO})$含量低，则会在石灰块表面形成高熔点（2130℃）的$2CaO \cdot SiO_2$，阻碍石灰的溶解；还因熔池未能被炉渣良好覆盖，产生金属喷溅。当然，前期枪位也不应过高，以免产生严重喷溅。

加入的石灰化完后，如果不继续加入石灰，就应当适当降枪，使渣中$\sum w(\mathrm{FeO})$适当降低，以免在硅、锰氧化结束和熔池温度上升后强烈脱碳时产生严重喷溅。

吹炼中期的特点是强烈脱碳。这时，不仅吹入的氧全部消耗于碳的氧化，而且渣中的氧化铁也被消耗于脱碳。渣中$\sum w(\mathrm{FeO})$降低将使渣的熔点升高，使炉渣显著变黏，影响磷、硫的继续去除，甚至发生回磷。这种炉渣变黏的现象称为炉渣“返干”。为防止中期炉渣“返干”而又不产生喷溅，枪位应控制在使渣中$\sum w(\mathrm{FeO})$含量保持在10%～15%的范围内。

吹炼后期因脱碳减慢，喷溅的可能性小，这时的基本任务是要进一步调整好炉渣的氧化性和流动性，继续去除磷和硫，准确控制终点。吹炼硅钢等含碳很低的钢种时，还应注意加强熔池搅拌，以加速后期脱碳、均匀熔池温度和成分以及降低终渣$\sum w(\mathrm{FeO})$含量。为此，在过程化渣不太好或中期炉渣“返干”较严重时，后期应首先适当提枪化渣，而在接近终点时再适当降枪，以加强熔池搅拌，均匀熔池温度和成分，降低镇静钢和低碳钢的终渣$\sum w(\mathrm{FeO})$含量，提高金属和合金收得率，并减轻对炉衬的侵蚀。吹炼沸腾钢和半镇静钢时，则应按要求控制终渣的$\sum w(\mathrm{FeO})$含量。

2）熔池深度。熔池越深，相应的渣层越厚，吹炼过程中熔池面上涨越高，故枪位也应在不致引起喷溅的条件下相应提高，以免化渣困难和枪龄缩短。因此，影响熔池深度的各种因素发生变化时，都应相应改变枪位。通常，在其他条件不变时，装入量增多，枪位应相应增高；随着炉龄的增长，熔池变浅，枪位应相应降低；随着炉容量的增大，熔池深度增加，枪位应相应提高（同时氧压也要提高）等。

3）造渣材料加入量及其质量。铁水中磷、硫含量高，或吹炼低硫钢，或石灰质量低劣、加入量很大时，不但由于渣量增大使熔池面显著上升，而且由于化渣困难，化渣时枪位应相应提高。相反，在铁水中硫、磷含量很低，加入的渣料很少以及采用合成造渣材料等情况下，化渣时枪位可以降低，甚至可以采用不变枪位的恒枪操作。

4）铁水温度和成分。在铁水温度低或开新炉时，开吹后应先低枪位提温，然后再提枪化渣，以免使渣中积聚过多的（FeO）而导致强烈脱碳时发生喷溅。

5）喷头结构。在一定的氧气流量下增多喷孔数目，使射流分散，穿透深度减小，冲击面积相应增大，因而枪位应适当降低。通常，三孔氧枪的枪位为单孔氧枪的55%～75%。直筒型喷头的穿透深度比拉瓦尔型小，因而枪位应低些。

此外，枪位还与工作氧压有关，增大氧压使射流的射程增长，因而枪位应适当提高。

C　氧枪操作

目前氧枪操作有两种类型，一种是恒压变枪操作，即在一炉钢的吹炼过程中供氧压力基本不变，通过氧枪枪位高低变化来改变氧气流股与熔池的相互作用，以控制吹炼过程。另一种是恒枪变压，即在一炉钢的吹炼过程中保持氧枪枪位基本不动，通过调节供氧压力来控制吹炼过程。目前，我国大多数工厂是采用分阶段恒压变枪操作，但由于各厂的转炉吨位、喷嘴结构、原材料条件及所炼钢种等情况不同，氧枪操作也不完全一样。

2.2.5.3 温度制度

温度控制是指吹炼的过程温度的控制和终点温度的控制。

过程温度控制的意义在于，温度对于转炉吹炼过程既是重要的热力学参数，又是重要的动力学参数；它既对各个化学反应的反应方向、反应程度和各元素之间的相对反应速度有重大影响，又对熔池的传质和传热速度有重大影响。因此，为了快而多地去除钢中的有害杂质，保护或提取某些有益元素，加快吹炼过程成渣速度、加快废钢熔化、减少喷溅、提高炉龄等，必须控制好吹炼过程温度。

此外，吹炼任何钢种都有其要求的出钢温度。出钢温度过低，会造成回炉、包底凝钢、水口冻结及铸坯（或钢锭）的各种低温缺陷和废品；出钢温度过高，则会增加钢中气体、非金属夹杂物的含量，还会增加铁的烧损，影响钢的质量，造成铸坯的各种高温缺陷和废品，甚至导致漏钢事故的发生，同时也会影响炉衬和氧枪的寿命。因此终点温度控制是炼钢操作的关键性环节，而过程温度控制则是终点温度控制的基础。

由于氧气转炉采用纯氧吹炼，大大减少了废气量及其所带走的显热，因而具有很高的热效率。铁水所带入的物理热和化学热，除把金属加热到出钢温度外，还有大量的富余热量。因此，在吹炼过程中需要加入一定数量的冷却剂，以便把终点温度控制在出钢温度的范围内；同时还要求在吹炼过程中使熔池温度均衡地升高，并在到达终点时，使钢液温度和化学成分同时满足钢种所规定的范围内。

A 出钢温度的确定

出钢温度的高低受钢种、铸坯断面大小和浇注方法等因素的影响，其依据原则是：

（1）保证浇注温度高于所炼钢种凝固温度 50～100℃（小炉子偏上限，大炉子偏下限）。

（2）考虑出钢过程和钢水运输、镇静时间、钢液吹氩时的降温，一般为 40～80℃。

（3）考虑浇注过程的温降。

出钢温度可用式（2-27）计算：

$$t_{出} = t_{凝} + \Delta t_1 + \Delta t_2 + \Delta t_3 \tag{2-27}$$

式中，$t_{凝}$为钢水凝固温度,℃，可用式（2-28）计算：Δt_1为钢水过热度,℃；Δt_2为出钢、吹氩、运输、镇静过程温降,℃；Δt_3为浇注过程温降,℃。

$$t_{凝} = 1539 - \sum w[\mathrm{i}]\% \Delta t_{\mathrm{i}} \tag{2-28}$$

式中，$w[\mathrm{i}]\%$为钢水中元素 i 的质量分数；Δt_{i}为 1% 的 i 元素使纯铁凝固温度的降低值,℃，其数据见表 2-14。

表 2-14 1%的 i 元素使纯铁凝固温度的降低值

元素	适用范围/%	Δt_{i}/℃	元素	适用范围/%	Δt_{i}/℃
C	<1.0	65	V	<1.0	2
Si	<3.0	8	Ti		18
Mn	<1.5	5	Cu	<0.3	5
P	<0.7	30	H_2	<0.003	1300
S	<0.08	25	N_2	<0.03	80
Al	<1.0	3	O_2	<0.03	90

现以 Q235F 钢为例来计算出钢温度。

成品钢水成分是：$w(C)=0.20\%$，$w(Si)=0.02\%$，$w(Mn)=0.4\%$，$w(P)=0.030\%$，$w(S)=0.020\%$，钢水中气体温降 7℃。

$$t_{凝}=1539-(0.2\times65+0.02\times8+0.4\times5+0.03\times30+0.02\times25+7)=1515℃$$

取 Δt_1 为 70℃、Δt_2 为 50℃、Δt_3 为 30℃，则：

$$t_{出}=1515+70+50+30=1665℃$$

由此可知，出钢温度控制在 1665℃即满足要求。

B　热量来源与热量支出

铁水带入炉内的物理热和化学热，除能满足出钢温度的要求（包括吹炼过程中使金属升温 300～400℃的热量、将造渣材料和炉衬加热到出钢温度的热量、高温炉气和喷溅物带走的热量以及其他热损失）外，还有富余。因此需要加入一定数量的冷却剂才能将终点温度控制在规定的范围内。为了确定冷却剂的加入数量，应先知道富余热量，为此应先计算热量的收入与支出。

a　热量来源

氧气转炉炼钢的热量来源主要是铁水的物理热和化学热。物理热是指铁水带入的热量，它与铁水温度有直接关系；化学热是指铁水中各种元素氧化后放出的热量，它与铁水化学成分直接相关。

在炼钢温度下，各元素氧化放出的热量各不相同，可以通过各元素氧化放出的热效应来计算确定。例如铁水温度 1200℃，吹入的氧气 25℃，碳氧反应生成 CO 时：

$$[C]_{1473}+\frac{1}{2}\{O_2\}_{298}=\!=\!=\{CO\}_{1473},\qquad \Delta H_{1473K}=-135600\text{J/mol}$$

则 1kg［C］氧化生成 CO 时放出的热量为 135600/12≈11300kJ。

元素氧化放出的热量不仅用于加热熔池的金属液和炉渣，同时也用于炉衬的吸热升温。现以 100 kg 金属料为例，计算各元素的氧化放热使熔池升温的数值。

设炉渣量为金属料装入量的 15%，受熔池加热的炉衬为金属料装入量的 10%，计算热平衡公式如下：

$$Q=\sum(Mc)\Delta t \tag{2-29}$$

式中，Q 为 1kg 元素氧化放出的热量，kJ；M 为受热金属液、炉衬和炉渣的质量，kg；c 为各物质的比热容，已知钢液的比热容 c_L 为 0.84～1.0kJ/(kg·℃)，炉渣和炉衬的比热容 c_S 为 1.23kJ/(kg·℃)。

根据式（2-29）来计算在 1200℃时 C-O 反应生成 CO 时，氧化 1kg 碳可使熔池温度升高的数值为：

$$\Delta t=\frac{11300}{100\times1.0+15\times1.23+10\times1.23}=84℃$$

1kg 元素是 100kg 金属料的 1%，因此，根据同样道理和假设条件，可以计算出其他元素氧化 1% 时使熔池升温的数值，计算结果见表 2-15。

由表 2-15 可见，碳的发热能力随其完全燃烧程度的不同而不同，碳完全燃烧的发热能力比硅、磷高。但在氧气转炉中，一般只有 15% 左右的碳完全燃烧生成 CO_2，而大部分的碳没有完全燃烧。但由于铁水中的碳含量高，故碳仍然是重要热源。

表 2-15 氧化 1kg 元素熔池吸收的热量及氧化 1%元素使熔池升温度数

反 应	氧气吹炼时的温度/℃					
	1200		1400		1600	
	升温/℃	热量/kJ	升温/℃	热量/kJ	升温/℃	热量/kJ
$[C]+O_2=CO_2$	244	33022	240	32480	236	31935
$[C]+1/2O_2=CO$	84	11300	83	11161	82	11035
$[Fe]+1/2O_2=(FeO)$	31	4067	30	4013	29	3963
$[Mn]+1/2O_2=(MnO)$	47	6333	47	6320	47	6312
$[Si]+O_2+2(CaO)=(2CaO\cdot SiO_2)$	152	20649	142	19270	132	17807
$2[P]+5/2O_2+4(CaO)=(4CaO\cdot P_2O_5)$	190	25707	187	24495	173	23324

发热能力大的元素是硅和磷，由于磷是入炉铁水中的控制元素，所以硅是转炉炼钢的主要发热元素。而锰和铁的发热能力不大，不是主要热源。

从高炉生产来看，铁水中碳、锰和磷的含量波动不大，铁水成分中最容易波动的是硅，而硅又是转炉炼钢的主要发热元素。因此，要正确地控制温度就必须注意铁水含硅量的变化。

b 富余热量的计算

富余热量是全部用铁水吹炼时，热量总收入与用于将系统加热到规定温度和在不加冷却剂的情况下补偿转炉热损失所必需的热量之差。为了正确地控制转炉的终点温度，就需要知道富余热量有多少，以及这些热量需要加入多少冷却剂。

下面以某厂条件为例，计算如下：

铁水成分：$w(C)=4.2\%$，$w(Si)=0.7\%$，$w(Mn)=0.4\%$，$w(P)=0.14\%$。

铁水温度：1250℃。

终点成分：$w(C)=0.2\%$，$w(Mn)=0.16\%$，$w(P)=0.03\%$，$w(Si)$痕迹。

终点温度：1650℃。

（1）计算1250℃时各元素氧化反应的发热量。例如碳氧化生成CO_2，从表2-15可以看出，1200℃下碳氧化1kg时熔池的吸热量为33022kJ，1400℃时为32480kJ。1250℃与1200℃时的热量差x可由下式求得：

$(1400-1200):(33022-32480)=(1250-1200):x$

$$x=\frac{50\times 542}{200}=135.5\text{kJ}$$

所以1250℃时碳氧化成CO_2的发热量约为32886（33022－135.5）kJ/kg。用同样的方法可以计算出其他元素在1250℃下每氧化1kg熔池所吸收的热量，具体如下：

$C\rightarrow CO_2$	32886kJ
$C\rightarrow CO$	11255kJ
$Fe\rightarrow FeO$	4055kJ
$Mn\rightarrow MnO$	6312kJ
$Si\rightarrow 2CaO\cdot SiO_2$	20304kJ
$P\rightarrow 4CaO\cdot P_2O_5$	25320kJ

（2）根据各元素的烧损量计算熔池吸收热量（100kg 铁水时）。熔池所吸收的热量是 78116kJ，见表 2-16。

表 2-16　吹炼过程中各元素氧化为熔池所吸收的热量

元素和氧化产物	氧化量/kg	为熔池所吸收的热量/kJ	备 注
$C \rightarrow CO_2$	0.40	13138	10% 的 C 氧化成 CO_2
$C \rightarrow CO$	3.60	40794	90% 的 C 氧化成 CO
$Si \rightarrow 2CaO \cdot SiO_2$	0.70	14226	
$Mn \rightarrow MnO$	0.24	1519	
$Fe \rightarrow FeO$	1.40	5648	$15 \times 12\% \times 56/72 = 1.4$
$P \rightarrow 4CaO \cdot P_2O_5$	0.11	2791	
总　计		78116	

除了考虑将炉气、炉渣加热到 1250℃ 所消耗的热量外，在吹炼过程中炉子也有一定的热损失，如炉子辐射和对流的热损失以及喷溅引起的热损失等。因此，真正吸收的热量比上面计算的要小。上述几项热损失一般占 10% 以上。则熔池所吸收的热量是：

$$78116 \times 90\% = 70304\text{kJ}$$

（3）计算熔池从 1250℃ 升温到 1650℃ 所需的热量。熔池从 1250℃ 到 1650℃ 需要升温 400℃，将钢水和熔渣加热 400℃ 以及把炉气加热到 1450℃ 所需热量为：

$$400 \times 0.837 \times 90 + 400 \times 1.247 \times 15 + 200 \times 1.13 \times 10 = 39874\text{kJ}$$

式中，0.837、1.247、1.13 分别为钢液、熔渣和炉气的比热容，kJ/(kg · ℃)；90、15、10 分别为钢液、熔渣和炉气的质量，kg；200 为假定炉气的平均温度为 1450℃，则温升为 1450 − 1250 = 200℃。

（4）计算富余热量。根据以上计算，富余热量应为：

$$70304 - 39874 = 30430\text{kJ}$$

若以废钢为冷却剂，废钢的加入量为：

$$\frac{30430}{0.70 \times (1500 - 25) + 272 + 0.837 \times (1650 - 1500)} = 21.3\text{kg}$$

式中，0.70、0.837 分别为固体废钢和钢液的比热容，kJ/(kg · ℃)；1500 为钢的熔点，℃；272 为钢的熔化潜热，kJ/kg。

如果装入 30t 铁水，则可加废钢 6.39t，或者加 3t 废钢和 1t 多铁矿。

以上是简单的计算方法，决定其准确程度的关键是确定热损失的大小。

C　冷却剂的种类及其冷却效应

a　冷却剂的种类及特点

常用的冷却剂有废钢、铁矿石、氧化铁皮等。这些冷却剂可以单独使用，也可以搭配使用。当然，加入的石灰、生白云石、菱镁矿等也能起到冷却剂的作用。

（1）废钢。废钢杂质少，用废钢做冷却剂，渣量少，喷溅小，冷却效应稳定，因而便于控制熔池温度，可以减少渣料消耗量、降低成本。但加废钢必须用专门设备，占用装料时间，不便于过程温度的调整。

（2）铁矿石。与废钢相比，使用铁矿石做冷却剂不需要占用装料时间，能够增加渣中 TFe，有利于化渣，同时还能降低氧气和钢铁料的消耗，吹炼过程调整方便。但是以铁矿石为冷却剂使渣量增大，操作不当时易喷溅，同时铁矿石的成分波动会引起冷却效应的波动。如果采用全矿石冷却时，加入时间不能过晚。

（3）氧化铁皮。与矿石相比，氧化铁皮成分稳定，杂质少，因而冷却效果也比较稳定。但氧化铁皮的密度小，在吹炼过程中容易被气流带走。

由此可见，要准确控制熔池温度，用废钢作为冷却剂效果最好，但为了促进化渣，提高脱磷效率，可以搭配一部分铁矿石或氧化铁皮。目前我国各厂采用定矿石调废钢或定废钢调矿石两种冷却制度。

b 冷却剂的冷却效应

在一定条件下，加入 1kg 冷却剂所消耗的热量就是冷却剂的冷却效应。

冷却剂消耗的热量包括使冷却剂提高温度所消耗的物理热和冷却剂参加化学反应所消耗的化学热两部分。即

$$Q_{冷} = Q_{物} + Q_{化} \tag{2-30}$$

而 $Q_{物}$ 取决于冷却剂的性质以及熔池的温度：

$$Q_{物} = c_{固} \cdot (t_{熔} - t_0) + \lambda_{熔} + c_{液} \cdot (t_{出} - t_{熔}) \tag{2-31}$$

式中，$c_{固}$，$c_{液}$ 分别为冷却剂在固态和液态时的比热容，kJ/(kg · ℃)；t_0 为室温，℃；$t_{出}$ 为给定的出钢温度，℃；$t_{熔}$ 为冷却剂的熔化温度，℃；$\lambda_{熔}$ 为冷却剂的熔化潜热，kJ/kg。

$Q_{化}$ 不仅与冷却剂本身的成分和性质有关，而且与冷却剂在熔池内参加的化学反应有关。不同条件下，同一冷却剂可以有不同的冷却效应。

（1）铁矿石的冷却效应。铁矿石的物理冷却吸热是指铁矿石从常温加热至熔化后直至达到出钢温度所吸收的热量，化学冷却吸热是指铁矿石分解吸收的热量。铁矿石的冷却效应可以通过下式计算：

$$Q_{矿} = m_{矿}\left(c_{矿} \cdot \Delta t + \lambda_{熔} + w(Fe_2O_3) \times \frac{112}{160} \times 6459 + w(FeO) \times \frac{56}{72} \times 4249\right) \tag{2-32}$$

式中，$m_{矿}$ 为铁矿石质量，kg；$c_{矿}$ 为铁矿石的比热容，$c_{矿} = 1.016$kJ/(kg · ℃)；Δt 为铁矿石加入熔池后的温升，℃；$\lambda_{熔}$ 为铁矿石的熔化潜热，$\lambda_{熔} = 209$kJ/kg；160 为 Fe_2O_3 的相对分子质量；112 为两个铁原子的相对原子质量之和；6459，4249 分别为在炼钢温度下，由液态 Fe_2O_3 和 FeO 还原出 1kg 铁时吸收的热量，kJ/kg。

设铁矿石成分为 $w(Fe_2O_3) = 81.4\%$，$w(FeO) = 0$，铁矿石一般是在吹炼前期加入的，所以温升取 1325℃。则 1kg 铁矿石的冷却效应是：

$$Q_{矿} = 1 \times \left[1.016 \times (1350 - 25) + 209 + 81.4\% \times \frac{112}{160} \times 6459\right] = 5236\text{kJ/kg}$$

由上述计算可知，Fe_2O_3 的分解热所占密度很大，铁矿石冷却效应随 Fe_2O_3 含量的变化而变化。

（2）废钢的冷却效应。废钢的冷却作用主要靠吸收物理热，即从常温加热到全部熔化，并提高到出钢温度所需要的热量。可用式（2-33）计算：

$$Q_{废} = m_{废}[c_{固} \cdot (t_{熔} - t_0) + \lambda_{熔} + c_{液}(t_{出} - t_{熔})] \tag{2-33}$$

式中，$m_{废}$ 为废钢的质量，kg；$t_{熔}$ 为废钢的熔化温度，$t_{熔} = 1500$℃；t_0 为室温，$t_0 = 25$℃；$\lambda_{熔}$ 为废钢的熔化潜热，$\lambda_{熔}$ 为 272kJ/kg；$t_{出}$ 为出钢时钢水温度，$t_{出} = 1680$℃；$c_{固}$，$c_{液}$ 分

别为固态钢和液态钢的比热容，分别取 0.699kJ/(kg · ℃) 和 0.837kJ/(kg · ℃)。

1kg 废钢在出钢温度为 1680℃时的冷却效应是：

$$Q_{废} = 1 \times [0.699 \times (1500 - 25) + 272 + 0.837 \times (1680 - 1500)] = 1454\text{kJ/kg}$$

（3）氧化铁皮的冷却效应。氧化铁皮的冷却效应与铁矿石的计算方法基本上一样。如果氧化铁皮的成分是 $w(FeO) = 50\%$, $w(Fe_2O_3) = 40\%$, w(其他氧化物) = 10%，则 1kg 氧化铁皮的冷却效应是：

$$Q_{皮} = 1 \times \left[1.016 \times (1350 - 25) + 209 + 40\% \times \frac{112}{160} \times 6459 + 50\% \times \frac{56}{72} \times 4249\right] = 5016\text{kJ/kg}$$

可见，氧化铁皮的冷却效应与铁矿石相近。

用同样的方法可以计算出生白云石、石灰等材料的冷却效应。如果规定废钢的冷却效应为 1.0 时，则铁矿石的冷却效应为 5236/1454 = 3.60，氧化铁皮的冷却效应为 5016/1454 = 3.45。由于冷却剂的成分有变化，所以冷却效应也在一定的范围内波动。从以上计算可知，1kg 铁矿石的冷却效应约相当于 3kg 废钢的冷却效应。为了使用方便，将各种常用冷却剂的冷却效应换算值列于表 2-17。

表 2-17　常用冷却剂冷却效应换算值

冷却剂	重废钢	轻薄废钢	压块	铸铁件	生铁块	金属球团
冷却效应	1.0	1.1	1.6	0.6	0.7	1.5
冷却剂	无烟煤	焦炭	Fe-Si	菱镁矿	萤石	烧结矿
冷却效应	−2.9	−3.2	−5.0	1.5	1.0	3.0
冷却剂	铁矿石	铁皮	石灰石	石灰	白云石	
冷却效应	3.0 ~ 4.0	3.0 ~ 4.0	3.0	1.0	1.5	

c　冷却剂的加入时间

冷却剂的加入时间因吹炼条件不同而略有差别。由于废钢在吹炼过程中加入不方便，影响吹炼时间，通常是在开吹前加入。利用矿石或者氧化铁皮作冷却剂时，由于它们同时又是化渣剂，加入时间往往与造渣同时考虑，多采用分批加入的方式。其中关键是选好二批料加入时间，即必须在初期渣已化好、温度适当时加入。

D　温度控制一般原则

按照上述的计算结果加入冷却剂，即可保证终点温度。但是，吹炼过程中还应根据炉内各个时期冶金反应的需要及炉温的实际情况调整熔池温度，保证冶炼的顺利进行。

在吹炼前期结束时，温度应为 1450 ~ 1550℃，大炉子、低碳钢取下限，小炉子、高碳钢取上限；中期的温度为 1550 ~ 1600℃，中、高碳钢取上限，因为后期挽回温度时间少；后期的温度为 1600 ~ 1680℃，取决于所炼钢种。

（1）吹炼前期。如果碳火焰上来的早（之前是硅、锰氧化的火焰，发红），表明炉内温度已较高，头批渣料也已化好，可适当提前加入二批渣料；反之，若碳火焰迟迟上不来，说明开吹以来温度一直偏低，则应适当压枪，加强各元素的氧化，提高熔池温度，而后再加二批渣料。

（2）吹炼中期。可根据炉口火焰的亮度及冷却水（氧枪进出水）的温差来判断炉内温度的高低，若熔池温度偏高，可加少量矿石；反之，压枪提温，一般可挽回 10 ~ 20℃。

(3) 吹炼后期。接近终点（根据氧耗量及吹氧时间判断）时，停吹测温，并进行相应调整。当吹炼后期出现温度过低时，可加适量的 Fe-Si 或 Fe-Al 提温。加 Fe-Si 提温需配加一定量的石灰，防止钢水回磷。当吹炼后期出现温度过高时，可加适量的氧化铁皮或铁矿石降温。冶炼终点钢液温度偏高时，通常加适量石灰或白云石降温。

E 生产实际中的温度控制

在生产实际中，温度的控制主要是根据所炼钢种、出钢后间隔时间的长短、补炉材料消耗等因素来考虑废钢的加入量。对一个工厂来说，由于所用的铁水成分和温度变化不大，渣量变化也不大，故吹炼过程的热消耗较为稳定。若所炼钢种发生改变，出钢后炉子等待铁水、吊运或修补炉衬使间隔时间延长和炉衬降温，必然引起吹炼过程中热消耗发生变化，因而作为冷却剂的废钢加入量也应作相应调整。

a 影响终点温度的因素

在生产条件下影响终点温度的因素很多，必须经综合考虑再确定冷却剂加入的数量。

(1) 铁水成分。铁水中 Si、P 是强发热元素，若其含量过高时，可以增加热量，但也会给冶炼带来诸多问题，因此如果有条件应进行铁水预处理脱 Si、P。据 30t 转炉测定，当增加入炉 $w[\mathrm{Si}]=0.1\%$ 时，终点可升高炉温 15℃。

(2) 铁水温度。铁水温度的高低关系到带入物理热的多少，所以，在其他条件不变的情况下，入炉铁水温度的高低影响终点温度的高低。当铁水温度每升高 10℃时，钢水终点温度可提高 6℃。

(3) 铁水装入量。由于铁水装入量的增加或减少，均使其物理热和化学热有所变化，在其他条件一定的情况下，铁水比越高，终点温度也越高。30t 转炉铁水量每增加 1t，终点温度可提高 8℃。

(4) 炉龄。转炉新炉衬温度低且出钢口小，炉役前期终点温度要比正常吹炼炉次高 20～30℃，这样才能获得相同的浇注温度。所以冷却剂用量要相应减少。炉役后期炉衬薄、炉口大、热损失多，所以除应适当减少冷却剂用量外，还应尽量缩短辅助时间。

(5) 终点碳含量。碳是转炉炼钢重要发热元素。根据某厂的经验，当终点碳质量分数在 0.24% 以下时，每增减碳含量 0.01%，则出钢温度也相应减增 2～3℃。因此，吹炼低碳钢时应考虑这方面的影响。

(6) 炉与炉的间隔时间。炉与炉的间隔时间越长，炉衬散热越多。在一般情况下，炉与炉的间隔时间在 4～10min。间隔时间在 10min 以内时，可以不调整冷却剂用量；超过 10min 时，要相应减少冷却剂的用量。

另外，由于补炉而空炉时，根据补炉料的用量及空炉时间来考虑减少冷却剂用量。据 30t 转炉测定，空炉 1h 可降低终点温度 30℃。

(7) 枪位。如果采用低枪位操作，会使炉内化学反应速度加快（尤其是使脱碳速度加快），供氧时间缩短，单位时间内放出的热量增加，热损失相应减少。

(8) 喷溅。喷溅会增加热损失，因此对喷溅严重的炉次，要特别注意调整冷却剂的用量。

(9) 石灰用量。石灰的冷却效应与废钢相近，石灰用量大则渣量大，造成吹炼时间长，影响终点温度。所以当石灰用量过大时，要相应减少其他冷却剂用量。据 30t 转炉测算，每多加 100kg 石灰降低终点温度 5.7℃。

(10) 出钢温度。可根据上一炉钢出钢温度的高低来调节本炉的冷却剂用量。

b　确定冷却剂用量的经验数据

通过物料平衡和热平衡计算来确定冷却剂加入数量的方法比较准确，但很复杂，很难快速计算。若采用电子计算机则可依据吹炼参数的变化进行物料平衡和热平衡计算，准确地控制温度。目前多数厂家都是根据经验数据进行简单的计算来确定冷却剂调整数量。

知道了各种冷却剂的冷却效应和影响冷却剂用量的主要因素以后，就可以根据上炉情况和对本炉温度有影响的各个因素的变动情况综合考虑来进行调整，确定本炉冷却剂的加入数量。

表 2-18 和表 2-19 列出 30t 和 120t 转炉温度控制的经验数据。

表 2-18　30t 氧气顶吹转炉温度控制经验数据

因　素	变动量	终点温度变化量/℃	调整矿石量/kg
铁水 w[C]/%	±0.10	±9.74	±65
铁水 w[Si]/%	±0.10	±15	±100
铁水 w[Mn]/%	±0.10	±6.14	±41
铁水温度/℃	±10	±6	±40
废钢加入量/t	±1	∓47	∓310
铁水加入量/t	±1	±8	±53
停吹温度/℃	±10	±10	±66
终点 w[C]<0.2%	±0.01%	∓3	∓20
石灰加入量/kg	±100	∓5.7	∓38
硅铁加入量/kg · 炉$^{-1}$	±100	±20	±133
铝铁加入量/kg · t^{-1}	±7	±50	±333
加合金量(硅铁除外)/kg · t^{-1}	±7	±10	±67

表 2-19　120t 氧气顶吹转炉温度控制经验数据

名　称	冷却剂		名　称	提温剂	
	每 1t 钢加入量/kg	降温数/℃		每 1t 钢加入量/kg	升温数/℃
废 钢	1	1.27	硅 铁	1	6
矿 石	1	4.50	焦 炭	1	4.8
铁 皮	1	4.0	铝 块	1	15
生铁块	1	0.9～1.0			
萤 石	1	10			
石 灰	1	1.9			
石灰石	1	2.8			

例如，计算废钢加入量应考虑以下几方面因素。

(1) 由于铁水成分变化引起废钢加入量的变化：

铁水碳变化 a = [(本炉铁水 w[C] − 参考炉铁水 w[C])/0.1%] ×0.53%

铁水硅变化 b = [(本炉铁水 w[Si] − 参考炉铁水 w[Si])/0.1%] ×1.33%

铁水锰变化 c = [(本炉铁水 w[Mn] − 参考炉铁水 w[Mn])/ 0.1%] ×0.21%

（2）由于铁水温度变化引起废钢加入量的变化：

$$d = [（本炉铁水温度 - 参考炉铁水温度）/10] \times 0.88\%$$

（3）由于铁水加入量变化引起废钢加入量的变化：

$$e = [（本炉铁水比 - 参考炉铁水比）/1\%] \times 0.017\%$$

$$f = [（本炉目标停吹温度 - 参考炉目标停吹温度）/10] \times 0.55\%$$

故本炉废钢加入量 = 上炉废钢加入量 $+a+b+c+d+e+f$

除表2-18和表2-19所列数据以外，还有其他情况下温度控制的修正值，如铁水入炉后等待吹炼、终点停吹等待出钢、钢包黏钢等，这里就不再一一列举了。但在出钢前若发现温度过高或过低时，应及时在炉内处理，决不能轻易出钢。

各转炉炼钢厂都总结了一些根据炉况控制温度的经验数据，一般冷却剂的降温经验数据见表2-20。

表2-20 冷却剂降温经验数据

加入1%冷却剂	废钢	矿石	铁皮	石灰	白云石	石灰石
熔池降温/℃	8~12	30~40	35~45	15~20	20~25	28~38

2.2.5.4 终点控制

终点控制主要是指终点温度和成分的控制。

A 终点的标志

转炉兑入铁水后，通过供氧、造渣等操作，经过一系列物理化学反应，钢水达到所炼钢种成分和温度要求的时刻，称之为“终点”。达到终点的具体标志是：

（1）钢中碳含量达到所炼钢种的控制范围。

（2）钢中P、S含量低于规格下限的一定范围。

（3）出钢温度能保证顺利进行精炼、浇注。

（4）对于沸腾钢，钢水具有一定氧化性。

终点控制是转炉吹炼后期的重要操作。因为硫、磷的脱除通常比脱碳复杂，所以总是尽可能地使硫、磷提早脱除到终点要求的范围。根据到达终点的基本条件可以知道，终点控制实际上是指终点碳含量和终点钢水温度的控制。终点停止吹氧也俗称“拉碳”。

终点控制不当会造成一系列危害：

（1）拉碳偏高时，需要补吹，造成渣中TFe含量高，金属消耗增加，降低了炉衬寿命，首钢曾对47炉补吹操作进行统计，发现补吹后的熔渣中TFe和MgO含量都有所增加，表2-21；拉碳偏低时，不得不改变钢种牌号或增碳，这样既延长了吹炼时间，增加了成本，也影响了钢的质量。

表2-21 二次拉碳前后 $w(FeO)$、$w(Fe_2O_3)$ 和 $w(MgO)$ 含量的变化 （%）

增加量 \ 炉渣成分	$w(FeO)_{补吹后} - w(FeO)_{补吹前}$	$w(Fe_2O_3)_{补吹后} - w(Fe_2O_3)_{补吹前}$	$w(MgO)_{补吹后} - w(MgO)_{补吹前}$
平均增加量	1.20	0.81	1.07
最大增加量	6.25	2.79	5.58
平均增加百分数	14.80	28.78	18.28

（2）终点温度偏低时，也需要补吹，这样会造成碳含量偏低，必须增碳，渣中 TFe 高，对炉衬不利；终点温度偏高，会使钢水气体含量增高，浪费能源，侵蚀耐火材料，增加夹杂物含量和回磷量，造成钢质量降低。

温度的控制已包含在温度制度中，所以准确拉碳是终点控制的一项基本操作。

B　终点控制方法

终点控制实质上就是对碳的控制，目前终点碳含量控制的方法有 3 种，即一次拉碳法、增碳法和高拉补吹法。

（1）一次拉碳法。一次拉碳法是按出钢要求的终点碳和终点温度进行吹炼，当达到要求时提枪操作。这种方法要求终点碳含量和温度同时到达目标，否则需补吹或增碳。一次拉碳法要求操作技术水平高，其优点颇多，归纳如下：

1）终点渣 TFe 含量低，钢水收得率高，对炉衬侵蚀量小；

2）钢水中有害气体少，不加增碳剂，钢水洁净；

3）余锰高，合金消耗少；

4）氧耗量小，节约脱氧剂。

（2）增碳法。增碳法是指吹炼平均碳含量不低于 0.08% 的钢种，均吹炼到 $w[C] = 0.05\% \sim 0.06\%$ 时提枪，按钢种规范要求加入增碳剂。增碳法所用碳粉要求纯度高、硫和灰分要很低，否则会污染钢水。采用这种方法的优点如下：

1）终点容易命中，与拉碳法相比，省去了中途倒渣、取样、校正成分及温度的补吹时间，因而生产率较高；

2）吹炼结束时炉渣 $\Sigma w(FeO)$ 含量高，化渣好，脱磷率高，吹炼过程的造渣操作可以简化，有利于减少喷溅、提高供氧强度和稳定吹炼工艺；

3）热量收入较多，可以增加废钢用量。

采用增碳法时应严格保证增碳剂的质量，推荐采用 $w[C] > 95\%$、粒度 ≤10mm 的沥青焦。

（3）高拉补吹法。当冶炼中、高碳钢钢种时，将钢液的含碳量脱至高于出钢要求 0.2% ~0.4% 时停吹，取样、测温后再按分析结果进行适当补吹的控制方式，称为高拉补吹法。

由于在中、高碳钢种的碳含量范围内，脱碳速度较快，火焰没有明显变化，从火花上也不易判断，终点人工一次拉碳很难准确判断，所以采用高拉补吹的办法。用高拉补吹法冶炼中、高碳钢时，根据火焰和火花的特征，参考供氧时间及氧耗量，按照比所炼钢种碳规格要求稍高一些的标准来拉碳，采用结晶定碳和钢样化学分析，再按这一碳含量范围内的脱碳速度补吹一段时间，以达到要求。高拉补吹方法只适用于中、高碳钢的吹炼。根据某厂 30t 转炉吹炼的经验数据，补吹时的脱碳速度一般为 0.005%/s。当生产条件变化时，其数据也有变化。

C　终点判断方法

目前我国的钢厂还没有全部使用计算机控制终点，部分转炉厂家仍然是凭经验操作，人工判断终点。

a　碳含量的判断

（1）看火焰。转炉开吹后，熔池中碳不断地被氧化，金属液中的碳含量不断降低。

碳氧化时，生成大量的CO气体，高温的CO气体从炉口排出时与周围的空气相遇，立即氧化燃烧，形成了火焰。炉口火焰的颜色、亮度、形状、长度是熔池温度及单位时间内CO排出量的标志，也是熔池中脱碳速度的量度。在一炉钢的吹炼过程中，脱碳速度的变化是有规律的。所以能够从火焰的外观来判断炉内的碳含量。

吹炼前期熔池温度较低，碳氧化的少，所以炉口火焰短，颜色呈暗红色，吹炼中期碳开始激烈氧化，生成CO量大，火焰白亮、长度增加，也显得有力，这时对碳含量进行准确的估计是困难的。当碳含量进一步降低到0.20%左右时，由于脱碳速度明显减慢，CO气体显著减少。这时火焰会收缩、发软、打晃，看起来火焰也稀薄些。炼钢工根据自己的具体体会就可以掌握住拉碳时机。

生产中有许多因素影响我们观察火焰和做出正确的判断。主要有如下几方面。

1）温度。温度高时，碳氧化速度较快，火焰明亮有力。看起来碳好像还很高，实际上已经不太高了，要防止拉碳偏低；温度低时，碳氧化速度缓慢，火焰收缩较早；另外由于温度低，钢水流动性不够好，熔池成分不易均匀，看上去碳好像不太高了，但实际上还较高，要防止拉碳偏高。

2）炉龄。炉役前期炉膛小，氧气流股对熔池的搅拌力强，化学反应速度快，并且炉口小，火焰显得有力，要防止拉碳偏低。炉役后期炉膛大，搅拌力减弱，同时炉口变大，火焰显得软，要防止拉碳偏高。

3）枪位和氧压。枪位低或氧压高，碳的氧化速度快，炉口火焰有力，此时要防止拉碳偏低；反之，枪位高或氧压低，火焰相对软些，拉碳容易偏高。

4）炉渣情况。炉渣化得好，能均匀覆盖在钢水面上，气体排出有阻力，因此火焰发软；若炉渣没化好，或者有结团，不能很好地覆盖钢液面，气体排出时阻力小，火焰有力。若渣量大，气体排出时阻力也大，火焰发软。

5）氧枪黏钢。氧枪黏钢时，影响了烟气的正常排出，火焰从炉口排出进入烟道有力，防止拉碳偏低。

6）炉口黏钢量。炉口黏钢时，炉口变小，火焰有力，要防止拉碳偏低；反之，要防止拉碳偏高。

7）氧枪情况。喷嘴蚀损后，氧流速度降低，脱碳速度减慢，要防止拉碳偏高。

总之，在判断火焰时，要根据各种影响因素综合考虑，才能准确判断终点碳含量。

（2）看钢样。在倒炉时取好有代表性的钢样。将已取到代表性钢样的样瓢平稳地搁置在平台上，然后快速刮去表面炉渣，对钢样进行仔细观察和估碳。

人工判断终点取样应注意：样勺要烘烤，黏渣要均匀，钢水必须有渣覆盖，取样部位要有代表性，以便准确判断碳含量。

1）碳花溅出的高度即碳花溅出时的弹跳强度。一般来讲，钢水中碳含量越高，则碳花弹跳的强度越大，碳花飞溅得越高；反之亦然。

2）根据经验对飞溅出来的碳花分叉情况进行分析，分叉越多，钢水中碳含量越高。

$w[C]=0.3\%\sim0.4\%$：钢水沸腾，火花弹跳有力，射程较远，火花分叉较多且碳花密集。

$w[C]=0.18\%\sim0.25\%$：火花分叉较清晰，一般分4～5叉，弹跳有力，弧度较大。

$w[C]=0.12\%\sim0.16\%$：碳花较稀，分叉明晰可辨，分3～4叉，落地呈“鸡爪”

状，跳出的碳花弧度较小，多呈直线状。

$w[C] < 0.10\%$：碳花弹跳无力，基本不分叉，呈球状颗粒。

$w[C]$ 再低，火花呈麦芒状，短而无力，随风飘摇。

3）观察样勺内钢样冷却后的表面状况：

当 $w[C]$ 较高，即 $w[C]$ 在0.30%时，钢样表面较光滑，带有粒状小黑点；

当 $w[C]$ 较低，即 $w[C]$ 在0.10%～0.20%时，钢样表面较毛糙，高低不平；

当 $w[C]$ 很低，即 $w[C]$ 在0.05%时，钢样表面光滑，但无小黑粒点并呈馒头状。

以碳花判断碳含量时，必须与钢水温度结合起来，如果钢水温度高，在同样碳含量条件下，碳花分叉又比温度低时多。因此，在炉温较高时，估计的碳含量可能高于实际碳含量；情况相反时，判断碳含量会比实际值偏低些。

（3）结晶定碳。终点钢水中的主要元素是Fe与C，碳含量高低影响着钢水的凝固温度；反之，根据凝固温度也可以判断碳含量。如果在钢水凝固的过程中连续地测定钢水温度，当到达凝固点时，由于凝固潜热补充了钢水降温散发的热量，所以温度随时间变化的曲线出现了一个水平段，这个水平段所处的温度就是钢水的凝固温度，根据凝固温度可以反推出钢水的碳含量。因此吹炼中、高碳钢时终点控制采用高拉补吹法，就可使用结晶定碳来确定碳含量。

（4）其他判断方法。当喷嘴结构尺寸一定时，采用恒压变枪操作，单位时间内的供氧量是一定的。在装入量、冷却剂加入量和吹炼钢种等条件均无变化时，吹炼1t金属所需要的氧气量也是一定的，因此吹炼一炉钢的供氧时间和氧耗量变化也不大。这样就可以根据上几炉的供氧时间和氧耗量，作为本炉拉碳的参考。当然，每炉钢的情况不可能完全相同，如果生产条件有变化，其参考价值就要降低。即使是生产条件完全相同的相邻炉次，也要与看火焰、看碳花等办法结合起来综合判断。

随着科学技术的进步，应用红外、光谱等成分快速测定手段，可以验证经验判断碳含量的准确性。

b　硫含量的判断

根据化渣情况（样勺表面覆盖的渣子状况以及取样勺上凝固的炉渣情况）和熔池温度来间接判断硫含量的高低。根据渣况判断的方法为：如果化渣不良，渣料未化好（结块或结坨），或未化透，渣层发死，流动性差，说明炉渣碱度较低，反应物和反应产物的传递速度慢，脱硫反应不能迅速进行，可以判断硫含量较高；反之，如果炉渣化好、化透，泡沫化适度，流动性良好，脱硫效果必然很好，硫含量较低。

c　磷含量的判断

（1）根据钢水颜色判断。一般来讲，如果钢水中磷含量高，则钢水颜色发白、发亮，有时呈银白色（似一层油膜）或者发青；如果钢水颜色暗淡发红，则说明钢水中磷含量可能较低。

（2）根据钢水特点判断。钢水中有时出现近似米粒状的小点；在碳含量较低时，钢样表面有水泡眼呈白亮的小圈出现，此种小圈俗称磷圈。一般来讲，小点和磷圈多，说明钢水中磷含量高；反之，磷含量较低。

（3）根据钢水温度判断。脱磷反应是在钢－渣界面上进行的放热反应。如果钢水温度高，不利于放热的脱磷反应进行，钢中［P］含量容易偏高；如果钢水温度偏低，脱磷效果好，磷可能较低。

d 锰含量的判断

根据钢水颜色判断。如果钢水颜色较红，跳出的火花中有红色小红颗粒伴随而出，则说明钢水中锰含量较高。

e 温度的判断

判断温度的最好方法是连续测温、并自动记录熔池温度的变化情况，以便准确地控制炉温，但实现比较困难。常用的方法是用插入式热电偶并结合经验来判断终点温度。目前，大多数钢厂采用副枪来完成这一工作。

（1）热电偶测定温度。目前我国各厂均使用钨－铼插入式热电偶，到达吹炼终点时将其直接插入熔池钢水中，从电子电位差计上得到温度的读数。

（2）火焰判断。熔池温度高时，炉口的火焰白亮而浓厚有力，火焰周围有白烟；温度低时，火焰透明淡薄、略带蓝色，白烟少，火焰形状有刺无力，喷出的炉渣发红，常伴有未化的石灰粒；熔池温度再低时，火焰发暗，呈灰色。

（3）取样判断。取出钢样后，如果样勺内覆盖渣很容易拨开，样勺周围有青烟，钢水白亮，倒入样模内钢水活跃，结膜时间长，说明钢水温度高；如果覆盖渣不容易拨开，钢水呈暗红色，混浊发黏，倒入模内钢水不活跃，结膜时间也短，说明钢水温度低。另外，也可以通过秒表计算样勺内钢水的结膜时间，以此来判断钢水温度的高低。但是取样时样勺需要预热烘烤，黏渣均匀，样勺中钢水要有熔渣覆盖，同时取样的位置应有代表性。

（4）通过氧枪冷却水温度差判断。在吹炼过程中，可以根据氧枪冷却水出口与进口的温度差来判断炉内温度的高低。当相邻的炉次枪位相仿、冷却水流量一定时，氧枪冷却水的出口与进口的温度差和熔池温度有一定的对应关系。若温差大，反映熔池温度较高；温差小，则反映熔池温度低。例如，在首钢 30t 转炉的生产条件下，冷却水温度差为 8 ~ 10℃时，出钢温度大约在 1640 ~ 1680℃。这对于 Q235B 钢是比较合适的，若温差低于 8℃，说明出钢温度偏低；温度差高于 10℃，说明出钢温度偏高。

（5）根据炉膛情况判断。倒炉时可以观察炉膛情况帮助判断炉温。温度高时，炉膛发亮，往往还有泡沫渣涌出。如果炉内没有泡沫渣涌出，熔渣不活跃，同时炉膛不那么白亮，说明炉温低。

根据以上几方面温度判断的经验及热电偶的测温数值，可综合确定终点温度。

D 终点判断后的控制方法

（1）温度。若温度偏高，补加适量的冷却剂，并调节枪位（一般提高枪位）；若温度偏低，适当减少冷却剂加入量，并调节枪位（一般降低枪位）。

（2）钢中碳含量。碳偏高的处理方法一般采用高拉补吹法，降枪补吹合适时间，同时补加适量的冷却剂；碳含量偏低时，补吹适当时间，出钢时向钢包内添加相应的增碳剂。

（3）钢中磷偏高。若钢中磷含量偏高，处理办法只有放掉部分渣，造高氧化铁、高碱度渣。如果碳含量低而磷含量高可补加少量生铁。但这些措施去磷有限，钢水温度损失过少，所以要在前期化好渣。铁水磷高可在加二批料前放掉部分渣。

（4）钢中硫偏高。若钢中硫偏高，处理方法是多次倒渣并造新渣，有时可加锰铁，使硫降低。如果铁水硫高时，在加废钢的同时向炉内加适量锰铁，对脱硫有利。

2.2.5.5　吹损及喷溅

A　吹损的组成及分析

顶吹转炉的出钢量比装入量少，这说明在吹炼过程中有一部分金属损耗，这部分损耗的数量就是吹损。一般用其占装入量的百分比来表示：

$$吹损=\frac{装入量-出钢量}{装入量}\times100\%$$

如果装入量为33t，出钢量为29.7t，则吹损为（33－29.7）/33×100%＝0.1%。在物料平衡计算中，吹损值常以每千克铁水（或金属料）的吹炼损失表示。

氧气顶吹转炉主要是以铁水为原料。把铁水吹炼成钢，要去除碳、硅、锰、磷、硫等杂质；另外，还有一部分铁被氧化。铁被氧化生成的氧化铁，一部分随炉气排走，一部分留在炉渣中。吹炼过程中金属和炉渣的喷溅也损失一部分金属。吹损就是由这些部分组成的。

下面用实例来说明吹损的几种形式。

（1）化学烧损。以吹炼BD3F沸腾钢为例，化学损失为5.12%，见表2-22。

表2-22　BD3F号沸腾钢的化学损失　（%）

样　品	成分（质量分数）					
	C	Si	Mn	P	S	共计
铁水	4.30	0.60	0.45	0.13	0.03	5.51
终点	0.13	—	0.20	0.02	0.02	0.39
烧损	4.17	0.58	0.25	0.11	0.01	5.12

（2）烟尘损失。每100kg铁水产生烟尘1.16kg，其中Fe_2O_3占70%，FeO占20%，折合成金属铁损失为：

$$1.16\times\left(0.70\times\frac{112}{160}+0.20\times\frac{56}{72}\right)=0.75\text{kg}$$

式中，112为Fe_2O_3铁中两个铁原子的相对原子质量（铁的相对原子质量为56）；160为Fe_2O_3的相对分子质量；72为FeO的相对分子质量。

（3）渣中金属铁损失。按渣量占铁水量的13%、渣中金属铁含量为10%计算，则渣中金属铁损失为：

$$100\times13\%\times10\%=1.3\text{kg}$$

（4）渣中FeO和Fe_2O_3损失。如果渣中含$w(FeO)=11\%$、$w(Fe_2O_3)=2\%$，折合成金属铁损失为：

$$100\times13\%\times\left(11\%\times\frac{56}{72}+2\%\times\frac{112}{160}\right)=1.3\text{kg}$$

（5）机械喷溅损失。按1.5%考虑。

综上，顶吹转炉吹损为5.12%＋0.75%＋1.3%＋1.3%＋1.5%＝9.97%。

由计算可知，化学损失是吹损组成的主要部分，占总吹损的70%～90%；而C、Si、

Mn、P、S的氧化烧损又是化学损失的主要部分，占总吹损的40%～80%。机械喷溅损失只占10%～30%。化学损失往往是不可避免的，而且一般也不易控制；但机械损失只要操作得当，是可以尽量减少的。应该强调指出：在顶吹转炉吹炼过程中，机械喷溅损失和其他损失（特别是化学烧损）比较，虽然仅占次要地位，但机械损失不仅导致吹损增加，还会引起对炉衬的冲刷加剧，对提高炉龄不利，还会引起黏枪事故，且减弱了去磷、硫的作用，影响炉温，限制了顶吹转炉进一步强化操作的稳定性，所以防止喷溅是十分重要的问题。

B 喷溅的类型、产生原因、预防与控制

喷溅是氧气顶吹转炉吹炼过程中经常发生的一种现象，通常将随炉气逸出、从炉口溢出或喷出炉渣与金属的现象称为喷溅。喷溅的产生造成大量的金属和热量损失，引起炉衬的冲刷加剧，甚至造成黏枪、烧枪，使炉口和烟罩挂渣。

a 喷溅的类型

吹炼时期存在以下几种喷溅情况：

（1）金属喷溅。吹炼初期，炉渣尚未形成或吹炼中期炉渣返干时，固态或高黏度炉渣被顶吹氧射流和从反应区排出的CO气体推向炉壁。在这种情况下，金属液面裸露，由于氧气射流冲击力的作用，使金属液滴从炉口喷出，这种现象称为金属喷溅。

（2）泡沫渣喷溅。吹炼过程由于炉渣中表面活性物质较多，使炉渣泡沫化严重，在炉内CO气体大量排出时，从炉口溢出大量泡沫渣的现象称为泡沫渣喷溅。

（3）爆发性喷溅。吹炼过程中，加入渣料或冷却剂过多时，炉渣FeO积累较多时，造成熔池温度突然降低；或是由于操作不当，使炉渣黏度过大而阻碍CO气体排出，一旦温度升高，熔池内碳氧剧烈反应，产生大量CO气体急速排出，同时也使大量金属和炉渣喷出炉口，这种突发的现象称为爆发性喷溅。

（4）其他喷溅。在某些特殊情况下，由于处理不当也会产生喷溅。例如，在采用留渣操作时，渣中氧化性强，兑铁水时如果兑入速度过快，可能使铁水中的碳与炉渣中的氧发生反应，引起铁水喷溅。

b 产生喷溅的原因

产生喷溅是两种力作用的结果：一种是脱碳反应生成的CO气泡在熔池内的上浮力和气泡到达熔池表面时的惯性力，它们造成熔池面的上涨及对熔池上层的挤压；另一种是重力和摩擦力，它们阻碍熔池向上运动。在熔池内部，摩擦力并不起主要作用，主要是重力起作用。

氧气射流对喷溅的影响是复杂的。氧气射流对熔池的冲击造成熔池上层的波动和飞溅，而且液相也被反射气流及O_2和CO气泡向上推挤，促使产生喷溅；但在炉渣严重泡沫化时，短时间提高枪位，借助射流的冲击作用破坏泡沫渣，又可以减少产生喷溅的可能性。

总之，在熔池液面上涨的情况下，熔池中局部的飞溅、气体的冲出、波浪的生成等都容易造成钢－渣乳状液从炉口溢出或喷溅。

c 喷溅的控制与预防

吹炼过程中，经常会在吹炼中期加二批料前及加二批料后不久，有2次或3次的喷溅。此时恰好脱碳速度最大，熔池液面上涨最高，炉渣的泡沫化最强。在加二批料后的一段时间内，由于脱碳速度减小，渣料对泡沫渣的机械破坏作用使熔池液面暂时下降，喷溅强度相应减小。

采用三孔喷头使吹炼过程中的液面高度显著降低，其变化显著减小。所以，采用多孔喷头将使喷溅显著减小。在一定范围内增大喷孔夹角，使氧流分散，也可以减少喷溅。

综上所述，为了防止喷溅，总的方向是要采取措施促使脱碳反应在吹炼时间内均匀地进行，减轻熔池的泡沫化，降低吹炼过程中的液面高度及其波动。具体措施如下：

(1) 采用合理的炉型。如转炉应有适当的高度和炉容比，采用对称的炉口和接近于球状的炉型。

(2) 限制液面高度。在炉容比一定的条件下，应限制渣量和造渣材料的加入量，尽量减小渣层厚度。可加入防喷剂或采用其他方法破坏泡沫渣，也可以在吹炼中期倒渣。此外，还应避免转炉的过分超装。

(3) 加入散状材料时，要增多批数、减少批量。尤其是铁矿石，要少加、勤加。用废钢作冷却剂，可使吹炼过程比用铁矿石平稳。

(4) 正确控制前期温度。如果前期温度低，炉渣中积累大量氧化铁，随后在元素氧化、熔池被加热时，往往突然引起碳的激烈氧化，容易造成爆发性的喷溅。

(5) 减小炉渣的泡沫化程度，将泡沫化的高峰前移，尽量移至吹炼前期。可以采用快速造渣和向渣中加入氧化锰等方法，使泡沫渣的稳定性降低。

(6) 在发生喷溅时，加入散状材料（如石灰石）可以抑制喷溅。如在强烈脱碳时发生喷溅，还可以暂时降低供氧强度，随后再逐渐恢复正常供氧。这种方法在生产中被广泛采用。

(7) 在炉渣严重泡沫化时，短时间提高枪位，使氧枪超过泡沫化的熔池液面，借助氧气射流的冲击作用破坏泡沫渣，可减少喷溅。

C　返干的产生原因、对冶炼的影响、预防与控制

返干一般在冶炼中期（碳氧化期）的后半阶段发生，是化渣不良的一种特殊表现形式。

冶炼中期后半阶段正常的火焰特征是：白亮、刺眼，柔软性稍微变差。但如果发生返干，通过观察，火焰（有规律、柔和的一伸一缩）变得直窜、硬直，火焰不出烟罩；通过听声音，由于返干炉渣结块成团未能化好，氧流冲击到未化的炉渣上面会发出刺耳的声音，并伴随着金属颗粒和渣粒喷出。一旦发生上述现象说明熔池内炉渣已经返干。

a　返干产生的一般原因

石灰的熔化速度影响成渣速度，而成渣速度一般可以通过吹炼过程中成渣量的变化来体现，从图 2-33 可见，吹炼前期和后期的成渣速度较快，而中期成渣速度缓慢。

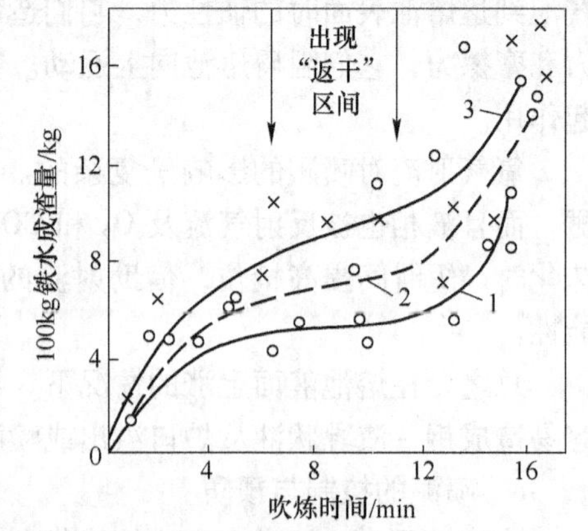

图 2-33　吹炼过程中渣量变化
1—底吹；2—复吹；3—顶吹

(1) 吹炼前期。由于（FeO）含量高，虽然炉温偏低，仍有一部分石灰被熔化，成渣较快。

(2) 吹炼中期。炉温已经升高，石灰得到了

进一步的熔化，（CaO）量增加，（CaO）与（SiO_2）结合成高熔点的 $2CaO \cdot SiO_2$；又由于碳的激烈氧化，（FeO）被大量消耗，炉渣成分发生了变化，含有 FeO 的一些低熔点物质（如 $2FeO \cdot SiO_2$，1205℃）转变为高熔点物质（$2CaO \cdot SiO_2$，2130℃）；同时还会形成一些高熔点的 RO 相；此外，由于吹炼中期渣中溶解 MgO 的能力降低，促使 MgO 部分析出，而这些未熔的固体质点大量析出并弥散在炉渣中，致使炉渣黏稠、成团结块，气泡膜就变脆而破裂，出现了返干现象。

（3）吹炼后期。随着脱碳速度的降低，（FeO）又有所积累，以及炉温上升，促使炉渣熔化，石灰的溶解量（成渣量）急剧增大。同时，后期渣中低熔点的（$CaO \cdot 2Fe_2O_3$）、（$CaFeSiO_4$）等矿物较多，炉渣流动性较好，只要碱度不过高，一般不会产生返干。相反，需控制炉渣（FeO）的含量不能太高，否则难以满足终渣溅渣护炉的要求。

综上所述，在吹炼中期由于产生大量的各种未熔固体质点，其弥散在炉渣之中就可能导致炉渣返干。

b 返干对冶炼的影响

在正常的吹炼过程中总会产生程度不同的返干现象，随着冶炼的进行，返干一般是比较容易消除的。

如果操作不当造成严重的返干现象，黏稠的炉渣会阻碍氧气流股与熔池的接触，严重影响熔池中的反应和成渣。如果不及时处理消除，到达终点时渣料团块仍不熔化，将会极大地降低脱硫、脱磷效果；或者在后期渣料团块虽然熔化，但却消耗了大量热量，会使熔池温度骤然下降，影响出钢温度的控制，产生低温钢。所以返干不仅严重影响正常冶炼，也会影响产品质量。

c 返干的预防与控制

（1）在冶炼过程中严格遵守工艺操作规程（特别是枪位操作和造渣操作），在冶炼中期要保持渣中有适当的（FeO）含量，预防炉渣过黏、结块而产生返干。

（2）在冶炼过程中要密切注意火焰的变化，当有返干趋势时，要及时、适当提高枪位或加入适量的化渣剂以增加（FeO）含量，促使迅速化渣，改善炉渣状况，预防返干的产生。

（3）学会采用音频化渣仪对返干进行有效的预报，并采取措施将返干消除。

（4）养成良好的看火焰、听声音、看喷溅物的判断方法。

产生返干后的处理方法：

（1）补加一定量的氧化铁皮。铁皮中（FeO）含量在 90% 以上，加入后能迅速增加（FeO）含量。

（2）适当提高枪位。提高枪位后，由于接触熔池液面的氧气流股动能减少、冲击深度小，传入熔池内的氧气量明显减少，致使熔池内的化学反应速度减慢，（FeO）的消耗速度减小得比较明显，因此（FeO）量由于积累而增加。同时，提高枪位使冲击面积相对扩大，也使（FeO）量增加。

（3）在提高枪位的同时还可以适当调低吹炼氧压，延长吹炼时间，降慢脱碳速度，同样可以促使（FeO）量增加，达到消除返干的目的。

2.3　工艺操作

2.3.1　高硫铁水冶炼处理

（1）铁水预脱硫处理。铁水预脱硫的方法有铁流搅拌法、摇包法、机械搅拌法、喷吹气体搅拌法、镁焦脱硫法、气体提升法等，根据对脱硫的要求和现有设备状况选用一种预脱硫方法。

（2）搭配使用高硫铁水。在优良低硫铁水中掺入部分高硫铁水，能使用一般方法进行冶炼，终点硫可在合适的范围内。此法适用于没有铁水预脱硫设备的转炉炼钢厂。

（3）加废钢时，在废钢斗中加入适量的锰铁或吹炼过程中加入锰矿石，对脱硫有利。

2.3.2　高磷铁水冶炼处理

吹炼高磷铁水时，要充分利用前期熔池温度较低的有利时机，及早形成碱度高、氧化性高、流动性适当的炉渣，在保证铁水中有足够碳的同时，要脱去铁水中绝大部分的磷。

（1）造渣。吹炼高磷铁水一般采用双渣留渣法。留渣有利于前期成渣，可加速脱磷反应的进行。双渣法是把磷含量高的炉渣倒掉，使熔池中磷总量降低，从而降低金属液中的磷含量；而且倒渣有利于第二次造渣，可造成高碱度、高氧化铁含量的炉渣，进一步降低金属液中的磷含量。

造双渣的关键是选择一个倒去前期渣的合适时间。此时间一般选择在前期渣已经化好，金属中的磷含量已下降到指定范围，而金属液中的碳又刚刚开始发生激烈氧化反应的时候。此时前期的脱磷已比较完全，渣中的氧化铁含量已显著下降，在这时倒渣既能保证得到含磷较高的炉渣（可作磷肥用），又能避免后期因熔池温度升高而发生的回磷现象。

（2）温度。选择倒去前期渣的合适时间也可用温度来控制，选择在温度为1500～1550℃时倒渣较为合适。这样既保证了石灰的熔化和脱磷反应所需要的温度条件，又保证了碳氧反应的顺利进行。选择合适的温度也是为了控制终点温度。终点温度是控制终点磷含量的重要一环，随着终点温度的升高，终点磷含量也会增加，为此，应根据所冶炼的钢种精确控制终点温度，在满足浇注要求的基础上，尽可能地靠近温度下限出钢。

（3）供氧。在冶炼前期适当提高枪位，采用高枪位操作，以提高炉渣中氧化铁含量，也能加速石灰的熔化。但枪位不能过高，需防止喷溅。

（4）搭配使用高磷铁水。优质低磷铁水中掺入部分高磷铁水，使其能用一般方法进行冶炼。此法用于需要回收煤气、不能采用双渣法的情况。

（5）铁水预处理。用高磷铁水冶炼虽然能得到合格的钢水和磷肥，但从经济效益上看并不合算。据资料介绍，吹炼高磷铁水与吹炼低磷铁水相比，冶炼1t钢增加金属消耗30～100kg、石灰消耗增加40～100kg。合理的办法是高磷铁水先经铁水预处理，脱磷后的铁水再兑入转炉冶炼。

（6）加入废钢。增加入炉废钢的比例，减少铁水入炉量，对去磷有利。

2.3.3　枪位的控制与调节

冶炼前期为化渣需要，一般枪位偏高，约为2m。但对铁水温度较低的炉次，则需先以较低枪位操作，以提高熔池温度。

冶炼中期主要脱碳，枪位较低，约1.6m，出现返干时枪位约1.9m，终点前点吹枪位约1.2m，同时加强搅拌，在此过程中可依据实际条件调节枪位。

2.3.4 造渣材料的调整与加入

转炉渣料一般分为两批加入。第一批几乎在降枪吹氧的同时加入，数量约全程渣料的1/2。随着铁水中硅、锰氧化的基本结束，炉温逐步升高，石灰进一步熔化，并出现碳氧化火焰，开始进入吹炼中期，此时可以开始加入第二批渣料。第二批渣料一般分成几小批数次加入，最后一小批必须在终点前3～4min加完。具体批数和每批加入量由摇炉工视冶炼实际情况而定。

冶炼末期脱碳反应速度下降，三相乳化现象减弱，温度升高较快，石灰继续熔化。此期间要密切观察火焰，根据炉况及时调节枪位（如有必要可补加第三批渣料），要求把炉渣化透。

2.3.5 温度的判断与控制

（1）控制冶炼前期温度偏低，因为低温有利于去磷反应的进行。

（2）控制过程温度逐渐升高，保证过程渣化透。

（3）控制终点温度不过高。如已出现过高炉温，则必须加冷料降温，因为高温会使渣中的磷回到钢中去。所以后期温度高的炉次要求补加石灰。

2.3.6 测温与取样

取出具有代表性的钢样，刮去覆盖于表面的炉渣，从钢水颜色、火花分叉及弹跳高度等来判断碳及温度的高低。观察钢样判断磷、硫含量，或者取样送化验室分析磷、硫、碳、锰及其他元素含量。结合渣样、炉膛情况、喷枪冷却水进出温差以及热电偶测温等来综合判断温度。

2.3.6.1 测温

（1）准备测温枪：将新的纸套管从测温枪前端插入，将测温热电偶插入测温枪前端部，要插紧，无松动。

（2）测温前，要暂时提枪倒炉（LD）或停止通电加热（LF炉）。

（3）测温时，一只手满把握住测温枪后端的圆环，另一只手握住测温枪杆身，将测温枪前端热电偶插入钢水内，保持1～2s，测温部位与取样部位相同。

（4）从显示屏上读出温度值后，立即将测温枪从钢水中抽出。

（5）迅速将已烧坏的纸套管和热电偶清除，换上新的备用。

注意事项：

（1）使用测温枪前，要检查补偿导线是否完好、接通，检查电位差计是否与热电偶接通，并要校正零位。

（2）测温枪不能被碰撞、受潮，要有规定的安放位置。

（3）在进行测温操作时，热电偶不能碰撞任何物品，以免受损使测温失灵。

(4) 测温热电偶应插入钢水中一定深度，确保测出的温度具有代表性。

(5) 测温时既要使测温头在钢水中停留一定时间，又要求动作迅速而准确。测温枪在钢水内不能停留过久，以防烧坏测温枪。

(6) 在插入钢水时要先观察渣层表面，不能将热电偶插到钢坨上导致测温失败。

2.3.6.2　取样

根据工艺要求，按规定取出具有代表性的钢样。

(1) 准备好样勺及片样板或光谱样杯。

(2) 将样勺伸入炉渣中，在样勺的内外及与样勺连接的杆部黏好炉渣。

(3) 取出样勺，观察黏渣是否符合要求，必须要保证炉渣全部覆盖样勺。

(4) 黏渣完全后，将样勺迅速伸入钢水内，然后迅速取样，平稳地取出样勺。

(5) 倒样勺钢水前，沿样勺边沿刮去少量炉渣，以便于倒出钢水。

(6) 如果是取转炉钢样，则在倒出钢水前要插少许铝丝。

(7) 均匀倒出钢水，取片样或圆杯样。

(8) 样勺内多余钢水及炉渣就地倒在炉前平台上，冷却后及时处理。

(9) 将样勺上黏住的炉渣待冷却后及时敲碎，清理干净。

(10) 使用过的样勺及时校直，如黏有冷钢则要去除，然后放在指定位置备用。

注意事项：

(1) 取样工具在使用前要检查，样勺上不准黏有冷钢残渣，片样板上及圆杯模内不准黏有水、油垢和铁锈，也不准黏有炭粉、硅铁粉等脱氧剂。

(2) 转炉取样必须待炉子停稳，炉口无钢、渣溅出，炉内熔池较平静时方可走近炉口进行取样操作，防止喷渣、钢伤人。取样时身体不能正对炉口。

(3) 取样前样勺黏渣要均匀且完全覆盖样勺，以免样勺熔化而影响分析结果。

(4) 取出样勺时，要避免碰撞、倾翻或掉入杂物。

(5) 取出的钢水表面必须覆盖炉渣，以免降温过快或影响化学成分。

2.3.7　出钢控制

2.3.7.1　摇炉出钢操作

(1) 将倾炉地点选择开关的手柄置于“炉后”位置，摇炉工进入炉后操作房。

(2) 按动钢包车进退按钮，试动钢包车正反方向，若无故障，则等待炉前出钢命令；若有故障，立即通知炉长及炉下操作工暂停出钢，并立即处理故障，力争准时出钢。

(3) 接到炉长出钢的命令后，向后摇炉至开出钢口位置，由操作工用短撬棍捅几下出钢口见亮即可，保证使钢水能正常流出。如发生捅不开的出钢口堵塞情况，则可以根据其程度不同采取不同的排除方法：

1) 如为一般性堵塞，可用长撬棍合力冲撞出钢口，强行捅开出钢口。

2) 如堵塞比较严重，操作工人可用撬棍对准出钢口，另一人用锤头敲打撬棍冲击出钢口，一般也能捅开出钢口保证顺利出钢。

3) 如堵塞更严重，则应使用氧气烧开出钢口。

4）如出钢过程中有堵塞物（如散落的炉衬砖或结块的渣料等）堵塞出钢口，则必须将转炉从出钢位置摇回到开出钢口位置，使用长撬棍凿开堵塞物使孔道畅通，再将转炉摇到出钢位置继续出钢。这在生产上称为二次出钢，会增加下渣量和回磷量，并使合金元素的回收率很难估计，对钢质造成不良后果。

（4）摇炉工面对钢包和转炉的侧面，一只手操纵摇炉开关，一只手操纵钢包车开关。

（5）开动钢包车将其定位在估计钢流的落点处，摇动转炉开始出钢。开始时转炉要快速倾动，使出钢口很快冲过前期下渣区（钢水表面渣层），尽量减少前期下渣量。

（6）见钢水后选择慢速，以后再根据钢流情况而逐步压低炉口，使钢水正常流出。炉口的位置应该尽可能低，以提高液层的高度。但出钢炉口的低位有限制，必须保证炉口不下渣，钢流不冲坏钢包和溅在包外。

（7）压低炉口的同时不断地移动钢包车，保证钢水流入钢包中心部位。

（8）钢流（白、亮、稳、重）见渣（暗、红、轻、飘）即出钢完毕，快速摇起转炉，尽量减少后期下渣进入钢包的量。一般出钢完毕见渣时炉长会发出命令，所以出钢后期要一边自己密切观察钢流变化，一边注意听炉长命令。

（9）出钢完毕，摇起转炉至堵出钢口位置，进行堵出钢口操作。

（10）摇炉工返回炉前操作室，将倾炉地点选择开关置于“炉前”位置。

（11）摇正转炉，然后进行溅渣护炉或其他操作。

2.3.7.2 出钢要求

（1）出钢时间。在转炉出钢过程中，为了减少钢水吸气和有利于合金加入钢包后搅拌均匀，需要有适当的出钢时间。我国转炉操作规范规定，小于50t的转炉出钢时间为1～4min，50～100t转炉为3～6min，大于100t转炉为4～8min。出钢时间受出钢口内径尺寸影响很大，同时，出钢口内径尺寸变化也会影响挡渣出钢效果。为了保证出钢口尺寸稳定，减少更换和修补出钢口的时间，近年来广泛采用了镁碳质出钢口套砖或整体出钢口。镁碳质出钢口套砖的应用减轻了出钢口的冲刷侵蚀，使出钢口内径变化减小，稳定了出钢时间，减少了出钢时的钢流发散和吸气；同时也提高了出钢口的使用寿命，减轻了工人修补和更换出钢口时的劳动强度。

（2）红包净包出钢。出钢过程中，钢流受到冷空气的强烈冷却并向空气中散热，同时受到钢包耐火材料吸热以及加入铁合金熔化时耗热，使得钢水在出钢过程中的温度总是降低的。

红包净包出钢，就是指在出钢前对钢包进行有效的烘烤，使钢包内衬温度达到800～1000℃，以减少钢包内衬的吸热，从而达到降低出钢温度的目的。我国某厂使用的70t钢包，经过煤气烘烤使包衬温度达800℃左右，取得了显著的效果：

1）采用红包净包出钢，可以降低出钢温度、节约造渣剂消耗，因而可增加废钢比。

2）降低出钢温度，有利于提高炉龄、提高包龄。

3）降低出钢温度，可以节约脱氧合金化合金的消耗，提高钢水质量。

4）红包净包出钢，可使钢包中钢水温度波动小，从而稳定浇注操作，稳定生产秩序。

（3）挡渣出钢。转炉炼钢中钢水的合金化大都在钢包中进行，而转炉内的高氧化性炉渣流入钢包会导致钢液与炉渣发生氧化反应，造成合金元素收得率降低，并使钢水产生回磷和夹杂物增多，同时炉渣也对钢包内衬产生侵蚀。特别是在钢水进行吹氩等精炼处理时，要求钢包中炉渣（FeO）质量分数低于2%，这样才有利提高精炼效果。

挡渣出钢的目的是为了准确地控制钢水成分，有效地减少回磷，提高合金元素收得率，减少合金消耗。采用钢包作为炉外精炼容器，有利于减轻钢包耐火材料的侵蚀，可明显提高钢包寿命，也可提高转炉出钢口耐火材料的寿命。

1）挡渣出钢方法。挡渣出钢的方法有挡渣球法、挡渣棒法、挡渣塞法、挡渣帽法、挡渣料法、气动挡渣器法等多种，图2-34是其中的几种方法。

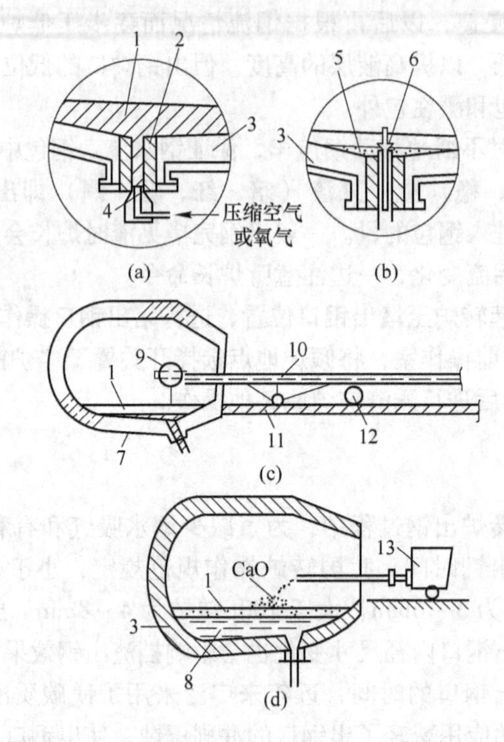

图2-34　几种挡渣方法

（a）气动挡渣器；（b）挡渣棒挡渣器；（c）挡渣球加入；（d）石灰挡渣料挡渣

1—炉渣；2—出钢口砖；3—炉衬；4—喷嘴；5—钢渣界面；6—锥形浮动塞棒；7—炉体；8—钢水；9—挡渣球；10—挡渣小车；11—操作平台；12—平衡球；13—石灰喷射装置

①挡渣球。挡渣球法是日本新日铁公司研制成功的挡渣方法。挡渣球的构造如图2-35所示，球的密度介于钢水与熔渣的密度之间。临近出钢结束时将其投到炉内出钢口附近，随钢水液面的降低，挡渣球下沉而堵住出钢口，避免了随之而出的熔渣进入钢包。

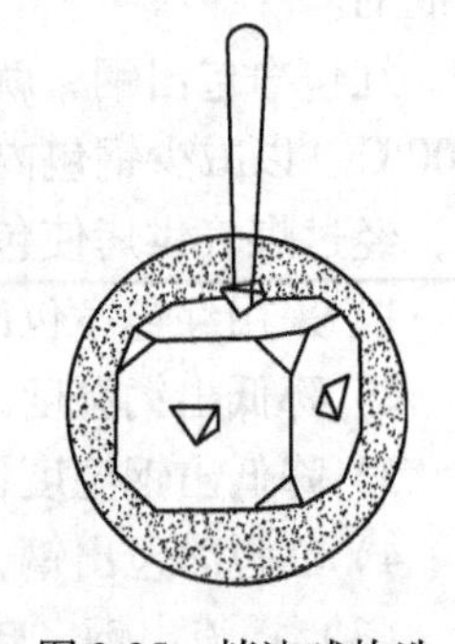

图2-35　挡渣球构造示意图

挡渣球的合理密度一般为4.2～4.5g/cm³。挡渣球的形状为球形，其中心一般用铸铁块、生铁屑压合块、小废钢坯等材料做骨架，外部包砌耐火泥料，可采用高铝质耐火混凝土、以耐火砖粉为掺和料的高铝矾土耐火混凝土或镁质耐火泥料。只要满足挡渣的工艺要求，应力求结构简单，成本低廉。考虑到出钢口因受侵蚀变大的问题，挡渣球直径应较出钢口直径稍大，以起到挡渣作用。

挡渣球一般在出钢量达1/2~2/3时投入，挡渣命中率高。投早了，挡渣球耐火材料被侵蚀后直径变小，挡渣失败；投晚了，挡渣球未能及时到出钢口上方，导致挡渣失败。熔渣过黏可能会影响挡渣球的挡渣效果。熔渣黏度大时，适当提前投入挡渣球，可提高挡渣命中率。

② 挡渣塞和挡渣棒。挡渣塞、挡渣棒的作用与挡渣球一致，只是外形不同而已。

③ 挡渣帽。在出钢口处堵以由薄钢板或耐材或其他材料制成的锥形挡渣帽，可挡住出钢开始时的一次渣，很多钢厂都使用这种方法。

④ 气动挡渣器。气动挡渣器的原理是：在出钢临近结束时，用机械装置从转炉外部用挡渣塞堵住出钢口，并向炉内吹气，防止熔渣流出。此法西欧奥钢联等厂以及我国上钢五厂和首钢采用。

2）挡渣出钢及使用覆盖渣的效果。挡渣出钢后为了使钢水保温和有效处理钢水，应根据需要配制钢包覆盖渣，在出完钢后加入钢包中。钢包覆盖渣应具有保温性能良好，磷、硫含量低的特点。如某厂使用的覆盖渣由铝渣粉（30%~35%）、处理木屑（15%~20%）、膨胀石墨、珍珠岩、萤石粉（10%~20%）组成，使用量为1kg/t左右，这种渣在浇完钢后仍呈液体状态，易倒入渣罐中。目前在生产中广泛使用碳化稻壳作为覆盖渣，碳化稻壳保温性能好，密度小，质量轻，浇完钢后不黏挂在钢包上，因而在使用中受到欢迎。

进精炼的钢水不加覆盖渣。

转炉采用挡渣出钢工艺及覆盖渣后，取得了以下良好的效果。

① 减少了钢包中的炉渣量和钢水回磷量。国内外生产厂家的使用结果表明，挡渣出钢后进入钢包的炉渣量少，钢水回磷量降低。采用挡渣出钢后，进入钢包的渣层厚度减小为40~80mm，钢水回磷量为0.002%~0.0035%。不采用挡渣出钢或挡渣失败时，炉渣进入钢包的渣层厚度一般为100~150mm，钢水回磷量0.004%~0.006%或更多。

② 提高了合金收得率。挡渣出钢使高氧化性炉渣进入钢包的数量减少，从而使加入的合金在钢包中的氧化损失降低。特别是对于中、低碳钢种，合金收得率将大大提高。不采用挡渣出钢时，锰的收得率为80%~85%，硅的收得率为70%~80%；采用挡渣出钢后，锰的收得率提高到85%~90%，硅的收得率提高到80%~90%。

③ 降低了钢水中的夹杂物含量。钢水中的夹杂物大多来自脱氧产物，特别是对于转炉炼钢在钢包中进行合金化操作的情况更是如此。攀钢对钢包渣中$w(TFe)$与夹杂废品情况进行了调查，其结果是：不采用挡渣出钢时，钢包渣中$w(TFe)=14.50\%$，经吹氩处理后渣中$w(TFe)=2.60\%$，这说明渣中$w(TFe)=11.90\%$的氧将合金元素氧化生成了大量氧化物夹杂，使废品率达2.3%。采用挡渣出钢后，钢包中加入覆盖渣的$w(TFe)=3.61\%$，吹氩处理后渣中$w(TFe)=4.01\%$，基本无太大变化，其废品率仅为0.059%。由此可见，防止高氧化性炉渣进入包内，可有效地减少钢水中的合金元素的氧化，降低钢水中的夹杂物含量。

④ 提高钢包使用寿命。目前我国的钢包内衬多采用黏土砖和铝镁材料，由于转炉终渣的高氧化性将侵蚀钢包内衬，钢包使用寿命降低。采用挡渣出钢后，减少了炉渣进入钢

包的数量，同时还加入了低氧化性的覆盖渣，这样减轻了炉渣对钢包的侵蚀，提高了钢包的使用寿命。

2.3.8　转炉炉口钢渣处理

吹炼过程中，烟气流股夹带的钢、渣液滴不断沉聚在炉口平面上，越结越厚，甚至结渣与烟罩相互接触，影响操作者观察火焰、氧枪的升降等，因此，所结的钢、渣要及时处理掉。处理的方法有以下3种。

(1) 用拆炉机的机械手处理。

(2) 用废钢斗处理。

(3) 在水冷炉口上喷涂石灰粉或耐火材料，倒炉测温取样时就会自动脱落，掉入炉下的渣罐中。

需要注意的是，炉口渣一定不能掉入钢包中影响钢的质量。

2.4　脱氧合金化

2.4.1　脱氧合金化原理

在转炉炼钢过程中，不断向金属熔池吹氧，到吹炼终点时金属中残留有一定量的溶解氧，如果不将这些氧脱除到一定程度，就不能顺利地进行浇注，也不能得到结构合理的铸坯。而且，残留在固体钢中的氧还会促使钢老化，增加钢的脆性，提高钢的电阻，影响钢的磁性等。

在出钢前或者在出钢、浇注过程中，加入一种或者几种与氧的亲和力比铁强的元素，使金属中的氧含量降低到钢种所要求的范围，这一操作过程叫做脱氧。通常在脱氧的同时，使钢中的硅、锰以及其他合金元素的含量达到成品钢规格的要求，完成合金化。

2.4.1.1　脱氧

A　定义

在氧气顶吹转炉炼钢过程中，需要供入一定的氧来氧化铁液中的杂质元素以完成炼钢任务，在冶炼终点时钢水中碳等元素的含量已经调整到合适范围，但却含有较多的溶解氧。根据碳氧积的概念，钢水中的碳越低，与之相平衡的氧便越高，而在生产实际中，钢水中溶解的氧还要远远高于平衡氧含量。如果钢水中存在过多的氧，在浇注中会产生冒涨及气泡缺陷，在轧制时会产生“热脆”现象，降低钢的塑性及其他力学性能。为此，必须向钢水中加入某些元素，使之与氧反应生成不溶于钢水的氧化产物，达到去除钢水中氧的目的，这种工艺称为脱氧，此类元素称为脱氧元素。

B　脱氧方法

炼钢中的脱氧方法有沉淀脱氧、扩散脱氧和真空脱氧，而在转炉炼钢中主要采用是沉淀脱氧。沉淀脱氧法是指将脱氧剂直接加入钢水中，与氧结合生成稳定的氧化物，氧化物沉淀出来和钢水分离并上浮进入炉渣，以达到降低钢中氧及氧化物含量的目的。沉淀脱氧也称直接脱氧。

(1) 沉淀脱氧的原理。钢中氧可以看作以 FeO 的形态存在。凡是与氧的亲和力大于

Fe-O 亲和力的元素都能够从 FeO 中把氧置换出来，都可以作为脱氧剂使用。如果某元素 M 与氧的亲和力大于 Fe 与 O 的亲和力，那么向钢水中加入元素 M 后即可还原钢中的 FeO，生成不溶于钢水的稳定氧化物 M_xO_y，其从钢水中分离出来并上浮到渣中，最后成为（M_xO_y）离开钢液而起到脱氧作用。

（2）沉淀脱氧的特点。

1）此种方法是将脱氧剂直接加入钢水之中，其反应式为：

$$x[M] + y[O] = (M_xO_y) \tag{2-34}$$

式中，[M] 为某一种脱氧元素；（M_xO_y）为脱氧产物。

脱氧产物（M_xO_y）在钢水之中先形成小核心，凝固长大后再从钢水中上浮到渣中去。少量脱氧产物滞留在钢水中即成为钢中的氧化物夹杂，为此，沉淀脱氧希望其脱氧产物熔点尽可能低、易于凝聚且密度小，有利于从钢水排入炉渣而被去除。

2）铝脱氧产物 Al_2O_3 虽然是固体，但其表面张力大，容易离开钢液而被去除，称为疏铁性氧化物。

3）常用沉淀脱氧方法是将脱氧剂（铁合金）加入钢包内。这种脱氧操作工艺简单、成本低、脱氧效率高，因而这种沉淀脱氧方法在转炉上得到广泛的使用。

扩散脱氧法是将脱氧剂加到熔渣中，通过降低熔渣中的（TFe）含量使钢水中的氧向熔渣中转移扩散，达到降低钢水中氧含量的目的。在钢水平静状态下扩散脱氧的时间较长，脱氧剂消耗较多，但钢中残留的有害夹杂物较少。渣洗及钢渣混冲均属扩散脱氧，其脱氧效率较高，但必须有足够时间使夹杂物上浮。若配有吹氩搅拌装置，扩散脱氧的效果非常好。

真空脱氧的原理是：将钢水置于真空条件下，通过降低外界 CO 分压打破钢水中碳氧平衡，使钢中残余的碳和氧继续反应，达到脱氧的目的。这种方法不消耗合金，脱氧效率也较高，钢水比较洁净，但需要专门的真空设备。

随着炉外精炼技术的应用，根据钢种的需要，转炉炼钢也可采用真空脱氧。

2.4.1.2 合金化

（1）合金化定义。为了使钢获得一定的物理、化学性能，不同钢种对其所含成分的种类和数量都有一定的要求。但到冶炼终点时，钢水中的实际成分一般与钢种所要求的成分有一定差异，在出钢过程中需要向钢水中加入适量的各种有关的合金元素以调整钢水成分，使之符合所炼钢种成分的要求，从而保证获得所需要的物理、化学性能。这种工艺操作称为合金化。

（2）合金的加入方法。

1）炉内预脱氧、合金化。在冶炼终点，先在炉内加入部分脱氧剂进行预脱氧（预脱氧前必须倒掉大部分终点渣，并加入石灰稠化炉内剩下的部分炉渣，以减少回磷），然后在钢包内进行终脱氧。而合金化元素（主要是熔点高、不易氧化的元素，如铬铁、钼铁、镍铁等）基本加在炉内，其他合金加于钢包内。

这种方法的优点是钢水中氧含量较低，使钢包合金元素收得率高且稳定。缺点是延长了冶炼时间，脱氧剂耗量大，而且容易产生回磷。

2）钢包内脱氧合金化。冶炼普碳钢及低合金结构钢时，一般将合金加于钢包中进行脱氧合金化。此种方法的优点是缩短冶炼时间，合金元素收得率较高。

3）合金成分微调。二次精炼时，在保护气氛或真空下向钢水中补加一些合金，可使钢成分的波动范围更窄，性能更稳定。

（3）合金的加入顺序。

1）先加脱氧能力弱的合金，后加脱氧能力强的合金。一般顺序为 Fe-Mn→Fe-Si→铝。

2）以脱氧为目的合金元素先加，以合金化为目的合金元素后加，保证合金元素有高而稳定的收得率。

3）易氧化、贵重的合金元素应在脱氧良好的情况下加入。例如 Fe-V，Fe-Nb，Fe-B 等合金应在 Fe-Mn、Fe-Si、铝等脱氧剂加入后，钢水已经脱氧良好时加入，可以提高这些贵重元素的回收率。

4）难熔及不易氧化的合金，如 Fe-Cr、Fe-W、Fe-Mo、Fe-Ni 等可以先加。

2.4.1.3 合金加入量的计算

A 脱氧剂的加入量及收得率

加入钢液中的脱氧元素，一部分与溶解在金属中和熔渣中的氧（甚至空气中的氧）发生脱氧反应，变成脱氧产物而消耗掉（统称烧损），剩余部分被钢液所吸收，满足成品钢规格对该元素的要求。脱氧元素被钢液吸收的部分与加入总量的比，称为脱氧元素的收得率 η（%）。在生产碳素钢时，如果知道了终点钢液成分、钢液量、铁合金成分及其收得率，便可根据成品钢成分计算脱氧剂的加入量（kg/炉），即

$$\text{脱氧剂加入量} = \frac{(w[\text{M}]_{\text{规格中限}} - w[\text{M}]_{\text{终点残余}}) \times \text{出钢量}}{w[\text{M}]_{\text{脱氧剂}} \cdot \eta} \tag{2-35}$$

生产实践表明，准确地判断和控制脱氧元素的收得率，是达到预期脱氧程度和提高成品命中率的关键。然而，脱氧元素收得率受许多因素影响。脱氧前钢液氧含量越高，终渣的氧化性越强，元素的脱氧能力越强，则该元素的烧损量越大、收得率越低。在生产中还必须结合具体情况综合分析。例如，用拉碳法吹炼中、高碳钢时，终点钢液氧化性低，脱氧元素烧损少、收得率高。

终点 $\sum w(\text{FeO})$ 高时，钢液氧含量也高，使脱氧元素的收得率偏低。如果将脱氧剂加入炉内，必然要有一部分消耗于熔渣脱氧，则收得率降低更多。

钢液成分不同，脱氧元素收得率也不同。成品钢规格中脱氧元素含量越高，则脱氧剂加入量越大，烧损部分所占的比例就越小，因此收得率越高。如硅钢脱氧合金化时，硅的收得率可以达到 85%，比一般钢种提高 10% 以上。同时使用几种脱氧剂脱氧时，强脱氧剂用量越大，弱脱氧剂收得率将越高。如硅钢脱氧时，锰的收得率可由一般钢种的约 80% 提高到约 90%。显然，加铝量增加时，锰、硅的收得率都将有所提高。

出钢时炉口或出钢口下渣越早，下渣量越多，渣中 $\sum w(\text{FeO})$ 越高，则脱氧元素的收得率明显降低；反之，如果采用还原性合成渣进行渣洗，人为地增大钢流的高度，使之与合成渣强烈地搅拌，由于钢液和熔渣的接触面积大大增加，加强了钢液的扩散脱氧，不仅能明显地提高元素的收得率，还会使钢液氧含量和非金属夹杂物的含量进

一步降低。

此外，脱氧剂的块度、密度、加入时间和加入顺序等也对收得率有一定的影响。影响收得率的因素固然很多，但在生产中经常变动的因素并不多，一般只要控制好终点碳含量、出钢下渣情况，便可以使收得率相对稳定。

B 合金剂的加入量及收得率

向钢中加入一种或几种合金元素，使其达到成品钢成分规格要求的操作过程称为合金化。实际上，在多数情况下，脱氧和合金化是同时进行的。加入钢中的脱氧剂一部分消耗于钢的脱氧，转化为脱氧产物而排出；另一部分则被钢水所吸收，起合金化作用。而加入钢中的大多数合金元素，因其与氧的亲和力比铁强，也必然起一定的脱氧作用。可见，在实践中往往不可能把脱氧和合金化、脱氧元素和合金元素截然分开。

冶炼一般合金钢或低合金钢时，合金加入量的计算方法与脱氧剂基本相同。但由于加入的合金种类较多，必须考虑各种合金带入的合金元素量（kg/炉），计算公式为：

$$合金加入量=\frac{w[\mathrm{M}]_{规格中限}-(w[\mathrm{M}]_{残余}+w[\mathrm{M}]_{其他合金带入})}{w[\mathrm{M}]_{合金}\times\eta}\times 出钢量 \qquad (2\text{-}36)$$

冶炼高合金钢时，合金加入量较大，加入的合金量对钢水质量和终点成分的影响不能忽略，计算时也应给予考虑。

各种合金元素应根据它们与氧的亲和力、熔点、密度以及物理性能等，决定其合理的加入时间、方法和必须采取的助熔或防氧化措施。

对于不氧化的元素，如镍、钼、铜等，其与氧的亲和力都比铁小，在转炉吹炼过程中不会被氧化，而它们熔化时吸热又较多，因此，可在加料时或在吹炼前期作为冷却剂加入。钼虽然不氧化，但易蒸发，最好在前期渣形成以后再加入。这些元素的收得率可按95%～100%考虑。

对于弱氧化元素如钨、铬等，总是以铁合金形式加入。Fe-W 的密度大、熔点高，含钨80%的 Fe-W 密度为16.5g/cm^3，熔点高达2000℃以上。Fe-Cr 的熔点也较高，根据碳含量的不同，其熔点为1520～1640℃。因此，为了既便于熔化又避免氧化，它们都应在出钢前加入炉内，同时加入一定量的 Fe-Si 或铝吹氧助熔。钨和铬的收得率一般在80%～90%范围内波动。

对于易氧化元素，如铝、钛、硼、硅、钒、铌、锰、稀土金属等大多在出钢时加入包内。

2.4.1.4 镇静钢的脱氧

当前镇静钢的脱氧操作有两种方法：一种是炉内加 Mn-Si 和铝（或 Fe-Al）预脱氧，包内加 Fe-Mn 等补充脱氧；另一种是钢包内脱氧。

（1）炉内加 Mn-Si 和铝（或 Fe-Al）预脱氧，包内加 Fe-Mn 等补充脱氧。在炉内脱氧，由于脱氧产物容易上浮，残留在钢中的夹杂物较少，故钢的洁净度较高；而且预脱氧后钢中氧含量显著降低（见表2-23），可以提高和稳定包内所加合金的收得率，特别是对于易氧化的贵重元素（如钒、钛等）更具重要意义，还可以减少包内合金加入量。其缺点是占用炉子作业时间、炉内脱氧元素收得率低、回磷量较大等。

表 2-23　炉内插铝前后钢液氧含量变化　　（%）

炉　次	1987	1989	1992	1994	2016
预脱氧前 $w[O]$	0.0272	0.0285	0.0523	0.0304	0.0241
预脱氧后 $w[O]$	0.0178	0.0223	0.0345	0.0192	0.0126
$\Delta w[O]$	0.0094	0.0062	0.0178	0.0112	0.0115

在吹炼优质合金钢时采用这种脱氧方法，其操作要点是：到达终点后倒出大部分熔渣，再加少量石灰使炉渣稠化，以提高合金收得率并防止回磷。加入脱氧剂后可摇炉助熔，加入难熔合金时可配加 Fe-Si 和铝等吹氧助熔。然后取样，化验钢中各元素成分。其余合金在出钢时加入。

（2）钢包内脱氧。目前大多数镇静钢是把全部脱氧剂在出钢过程中加入到钢包内。此法脱氧元素收得率高，回磷量较少，且有利于提高炉子的生产率和延长炉龄。未脱氧的钢液在出钢过程中，因降温引起钢液中碳的脱氧，产生的还原性气体 CO 对钢流起保护作用，可以防止钢液的二次氧化并减少钢液吸收的气体量。采用此法时，对于一般加入量的易熔合金，可以直接以固态加入；而对于难熔和需要大量加入的合金，则可预先在电炉内将其熔化，然后以液态加入包内，这样可以获得更稳定的脱氧效果。

包内脱氧的操作要点是：Fe-Mn 加入量大时，应适当提高出钢温度；而 Fe-Si 加入量大时，则应相应降低出钢温度。脱氧剂应力求在出钢中期均匀加入（加入量大时，可将 1/2 的合金在出钢前加在包底）。加入顺序一般提倡先弱后强，即先加 Fe-Mn，后加 Mn-Si、Fe-Si 和铝。这样有利于快速形成低熔点脱氧产物而加速其上浮。但如需要加入易氧化元素（如钒、钛、硼等），则应先加入强脱氧剂（如铝、Fe-Si 等），以减少钒、钛等的烧损，提高和稳定其收得率。出钢时避免下渣，特别是对于磷含量有严格限制的钢种，要在包内加少量石灰以防止回磷。

应当指出，生产实践和一些研究结果表明，对脱氧产物上浮速度起决定性作用的不是产物的自身性质，而是钢液的运动状态。向包内加入脱氧剂时产生的一次脱氧产物，在钢流强烈搅拌的情况下，绝大多数都能在 2～3min 内顺利上浮排除。

此外，各种炉外精炼技术都可看成是包内脱氧的继续和发展，它们可在一定程度上综合地完成脱氧、除气、脱碳（或增碳）和合金化的任务。

2.4.1.5　沸腾钢的脱氧

沸腾钢的碳质量分数一般为 0.05%～0.27%，锰质量分数为 0.25%～0.70%。为了保证钢液在模内正常地沸腾，要求根据锰、碳含量把钢中的氧含量控制在适宜的范围内。钢中锰、碳含量高，终点钢液的氧化性应该相应地强些，反之则宜弱些。

沸腾钢主要用 Fe-Mn 脱氧，脱氧剂全部加在包内。出钢时需加适量的铝，以调节氧化性。沸腾钢碳含量越低，则加铝量越多。当 $w[C] < 0.1\%$ 时，一般每吨钢加铝约 100g。

应该注意的是，所用 Fe-Mn 的硅含量不应大于 1%（质量分数）。否则，钢中硅含量增加将使模内钢液的沸腾微弱，降低钢锭质量。

生产碳含量较高的沸腾钢（$w[C] = 0.15\% \sim 0.22\%$）时，为了保证钢液的氧化性，可采取先吹炼至低碳（$w[C]=0.08\% \sim 0.10\%$），出钢时再在包内增碳的生产工艺。

2.4.2　脱氧合金化操作

2.4.2.1　钢包内脱氧合金化

目前大多数钢种（包括普碳钢和低合金钢）均采用钢包内脱氧合金化，即在出钢过程中将全部合金加入到钢包内，同时完成脱氧与合金化两项任务。

此法操作简单，转炉生产率高，炉衬寿命长，而且合金元素收得率高；但钢中残留的夹杂物较多，炉后配以吹氩装置后这一情况大为改善。

钢包内脱氧合金化的操作要点是：

（1）合金应在出钢1/3时开始加入，出钢2/3时加完，并应加在钢流的冲击处，以利于合金的熔化和均匀。

（2）出钢过程中尽量减少下渣，并向包内加适量石灰，以减少回磷和提高合金收得率。

2.4.2.2　钢包内脱氧，精炼炉内合金化

冶炼一些优质钢时，钢液必须经过真空精炼以控制气体含量，此时多采用转炉出钢时钢包内初步脱氧，而后在精炼炉内进行脱氧合金化。

精炼炉内脱氧合金化的操作要点是：

（1）W、Ni、Cr、Mo等难熔合金应在真空处理开始时加入，以保证其熔化和均匀，并降低气体含量。

（2）B、Ti、V、Re等贵重的合金元素应在处理后期加入，以减少挥发损失。

除此而外，一些钢厂采用了钢包喂丝技术进行合金化。

2.4.3　钢液二次氧化控制

（1）控制好出钢口的圆度，避免出钢时钢渣散流，减少二次氧化。

（2）出钢时防止炉口、炉帽部位的钢渣落入钢包内，出钢前把这些部位的炉渣清理掉。

（3）吹氩搅拌时控制好氩气的压力，避免钢液大翻。

（4）处理后的钢包表面加覆盖剂。

（5）连铸钢水全程保护浇注。

2.5　顶底复吹转炉冶炼

2.5.1　复吹转炉炼钢发展概况

2.5.1.1　国外顶底复合吹炼技术概况

氧气转炉顶底复合吹炼是20世纪70年代中后期国外开始研究的炼钢新工艺。它的出现，可以说是考察了顶吹氧气转炉与底吹氧气转炉炼钢方法的冶金特点之后所导致的必然结果。顶底复合吹炼炼钢法，就是在顶吹的同时从底部吹入少量气体，以增强金属熔池和

炉渣的搅拌并控制熔池内气相中 CO 的分压，因而克服了顶吹氧流搅拌能力不足（特别在碳低时）的弱点，使炉内反应接近平衡，铁损失减少，同时又保留了顶吹法容易控制造渣过程的优点，具有比顶吹和底吹更好的技术经济指标，成为近年来氧气转炉炼钢的发展方向。表 2-24 为顶吹与顶底复合吹炼技术指标比较情况。

表 2-24　顶吹与顶底复合吹炼转炉指标比较

项　目	单位	顶吹（某炉）	顶底复合吹炼（LBE 法）（某炉）
铁水	kg/t	786	698
废钢	kg/t	49	15
铁矿石	kg/t	271	390
铁的收得率	%	94.1	94.4
CO 二次燃烧率	%	10	27

早在 20 世纪 40 年代后半期，欧洲就开始研究从炉底吹入辅助气体以改善氧气顶吹转炉炼钢法的冶金特性。自 1973 年奥地利人伊杜瓦德等研发转炉顶底复合吹氧炼钢后，世界各国普遍开始了对转炉复吹的研究工作，出现了各种类型的复合吹炼法。其中大多数已于 1980 年投入工业性生产。由于复吹法在冶金上、操作上以及经济上具有比顶吹法和底吹法都要好的一系列优点，加之改造现有转炉容易，仅仅几年时间就在全世界范围内广泛地普及起来。一些国家如日本早已淘汰了单纯顶吹法。

2.5.1.2　我国顶底复合吹炼技术的发展概况

我国首钢及鞍钢钢铁研究所，分别于 1980 年和 1981 年开始进行复吹的试验研究，并于 1983 年分别在首钢 30t 转炉和鞍钢 150t 转炉推广使用。到目前为止，全国大部分转炉钢厂都不同程度的采用了复合吹炼技术，设备不断完善，工艺不断改进，复合吹炼钢种已有 200 多个，技术经济效果不断提高。

底部供气元件是复合吹炼技术的关键之一。我国最初采用的是管式结构喷嘴，后来改为环缝式。从结构上看，环缝最简单，而且环缝比套管的流量调节范围大，控制稳定，不会倒灌钢水。1984 年开始采用微孔透气砖。目前我国已开发了各种形式的透气砖和喷嘴，为复合吹炼工艺合理有效的发展与进步创造了有利的条件。

复合吹炼是在顶吹氧的同时，通过底部供气元件向熔池吹入适当数量的气体，强化熔池搅拌，促进平衡。底部吹入气体种类很多，我国一般采用前期吹 N_2，后期用 Ar 切换或者是用 CO_2 切换工艺，效果良好。

我国氧气转炉采用复合吹炼后，复合吹炼技术不断完善和提高。如后搅拌工艺，炉内二次燃烧技术，特种生铁冶炼技术，底吹氧和石灰粉技术及喷吹煤粉技术等正在完善和提高。由于复吹工艺的发展与铁水预处理技术、炉外钢水精炼相结合，在我国一些钢厂已形成了现代化炼钢新工艺流程，从而扩大了钢的品种，提高了转炉钢的质量，一些高纯净度，超低碳钢种得以开发。

2.5.1.3　复吹转炉技术应用现状

（1）提高钢洁净度。即努力降低吹炼终点时的夹杂物含量，使之符合以下要求：

$w(C)$不超过0.01%，$w(S)$低于0.005%，$w(P)$低于0.005%，$w(N)$低于0.002%。

（2）提高钢化学成分及温度规定限度的命中精度，对熔池进行高水平搅拌及中和，并采用现代监测手段及控制模型，减少补吹次数，降低吨钢耐材消耗等。

2.5.2 复吹转炉的种类及冶金特点

顶底复合吹炼转炉，按底部供气的种类主要分为两大类。

（1）顶吹氧气、底吹惰性、中性或弱氧化性气体的转炉。此法除底部全程恒流量供气和顶吹枪位适当提高外，冶炼工艺制度基本与顶吹法相同。底部供气强度一般等于或小于0.14m^3/(t·min)，属于弱搅拌型。吹炼过程中钢、渣成分变化趋势也与顶吹法基本相同。但由于底部供气的作用，强化了熔池搅拌，对冶炼过程和终点都有一定影响。

（2）顶、底均吹氧气的转炉。20%～40%的氧由底部吹入熔池，其余的氧由顶枪吹入。此法的供气强度可达0.2m^3/(t·min)以上。

由于顶、底部同时吹入氧气，因而在炉内形成两个火点区，即下部区和上部区。下部火点区，可使吹入的气体在反应区高温作用下体积剧烈膨胀，并形成过热金属的对流，从而增加熔池搅拌力，促进熔池脱碳。上部火点区，主要是促进炉渣的形成和进行脱碳反应。

由于增加底部供气，加强了熔池的搅拌力，使熔池内成分和温度的不均匀性得到改善。改善了炉渣-金属间的平衡条件，取得了良好的冶金效果：

1）吹炼平衡，喷溅量少，金属收得率提高。

2）锰的收得率提高。

3）熔池搅拌条件好，化渣快。

4）脱碳、脱磷和脱硫反应非常接近平衡，有较高的磷和硫的分配系数。

5）冶炼时间缩短。

6）出钢温度可降低。

2.5.3 复吹转炉的底吹气体

2.5.3.1 底吹气体的种类

转炉顶底复合吹炼工艺底部供气的目的是搅拌熔池，强化冶炼，也可以供给作为热补偿的燃气。所以，在选择气源时应考虑其冶金行为、操作性能、制取的难易、价格是否便宜等因素；同时还要求对钢质量无害、安全，冶金行为良好并有一定的冷却效应，对炉底的耐火材料无强烈影响。复吹底吹气源的种类很多，有N_2、O_2、Ar、CO、CO_2、混合气（N_2+Ar、CO+N_2、…）、$CaCO_3$粉和天然气等。

（1）氮气（N_2）。氮气是惰性气体，是制氧的副产品，也是惰性气体中唯一价格最低廉又最容易制取的气体。氮气作为底部供气气源，无需采用冷却介质对供气元件进行保护。所以，底吹氮气供气元件结构简单，对炉底耐火材料蚀损影响也较小，是目前被广泛采用的气源之一。如果使用不当会使钢中增氮，影响钢的质量。倘若采用全程吹氮，即使供氮强度很小，钢中也会增氮0.0030%～0.0040%。但是生产实践表明，若在吹炼的前期和中期供给氮气，钢中却极少有增氮的危险；因此只要在吹炼后期适当的时刻切换氮气，供给其他气体，这样钢中就不会增氮，钢的质量得到改善。

（2）氩气（Ar）。氩气是最为理想的气体，不仅能达到搅拌效果，而且对钢质无害。但氩气来源有限，1000m^3/h（标态）的制氧机仅能产生氩气24m^3/h（标态），同时制取氩气设备费用昂贵，所以氩气耗量对钢的成本影响很大。面对氩气需用量的日益增加，所以在复合吹炼工艺中，除特殊要求采用全程供给氩气外，一般只用于冶炼后期搅拌熔池。

（3）二氧化碳气体（CO_2）。在室温下CO_2是无色无味的气体，在相应条件下，它可以气、液、固三种状态存在。一般情况下化学性质不活泼，不助燃也不燃烧；但在一定条件或催化剂的作用下，表现出良好的化学活性，能参加很多化学反应。日本的鹿岛、堺厂、福山等钢厂最先将CO_2气体作为复吹工艺的底部气源。CO_2气作为底部气源，其冷却效应包括两部分，一是物理效应，即CO_2气体从室温升到1600℃吸收热量。二是化学效应，即吹入的热气体与熔池中碳发生吸热反应，同时产生两倍于原气体体积的CO气体，搅拌效果和冷却效应都很好。

CO_2吹入熔池中产生CO_2 + [C] ══2CO反应，是分解吸热反应，其搅拌能力和冷却作用很大，有利于钢中[N]的去除，也净化钢质，搅拌效果与吹Ar气相同，具有氧化Si、Mn的能力。鞍钢曾使用CO_2取得成功，减缓了元件的腐蚀速度，得出的经验有3点：

1）减少CO_2用量，吹炼全程80%的时间吹N_2，终吹20%的时间吹CO_2；

2）改吹纯CO_2为（CO_2+N_2）混合气，混合比为1∶1；钢水不增N，钢中[N]含量与吹纯CO_2气相当；

3）CO_2冷却效应可形成蘑菇头保护元件。

CO气的物理冷却性能好，比热、热传导系数比氩气好，也优于CO_2，冷却能力比氩气的大20%，能形成蘑菇头结瘤，保护底吹喷嘴和炉底衬砖。CO在熔池中基本不发生反应，搅拌效果与吹氩气相同。但必须保证吹入CO与CO_2的比例，CO_2含量不能超过CO含量的10%，使用CO的纯度一般均大于90%。复吹CO可把钢中[C]降到0.02%～0.03%，而不会引起大量铁损，制取费用低。缺点是有毒又有爆炸的危险。要防止爆炸需建立良好的通风站和检测CO的浓度装置。需要配置停吹时自动通N_2清扫管路，炉内没有钢水不能吹CO的连锁装置。

（4）氧气（O_2）。氧气作为复吹工艺的底部供气气源，用量一般不应超过总供氧量的10%。用氧气为底吹气源需要同时输送天然气或丙烷或油等冷却介质。冷却介质分解吸热可对供气元件及其四周的耐火材料进行遮盖保护，其反应如下：

$$C_3H_8 = 3C + 4H_2 \text{（吸热反应）}$$

吹入的氧气也与熔池中的碳反应，产生了两倍于氧气体积的一氧化碳气体，对熔池搅拌有利，并强化了冶炼，但随着熔池碳含量的减少搅拌力也随之减弱。

$$O_2 + 2[C] = 2CO$$

强搅拌复吹用氧气作为底吹气源，有利于熔池脱氮，钢中氮含量明显降低。虽然应用了冷却介质，但供气元件烧损仍较严重。冷却介质分解出的氢气，使钢水增氢多，因此只有K-BOP法用氧气作为载流喷吹石灰粉，其用量达到供氧量的40%。此外一般只通少量氧气用于烧开供气元件端部的沉积物，以保供气元件畅通。

（5）一氧化碳气体（CO）。CO是无色无味的气体，比空气轻，密度是1.24g/L，CO

有剧毒，吸入人体可使血液失去供氧能力，尤其是中枢神经严重缺氧，导致窒息中毒甚至死亡。空气中CO超过0.006%时，就有毒性，当达到0.14%时，就会使人有生命危险。CO在空气和纯氧中都能燃烧；当含量在12%～74%（体积分数）范围时，还可能发生爆炸。若使用CO为底吹气源时，应有防毒、防爆措施，并应装有CO检测报警装置，以保证安全。

CO的物理冷却效应良好，热容、热传导系数均优于氩气。使用CO的供气元件端部也可形成蘑菇状结瘤。使用CO气体为底部气源，可以顺利地将钢中碳含量降到0.02%～0.03%（质量分数），其冶金效果与氩气相当，也可以与CO_2气体混合使用，但比例在10%以下为宜。

（6）$CaCO_3$粉。日名古屋用LD—DB、ORP法工艺，以CO_2气载石灰石粉底吹搅拌熔池，通过改变$CaCO_3$浓度来控制CO_2发生量，达到0.015～0.12m^3/(min·t)供气强度。由于$CaCO_3$分解产生微小CO_2气泡，有较强的脱［H］作用，使钢水在终吹前的［H］量不超过0.00015%。可冶炼低［H］钢种，对降C脱P、S均有促进作用。

上述几种使用底吹气源归结为N_2-Ar型、CO_2型、O_2+CO_2型及O_2/C_xH_y型4种。由于底吹CO_2型和底吹O_2+CO_2型复吹转炉的供气元件很容易被烧坏，而采用N_2-Ar型气源，一方面可以使元件的烧损降低，另一方面保证了顶吹氧气，底吹氮气的复吹效果，因而在国内外得到广泛应用。

2.5.3.2 底吹气体的供气压力

（1）低压复吹。低压复吹底部供气压力为1.4MPa。供气元件为透气砖，透气元件多，操作也比较麻烦。

（2）中压复吹。中压复吹底部供气压力为3.0MPa。采用了MHP元件（含有许多不锈钢管的耐火砖）。吹入气体量大，透气元件数目可以减少，供气系统简化，便于操作和控制。

（3）高压复吹。高压复吹底部供气压力为4.0MPa。熔池搅拌强度增加，为冶炼低碳钢和超低碳钢创造了有利条件，金属和合金收得率高。

2.5.4 复吹转炉的供气元件

为了保证长寿复吹工艺的实现，对于供气元件的选择及在供气元件端部生成一种“炉渣－金属永久性透气蘑菇头”是关键，由此了解供气元件的发展过程就显得尤为重要。

2.5.4.1 供气元件种类

（1）喷嘴型供气元件。早期使用的是单管式喷嘴型供气元件。因其易造成钢水黏结喷嘴和灌钢等，因而出现由底吹氧气转炉引申来的双层套管喷嘴。但其外层不是引入冷却介质，而是吹入速度较高的气流，以为双层套防止内管的黏结堵塞。实践表明，采用双层套管喷嘴可有效地防止内管黏结。图2-36为双层套管构造。图2-37为采用双层套管喷嘴。

（2）砖型供气元件。最早由法国和卢森堡联合研制成功的弥散型透气砖，即砖内由

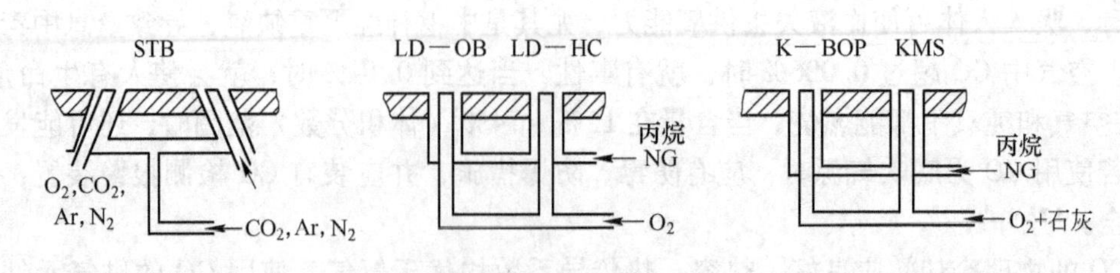

图 2-36　双层套管构造图

许多呈弥散分布的微孔（约 100 目左右）组成。由于其气孔率高、砖的致密性差、气体绕行阻力大、寿命低等缺点，因而又出现砖缝组合型供气元件，由多块耐火砖以不同形式拼凑成各种砖缝并外包不锈钢板而组成的（见图 2-38），气体经下部气室通过砖缝进入炉内。由于砖较致密，其寿命比弥散透气砖型长；但存在着钢壳开裂漏气，砖与钢壳间缝隙不匀等缺陷，造成供气不均匀和不稳定。

与此同时，又出现了直孔型透气砖（见图 2-39），砖内分布很多贯通的直孔道。它是在制砖时埋入许多细的易熔金属丝，在焙烧过程中被熔出而形成的。这种砖致密度比弥散型好，同时气流阻力小。

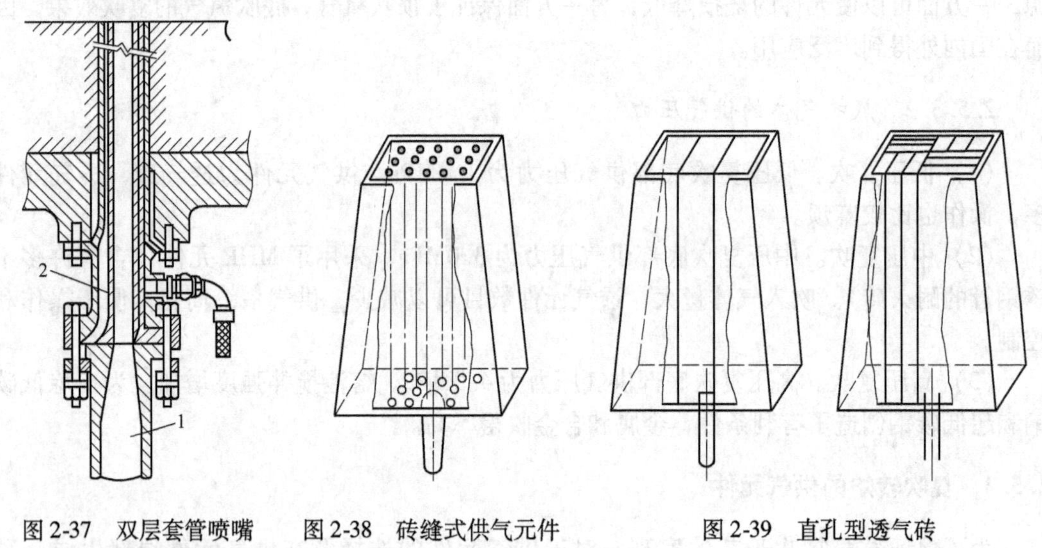

图 2-37　双层套管喷嘴
1—内管；2—环缝

图 2-38　砖缝式供气元件

图 2-39　直孔型透气砖

砖型供气元件，调气量大，具有能允许气流间断的优点，故对吹炼操作有较大的适应性，在生产中得到应用。

（3）细金属管多孔塞式供气元件。最早由日本钢管公司研制成功的是多孔塞型供气元件（Mutiple Hole Pulg，简称 MHP），是由埋设在母体耐火材料中的许多不锈钢管组成的（见图 2-40），所埋设的金属管内径一般为 $\phi0.1 \sim 3.0$mm（多为 $\phi1.5$mm 左右）。每块供气元件中埋设的细金属管数通常为 10 ~ 40 根，各金属管焊装在一个集气箱内。此种供气元件调节气量幅度比较大，不论在供气的均匀性、稳定性和寿命上都比较好。经反复实践并不断改进，研制出的 MHP-D 型细金属管砖式供气元件，如图 2-41 所示，可以看出在砖体外层细金属管处，增设一个专门供气箱，因而可使一块元件可分别通入两路气体。在用 CO_2 气源供气时,可在外侧通以少量氩气,以减轻多孔砖与炉底接缝处由 CO_2 气体造成的腐蚀。

细金属管多孔砖的出现，可以说是喷嘴和砖两种基本元件综合发展的结果。它既有管式元件的特点，又有砖式元件的特点。新的类环缝管式细金属管型供气元件（见图 2-42）的出现，使环缝管型供气元件有了新的发展，同时也简化了细金属管砖的制作工艺。因此，细金属管型供气元件将是最有发展前途的一种类型。

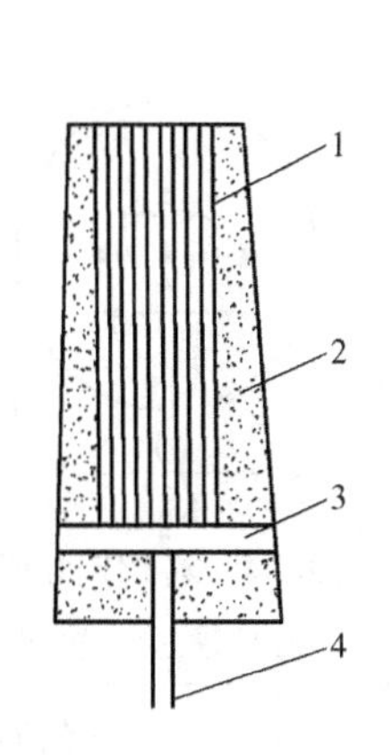

图 2-40 MHP 供气元件
1—细金属管；2—母体耐火材料
3—集气箱；4—进气箱

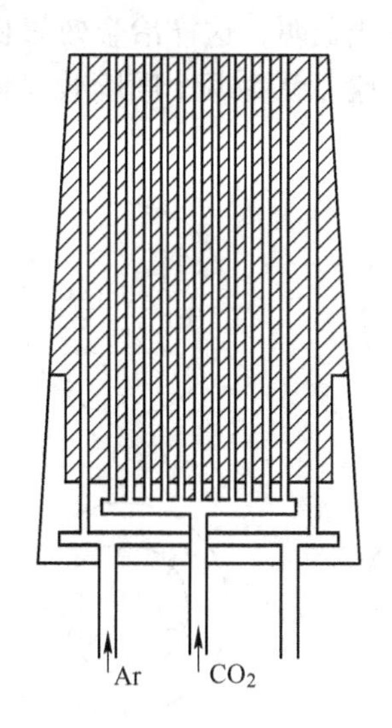

图 2-41 MHP-D 型细金属管砖式供气元件

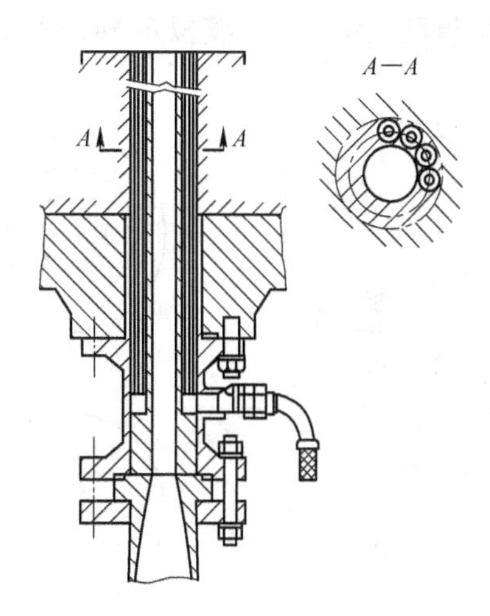

图 2-42 新的类环缝管式细金属管型供气元件

2.5.4.2 底部供气元件的布置与砌筑

底部供气元件的分布应根据转炉装入量，炉型、氧枪结构、冶炼钢种及溅渣要求采用不同的方案，主要应获得如下效果：

（1）保证吹炼过程的平稳，获得良好的冶金效果。

（2）底吹气体辅助溅渣以获得较好的溅渣效果，同时保持底部供气元件较高的寿命。

A 底部供气元件的布置

底部供气元件的布置对吹炼工艺的影响很大，气泡从炉底喷嘴喷出上浮，抽引钢液随之向上流动，从而使熔池得到搅拌。喷嘴的位置不同，其与顶吹氧射流引起的综合搅拌效果也有差异。因此，底部供气喷嘴布置的位置和数量不同，得到冶金效果也不同。从搅拌效果来看，底部气体从搅拌较弱的部位对称地吹入熔池效果较好。在最佳冶金效果的条件下，使用喷嘴的数目最少为最经济合理。若从冶金效果来看，要考虑到非吹炼期如在倒炉测温、取样等成分化验结果时，供气喷嘴最好露出炉液面，为此供气元件一般都排列于耳轴连接线上，或在此线附近。

在保持熔池成分稳定的情况下，可以用价格便宜的氮气代替价格昂贵的氩气等，各钢厂可根据自家具体情况做了不同的配制。

有的研究试验认为，底部供入的气体，集中布置在炉底的几个部位，钢液在熔池内能加速循环运动，可强化搅拌，比用大量分散的微弱循环搅拌要好得多。试验证明，总的气体流量分布在几个相互挨得很近的喷嘴内，对熔池搅拌效果最好，如图2-43（c）和（f）的布置形式为最佳。试验还发现，使用8支ϕ8mm小管供气，布置在炉底的同一个圆周线上，可以获得很好的工艺效果。宝钢的水力学模型实验认为，在顶吹火点区内或边缘布置底部供气喷嘴较好。对300t转炉而言，若采用集管式元件，以不超过两个为宜，间距应接近或大于$0.15D$；实际上两个喷嘴布置在炉底耳轴方向中心线上，位于火点区，间距1m，相当于$0.143D$（$D>7$m）。实践证明，这样冶金效果良好，图2-44是鞍钢喷嘴水力学模型试验图，在模拟6t转炉上试验，认为两个喷嘴效果较好，而其中以b型为更好些。

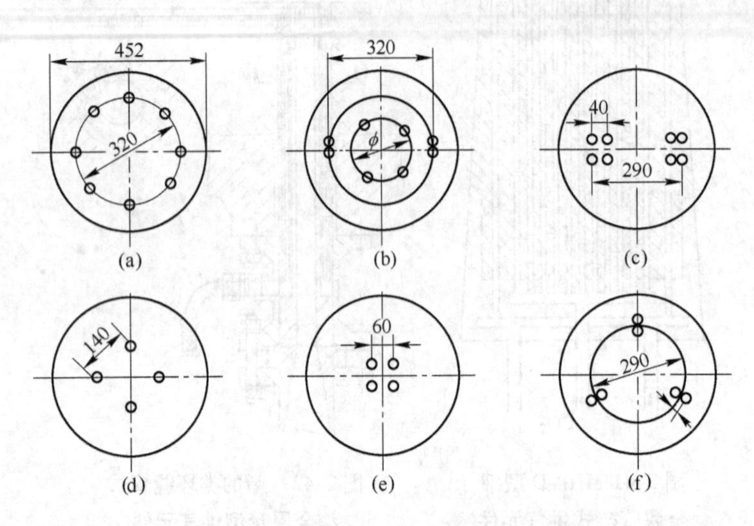

图2-43　底部供气元件布置模拟试验图

（a）形式之一；（b）形式之二；（c）形式之三；（d）形式之四；（e）形式之五；（f）形式之六

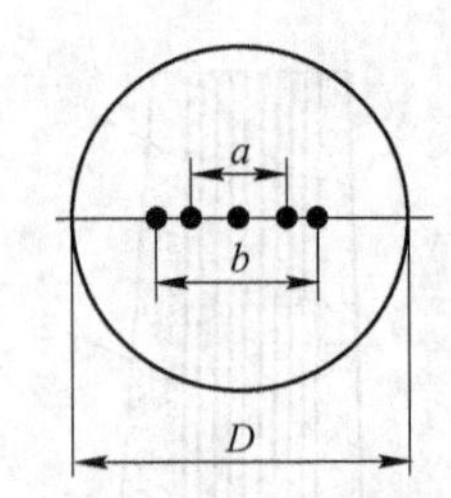

图2-44　鞍钢用喷嘴水力学模型试验图

位置	距离	均匀混合时间指数
a	$0.4D$	0.55
b	$0.6D$	0.50

B　底部供气元件的安装

底部供气元件在安装及砌筑过程中很容易遭受异物侵入，这样会导致底部供气元件在使用之前或使用之后就发生部分堵塞，从而影响其使用寿命。因此，必须规范底部供气元件的安装和砌筑。如武钢二炼钢要求：

（1）供气管道使用前必须经酸洗并干燥，防止锈蚀，并要进行试气吹扫。

（2）要求底部供气元件在安装之前必须保持干净、干燥。入厂时其端部、气室、尾管均应包扎或覆盖。

（3）砌前、砌后均要试气，试气正常方可使用。砌后供气元件端部也应覆盖，气室、尾管用布塞紧或盖上专用盖幔。

（4）砌筑时保证供气元件位置正确、填料严实，不准形成空洞。

（5）管道焊接时应采用专门连接件，同时要保证焊接质量，做到无虚焊、脱焊、漏焊，防止漏气或异物进入。

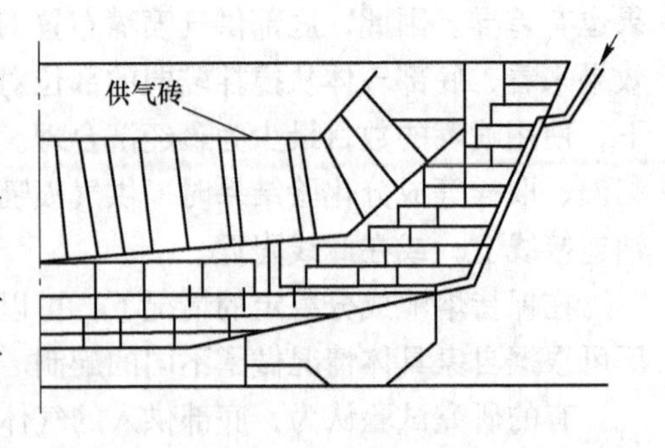

图2-45　改进后的炉底砌筑工艺

图2-45所示为改进后的炉底砌筑工艺。砌

筑程序如下：

（1）按供气元件布置，将供气管道在炉底钢结构中铺设并固定好，然后封口。

（2）以镁砖、捣打料铺设炉底永久层并与永久层找平，底部永久层采用镁砖砌筑。

（3）侧砌镁炭砖，从中心向外砌筑，砌到第7环，先安装供气砖，再沿供气砖两侧环砌。在安装供气砖的同时，下部以刚玉料填实。

（4）供气砖安装后进行试气，试气畅通后砌筑周围砖。

供气元件的连接方式为：炉底砌筑的镁炭砖与供气砖构成套砖，将供气砖镶嵌在炉底砖内，这大大提高了供气砖抗渣性和抗热震性。

2.5.5 底部供气元件的保护

为了实现底部供气元件的一次性寿命与炉龄同步，必须减少底部供气元件的熔蚀，进而使后期供气元件达到零侵蚀。传统的“金属蘑菇头”以金属铁为主，熔点低，不抗氧化，在炼钢末期高温、高氧化的气氛下，金属蘑菇头很容易被熔蚀，不能显著提高底部供气元件的寿命。

大量研究证明，底吹透气元件熔损的机理如下：

（1）气泡反击：当气泡脱离喷口的瞬间，气泡膨胀后座，形成对喷吹周围耐火材料的冲击。

（2）水锤现象：气泡每次脱离喷口瞬间引起周围钢水流动，冲刷耐火材料。

（3）凹坑现象：由于气体与钢水的冲刷，在喷嘴周围形成凹坑。

为实现溅渣转炉寿命与底吹元件寿命同步的目的，开发了在底吹元件端部生成“炉渣－金属蘑菇头”来保护底吹元件不被熔蚀。在底部供气元件的表面形成一种新型的蘑菇头，可以实现以下目标：

（1）可显著减轻钢流、气流时对底部供气元件的冲刷和熔蚀。

（2）严格避免形成冲击凹坑。

（3）新型蘑菇头应具有较高的熔点和抗氧化性能，不易在吹炼末期被熔蚀。

（4）新型蘑菇头应具有良好的透气性能，可满足炼钢过程底部供气量灵活调整的需要，从而对熔池具有良好的搅拌作用。

（5）新型蘑菇头应具备良好的防堵塞功能，不易发生堵塞。

新型的“炉渣－金属蘑菇头”在整个炉役运行期间都能保证底部供气元件始终处于良好的通气状态，可以根据冶炼工艺要求在线调节底部供气强度。

2.5.5.1 “炉渣－金属蘑菇头”的结构

“炉渣－金属蘑菇头”自下而上形成3种结构：

（1）金属蘑菇头－气囊带：形成初期，由于气流冷凝作用，在金属毛细管端部冷却形成单一的小型金属蘑菇头，并在每个金属蘑菇头间形成气囊。

（2）放射性气孔带：在溅渣过程中，气流以射流形式穿透渣层，冷凝后形成。

（3）迷宫式弥散气孔带：在放射性气孔带上方炉渣继续冷却，由于“炉渣－金属蘑菇头”长大对气流的阻力加大，使气体的流动受炉渣冷凝不均匀的影响，随机改变流动方向，形成弥散细小的气孔通道。

2.5.5.2 “炉渣－金属蘑菇头”的形成过程

在炉役前期，由于底部供气元件不锈钢中的铬及耐火材料中的碳被氧化，底部供气元件被侵蚀的速度加快，很快形成凹坑。某钢厂通过黏渣涂敷使炉底挂渣，再结合溅渣工艺，能快速形成“炉渣－金属蘑菇头”。

吹炼操作时要化好过程渣，终点应避免过氧化，使终渣化透并具有一定的黏度。终渣成分要求碱度3.0～3.5、MgO质量分数控制在7%～9%、TFe质量分数控制在20%以内。在倒炉、测温、取样及出钢过程中，这种炉渣能较好地挂在炉壁上，再结合采用溅渣技术，可促进“炉渣－金属蘑菇头”的快速形成。这是因为溅渣时炉内无过热金属，炉温低，有利于气流冷却形成“炉渣－金属蘑菇头”；溅渣过程中，顶吹 N_2 射流迅速冷却液态炉渣，降低了炉渣的过热度；溅渣过程中，大幅度提高底吹供气强度有利于形成放射性气泡带发达的“炉渣－金属蘑菇头”。这种“炉渣－金属蘑菇头”具有较高的熔点，能抵抗侵蚀。

“炉渣－金属蘑菇头”的形核及长大过程如图2-46所示。

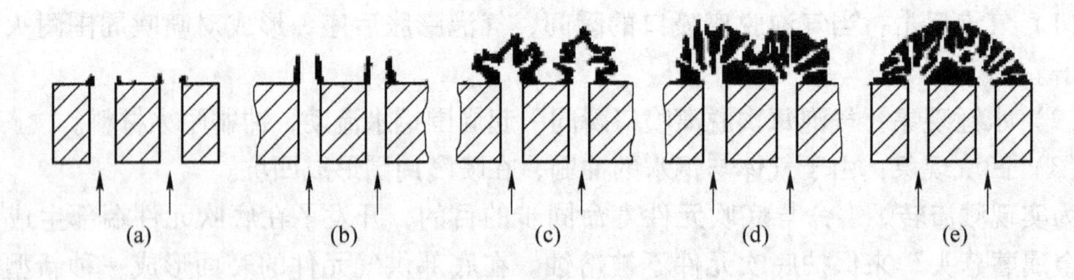

图2-46　“炉渣－金属蘑菇头”的形核及长大

(a) 形核；(b) 细长管形成；(c) 小蘑菇长大；(d) 相邻蘑菇体连结；(e) 稳定联合蘑菇体

在这一过程中，形核最难，需要较大供气量。形核发生在喷嘴出口周围，一旦固相形成就会很快长成一个细金属管。然而，刚形成的固相核及后来长成的细气管很不稳定，易被高速流过的气体或周围液体冲掉，只有那些能在底部生根的细气管才能逐渐长大。在细气管长大过程中，凝固后的固相阻挡了气体通路，以至单个气管分成若干个支气管，并在分支末梢不断向外凝固延伸。同时，由于液体的冲刷，一些外伸支气管被弯曲甚至被冲掉，最终会长成一个小蘑菇。而多孔喷嘴联合蘑菇体是由这些小蘑菇彼此连结而成的。单个蘑菇体连结长大，直到形成一个稳定的联合蘑菇体。当热平衡结果是液体向蘑菇体传热时，蘑菇体表面就溶化；反之，蘑菇体表面就凝固长大，形成的稳定的蘑菇体实际上处于凝固和溶化的动平衡状态。

2.5.5.3 “炉渣－金属蘑菇头”的优点

(1) 增大了蘑菇头的体积。溅渣过程中在金属蘑菇头表面冷凝沉积大量透气炉渣，体积比金属蘑菇头大万倍，不易被熔蚀。

(2) 提高了蘑菇头表面抗冲刷的能力。底吹气体通过蘑菇头表面迷宫式弥散细小的气孔（$\phi<1\mathrm{mm}$），大幅度减轻了“气泡反击”、“水锤冲击”等冲刷侵蚀，蘑菇头表面不会形成凹坑。

（3）提高了蘑菇头的熔点和抗氧化能力。炉渣蘑菇头碱度不小于3.5，MgO和FeO含量高，因此熔点高，不易氧化，可形成永久性蘑菇头保护炉底喷嘴。

2.5.5.4 “炉渣－金属蘑菇头”的生长控制

采用溅渣工艺往往造成炉底上涨，容易堵塞底部供气元件。因此必须控制“炉渣－金属蘑菇头”的生长高度，并保证“炉渣－金属蘑菇头”的透气性，其技术关键是控制“炉渣－金属蘑菇头”的生成结构，要具有发达的放射性气泡带。控制“炉渣－金属蘑菇头”的生长高度，其关键是控制炉底上涨高度，通常采用如下办法：

（1）控制终渣的黏度。终渣过黏，炉渣容易黏附在炉底，引起炉底上涨。终渣过稀，又必须调渣才能溅渣，这种炉渣容易沉积在炉底，也将引起炉底上涨。因此必须合理控制终渣黏度。

（2）终渣必须化透。终渣化不透，终渣中必然会有大颗粒未化透的炉渣，溅渣时N_2射流的冲击力不足以使这些未化透的炉渣溅起。这样，这种炉渣必然沉积在炉底，引起炉底上涨。

（3）调整溅渣频率。当炉底出现上涨趋势时，应及时调整溅渣频率，减缓炉底上涨的趋势。

（4）减少每次溅渣的时间。每次溅渣时，随着溅渣的进行，炉渣不断变黏，到了后期，溅渣时N_2的冲击力不足以使这些黏度变大的炉渣溅起。如果继续溅渣，这些炉渣将冷凝吸附在炉底，引起炉底上涨。

（5）及时倒掉剩余炉渣。

（6）调整冶炼钢种，尽可能冶炼超低碳钢种。

（7）采用顶吹氧洗炉工艺，当炉底上涨严重时，可采用该项技术，但要严格控制，避免损伤底部供气元件。

（8）优化溅渣工艺、选择合适的枪位、提高N_2压力均有利于控制炉底上涨。

2.5.5.5 “炉渣－金属蘑菇头”的供气强度控制

“炉渣－金属蘑菇头”的供气强度控制措施如下：

（1）控制“炉渣－金属蘑菇头”的生长结构，保证透气性。

（2）保证“炉渣－金属蘑菇头”的高度，避免气体流动阻力增大。

（3）控制“炉渣－金属蘑菇头”具备足够的通气面积。

在上述条件下，可通过改变供气压力来调节底吹气体流量。

2.5.5.6 “炉渣－金属蘑菇头”的形成对炉渣的要求

为保证“炉渣－金属蘑菇头”形成，该渣层对转炉初期渣应有较强的抗侵蚀能力，而对转炉冶炼后期应具有抗高温侵蚀能力。因此，为保证该渣层的耐高温性能，尽可能提高终渣的熔化性温度成为合理控制终渣的主要目的。

（1）MgO对熔化性温度的影响及终渣MgO含量的控制。在渣中$w(\mathrm{TFe})=20\%$的前提下，改变渣中 MgO 含量和炉渣碱度，可以调整炉渣的熔化性温度。

1）当渣中 MgO 质量分数小于 8% 时，对同一碱度，随 MgO 含量的增加炉渣熔化性温度降低。在此范围内，增加 MgO 含量有利于熔池化渣，不利于溅渣护炉和“炉渣—金属蘑菇头”形成。当渣中 MgO 质量分数大于 8% 以后，对于确定的碱度，增加 MgO 含量有利于提高炉渣的熔化性温度。

2）当 MgO 质量分数小于 8% 时，对同一 MgO 含量，提高炉渣碱度将降低炉渣熔化性温度；当 MgO 质量分数大于 8% 以后，对同一 MgO 含量，提高炉渣碱度会提高炉渣熔化性温度。

3）对于正常炉渣碱度范围（$R = 2.1 \sim 3.8$），控制炉渣 MgO 质量分数为 8% ~ 10%，将使炉渣熔化性温度降低至最低点（1700 ~ 1725℃），不利于溅渣护炉和“炉渣 – 金属蘑菇头”形成，因此 MgO 质量分数应大于 10%，一般控制在 10% ~ 14% 范围内。

（2）终渣 FeO 含量控制。影响炉渣熔化性温度的因素很多，但（FeO）是影响炉渣熔化性温度的主要因素。因为在众多可提供 O^{2-} 的氧化物中，（FeO）的熔点较低，约为 1350℃，在熔渣中他很容易离解 O^{2-}，使复杂的 $S_xO_y^{2-}$ 解体，变成简单离子，从而使熔渣变稀。另外（FeO）还可与高熔点的（CaO）和（SiO_2）结合，形成低熔点的化合物或固溶体以及复合化合物如硅灰石和铁橄榄石等，这些物质的熔点大多数为 1200 ~ 1450℃，故使炉渣的熔点和黏度降低。

2.5.6　底部供气元件的防堵和复通

复吹转炉采用溅渣护炉技术后，普遍出现炉底上涨并堵塞底吹元件的问题，不仅影响了转炉冶金效果，还给品种钢冶炼带来不利影响。某钢厂在 1998 年采用溅渣技术后，历经一年多时间，为保证转炉复吹效果，成功开发出底吹供气砖防堵及复通技术，解决了转炉采用溅渣技术堵塞底吹元件这一世界性难题。

造成底吹元件堵塞的原因有：一是由于炉底上涨严重，造成供气元件细管上部被熔渣堵塞，导致复吹效果下降；二是由于供气压力出现脉动，使钢液被吸入细管；三是由于管道内异物或管道内壁锈蚀产生异物堵塞细管。

针对不同的堵塞原因采取不同的措施。为了防止因炉底上涨导致复吹效果下降，应按相应的配套技术控制好炉型，将转炉零位控制在合适范围内。为了防止供气压力出现脉动，要在各供气环节保持供气压力与气量的稳定，气量的调节应遵循供气强度与炉役状况相适应的原则，调节气量时应防止出现瞬时较大的起伏，同时也要保证气量自动调节设备及仪表的精度。为了防止管道内异物或管道内壁锈蚀产生的异物堵塞细管，应在砌筑过程中采取试气、防尘等措施，管道需定时更换，管道间焊接必须保证严密，要求采取特殊的连接件焊接方式。

当底部供气元件出现堵塞迹象时，可以针对不同情况采取复通措施：

（1）如炉底“炉渣 – 金属蘑菇头”生长高度过高，即其上的覆盖渣层过高，应采用顶吹氧气吹洗炉底。有的钢厂采用出钢后留渣的方法进行渣洗炉底，或在倒完渣后再兑少量铁水洗炉底，还有的钢厂采用加硅铁吹氧洗炉底的方法。

（2）适当提高底吹强度。

（3）底吹氧化性气体，如压缩空气、氧气、CO_2 等气体。某钢厂采用底吹压缩空气的方法，当发现某块底部供气出现堵塞迹象时，即将此块底部供气元件的供气切换成压缩空气，倒炉过程中注意观察炉底情况，一旦发现底部供气元件附近有亮点即可停止。国外某钢厂采用的方法是底吹 O_2，如图 2-47 所示。

具体操作情况是：检测供给底部供气元件气体的压力，当压力上升到预先设定的压力范围的上限值时，认为底部供气元件出现堵塞迹象，此时把供给底部供气件的气体切换成 O_2；当压力下降到预先设定的压力范围的下限值时，认为底部供气元件已疏通，此时再把 O_2 切换成惰性气体。通过氧化性气体和惰性气体的交替变换，可以控制底部供气元件的堵塞和熔损。

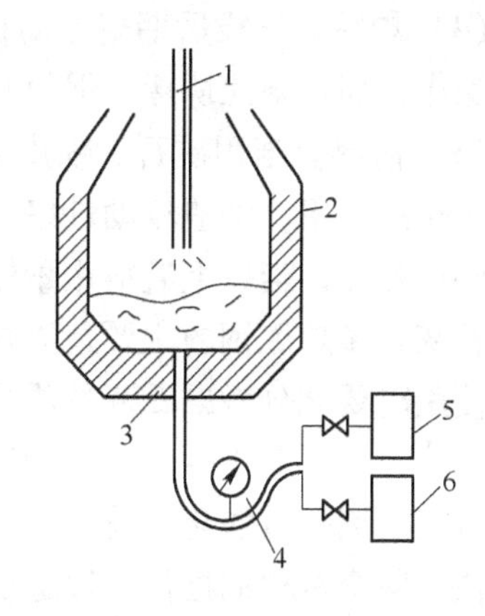

图 2-47　国外某钢厂底吹复通示意图
1—氧枪；2—炉体；3—底部供气元件；4—压力检测装置；5—底吹惰性气体管路；6—底吹氧气管路

2.6　生 产 实 践

2.6.1　吹炼操作与终点控制

2.6.1.1　开吹枪位的确定

冶炼初期的任务是早化渣、多去磷，所以从原则上来讲，开吹时应适当高枪位操作，但必须综合考虑以下各种因素的影响。

（1）铁水成分。当铁水硅质量分数较高（大于 1.0%）时，往往配加石灰和冷却剂（铁矿石或氧化铁皮）的数量较多，因此形成的炉渣量较大，容易造成喷溅，枪位应适当偏低一些。根据某厂操作的经验，此时的枪位大约比正常枪位低 50 ~ 100mm，这样使（FeO）含量适当低些，减小喷溅的可能性。

当铁水硅质量分数较低（小于 0.5%）时，石灰加入量应少些；但实际上为了保证有适量的炉渣，石灰的加入量减少得并不多，故枪位应适当提高些，使初期渣中有一定的（FeO）含量，促使石灰的熔化，提高脱磷效果。如果此时采用低的开吹枪位，则初期渣不容易化好，不能做到早化渣、多去磷。

（2）铁水温度。转炉炼钢的铁水入炉温度一般应在 1250 ~ 1350℃ 范围内。如果铁水温度偏低，一方面应缓加第一批渣料，另一方面应采用低枪位操作升温，经过短时间低枪位吹炼后再加入第一批渣料，同时提枪到正常枪位进行吹炼；当铁水温度偏高、渣中（FeO）含量较少时，炉渣不容易化好，枪位可以稍高些以增加（FeO）含量，促使化渣去磷。

（3）装入量。装入量大（特别是炉役前期），熔池液面升高，如果不相应提高开吹枪位，则相当于低枪位开吹，炉渣化不好，会造成喷溅严重，同时还可能烧坏喷枪。即使炉役期的中、后期也应尽量避免超装。

（4）炉龄。炉役后期熔池面积增大，炉渣不好化，可以在短时间内采用高、低枪位交替操作，加强熔池搅拌，促使及早成渣。

（5）渣料。当用矿石、铁皮及萤石的数量较多时，因它们含（FeO）及 CaF_2，都有良好的化渣作用，炉渣流动性好，不需要再用提高枪位的办法来帮助化渣，所以枪位可适当低些；相反，当以上渣料用量较少时，为了及早成渣、多去磷，枪位应该高些。

石灰是转炉炼钢的主要造渣材料。石灰用量多时枪位应高些，这样有利于石灰早化。但在使用时要充分考虑石灰的质量，如石灰粉末较多，加入后的熔化速度并不慢，枪位可以偏低些；当石灰中生烧石灰的比例较高时，由于其很难熔化，枪位应该提高以助熔，但要注意在后期一旦渣化开就易产生喷溅，故枪位不能过高；当使用活性石灰时，由于其化渣较快，整个过程的枪位可以适当低些。

2.6.1.2 过程枪位的确定

冶炼中期炉温升高，碳氧反应开始激烈进行，使（FeO）和（MnO）的含量大量降低，许多含 MnO 和 FeO 的低熔点矿物的组成发生了变化，形成了高熔点物质；随着石灰的熔化，形成了高熔点的 C_2S 及一部分高熔点的 RO 相，再加上中期（MgO）的溶解度小，有氧化镁的晶体析出，因此有许多未熔的固体质点弥散在炉渣中，导致炉渣黏稠甚至成团结坨，出现炉渣返干现象。所以，确定过程枪位的关键是使炉渣中保持一定数量的（FeO），防止或减轻炉渣返干现象。通过看火焰、喷溅物、听声音等征兆，及早判断是否要发生返干，并果断采取处理措施。当发现有返干预兆时，应适当提枪或加助熔剂来促使化渣，减轻返干程度。

2.6.1.3 吹炼后期枪位的确定

进入后期，碳氧反应的速度已大为减慢，使（FeO）的数量有所增加，促使石灰熔化，形成了高碱度、有一定流动性的终渣，有利于钢水中硫、磷的去除。

后期枪位应不使（FeO）含量过高，而且一般在终点前降枪处理 30s 以上，降枪一方面可以使熔池温度、成分均匀化，另一方面可以使炉渣（FeO）降低，以便提高金属收得率并使炉渣黏稠，保证终渣做黏，满足出钢挂渣或溅渣的要求，保护炉衬，有利于后期脱硫。FeO 是表面活性物质，可降低炉渣的表面张力，有利于泡沫渣的形成和稳定，降低了（FeO）数量也就降低了喷渣的可能性。

2.6.1.4 造渣方法的选择

在氧气顶吹转炉中，必须根据铁水的磷含量和冶炼钢种对磷的要求来确定造渣方法。

（1）$w(P) \leqslant 0.30\%$ 的低磷铁水采用单渣法操作。

（2）当铁水 $w(P)$ 在 0.3% ~1.5% 或铁水 $w(Si) > 1.0\%$，或要求生产低磷的中、高碳钢时，采用双渣法操作。

（3）当铁水的 $w[P]$ 高于 1.5% 时，即使采用双渣法也难以使磷含量降到规格范围以内，所以要采用双渣留渣法操作或进行铁水预处理。

此外，为加快成渣速度、吹炼高磷铁水，可以采用喷吹石灰粉造渣方法。

2.6.1.5 渣料加入量的计算和加入

(1) 提取与计算有关的数据，主要包括：

1) 铁水的成分、温度及数量；

2) 石灰的成分、活性度及块度；

3) 其他渣料（生白云石、铁皮、萤石、矿石等）的成分与块度；

4) 废钢加入量及其轻重料搭配比、清洁程度；

5) 本炉次冶炼钢种及其要求的硫、磷含量；

6) 其他相关数据。

(2) 计算渣料用量。计算渣料用量所用的铁水条件和目标钢种成分见表 2-25 和表 2-26。

表 2-25　铁水条件（1270℃）　　（%）

成分	C	Si	Mn	P	S
w	4.5	0.4	0.35	0.07	0.02

表 2-26　目标钢种成分（目标温度为 1660～1680℃）　　（%）

成分	C	Si	Mn	P	S
w	0.15～0.17	0.17～0.23	0.47～0.53	0～0.025	0～0.05

炉渣碱度按 2.8～3.2 控制，终渣氧化镁质量分数大于 8%，开吹时加入石灰 2500kg、镁球 800kg、白云石 1000kg，吹炼 3～4min 后加入石灰 2000kg，吹炼时间大约 12min 45s。全程可根据化渣需要向炉内加入铁矿石 1200kg 或其他助熔剂，铁矿石加入宜小批多次，铁矿石加入量为 300kg/批。

2.6.2 化渣及喷溅状况判断

2.6.2.1 火焰及声音

(1) 当发现火焰相对于正常火焰较暗，熔池温度较长时间升不上去，少量炉渣随着喷出的火焰被带出炉外时，表明炉渣化得不好，此时如果摇炉不当往往会发生低温喷溅。应及时降低枪位以求快速升温及降低（FeO）含量，同时延迟加入冷料，预防发生喷溅。

(2) 当发现火焰相对于正常火焰较亮，火焰较硬、直冲，有少量炉渣随着火焰被带出炉外，且炉内发出刺耳的声音时，同样表明炉渣化得不好，大量气体不能均匀逸出，一旦有局部炉渣化好，声音由刺耳转为柔和，就有可能发生高温喷溅。应针对具体炉况采取必要的措施，或提枪促使（FeO）含量增加以加速化渣，或加冷料来降温，或两者兼用以防止和减少喷溅的发生。

2.6.2.2 音频化渣曲线

应用音频化渣仪上的音频曲线预报喷溅。音频化渣是通过检测转炉炼钢过程中的噪声强弱对炉内化渣状况进行判断，转炉中的噪声主要是由氧枪喷射出来的氧流与熔池作用而产生。经试验和测定证明，炉内噪声的强弱与泡沫渣的厚度成反比，当炉内泡沫渣较薄时，氧气射流会产生强烈的啸叫噪声；而当炉内泡沫渣较厚时，乳化液的泡沫渣将噪声过滤后，噪声的强度大为减弱。因此，可以通过检测炉内的噪声强度来间接判断泡沫渣的厚度，即化渣的情况。操作者可以根据化渣曲线来判断分析是否会产生返干、喷溅，当化渣曲线达到喷溅预警线时，就意味着将会发生喷溅，提示操作者应采取适当的措施，预防喷溅的发生。远离预警线时，则意味着要返干，要及时调整炉渣中的（FeO）含量。

2.6.2.3　调整措施

（1）控制熔池温度。

1）保证前期温度不过低，使碳氧反应正常进行，防止（FeO）积累过多。

2）控制中、后期温度不过高，保证碳氧反应均衡进行，不使（FeO）消耗太多而导致返干产生。

3）严禁过程温度突然下降，确保碳氧反应正常进行而不会突然抑制，防止（FeO）过分积累。

（2）控制（FeO）的数量。保证（FeO）不出现过分积累的现象，防止炉渣过分发泡或在炉温突然下降以后再升高时发生爆发性的碳氧反应，减少喷溅发生的机会。

1）调渣时枪位不能过高。

2）加入化渣剂要小批量、多批次加入，防止一次加入过多而使炉温降低。

（3）第二批渣料不能加得太迟。如第二批渣料加得太迟，此时炉内碳氧反应已经非常剧烈，抑制了强烈的碳氧反应并使（FeO）得到积累，当温度再度升高时就有可能发生喷溅。

2.6.3　操作事故及处理

2.6.3.1　温度不合格

氧气顶吹转炉炼钢过程中虽然热量有富余。如操作不当，也会出现高温钢和低温钢，应尽早发现，及时处理。

（1）高温钢。出钢前发现炉温过高，可加入适量的炉料冷却熔池，并采用点吹使熔池温度、成分均匀。测温合格后，就可以出钢。

若出钢温度高出不多时，可以通过炉外精炼加入小块清洁废钢、延长吹氩时间、或采用延长镇静时间来降低温度。最好是将终点温度控制在所炼钢种的要求范围之内。

（2）低温钢。当温度过低时，可向炉内增碳补吹提温，或加硅铁补吹提温；若熔池碳含量高时，可直接补吹提温。提温剂加入的数量、补吹的时间等要根据转炉吨位及钢水成分而定。若出钢后发现低温，要慎重处理，可以将连铸钢水转为事故模铸，或通过炉外热补偿技术加热升温以减少损失。必要时可以组织回炉，切不可勉强浇注。

易出现低温钢的情况有：高 P、S 铁水反复二次造渣，热量损失大；炉役前期，新炉衬温度低，出钢时间过长；炉役后期，由于搅拌不良，搅拌不均匀，测温无代表性；钢包内残钢量较多或烘烤温度不够；装入的重型废钢未完全熔化等。

炉外精炼加热设施有电弧加热、化学加热等，通过热补偿，达到和稳定浇注温度。

2.6.3.2 成分不合格

(1) 碳、锰含量不合格。吹炼的碳素钢，有时碳含量虽在所炼钢种的规格范围之内，而锰的含量却高出或不足于钢种的规格成分，称为号外钢。

造成号外钢的原因不外乎终点碳判断不准，或者配锰有误。出现 C、Mn 不合格时应根据出现的原因加以分析，采取相应措施改判钢种或回炉处理。有的厂家将其轧成钢球。

造成碳出格、配锰不准的原因可能有以下几种：

1) 铁水锰含量有波动，对终点余锰估计不准。

2) 锰铁成分有变化，或者数量计算不准。

3) 铁水的装入量不准或是波动较大。

4) 出钢时下渣过多，钢包内钢水有大翻，因而合金元素的吸收率有变化，没有及时调整合金加入量。

5) 有时由于设备运转不灵，合金未全部加在钢包之内，又未发现。

6) 人工判断有误，如炼钢工经验不足，出现误判。

根据各种情况在操作过程中采取相应的措施，是可以避免 C、Mn 含量出格而出现号外钢。

(2) 硫含量出格。终点钢水硫含量超出所炼钢种规格的要求。在这种情况下不能贸然出钢，可以倒出部分熔渣，再加入适量的渣料重新造渣，必要时兑入一定量的铁水或加入提温剂，继续吹炼。待钢中硫含量合乎要求时，再出钢。若出钢后才发现钢中硫含量高时，应及时组织回炉处理。造成终点硫高的原因如下：

1) 原料中硫含量突然增加，未及时通知炉前，没能采取相应的措施。例如铁水、石灰、铁矿石等硫含量增高时，都会引起钢中硫含量的增高。

2) 吹炼过程中熔渣的流动性差、碱度低，或渣量太少、炉温低等都可能导致终点硫高。

因此，各种原料在入炉之前，对其成分必须清楚。

(3) 磷含量出格。造成终点磷高的原因不外乎熔渣流动性差、碱度低，或者终点温度过高等因素。有时由于出钢过程中下渣过多，或合金加得不得当，也会导致钢包中的钢水回磷，使成品钢磷不合格。出钢前发现磷含量出格可倒出部分熔渣，加入造渣材料二次造渣，提高熔渣氧化性，同时降低炉温，保证脱磷效果，出钢后发现磷含量高，只能改判钢种或回炉处理。

因此，在吹炼过程中一定要控制好熔渣和炉温，各岗位都严细操作，就可避免事故的发生。随着炉外精炼技术的发展和应用，某些成分、温度不合格的钢水，可以在炉外精炼过程中得以调整，减少损失。但也不是所有的问题都能解决。

2.6.3.3 回炉钢冶炼

出钢后，由于钢水的成分或温度不合格，或者浇铸设备出现故障，不能继续浇钢时，就要将钢水重新返回转炉吹炼，这就是回炉钢。

处理回炉钢时，必须对钢水的回炉原因、钢水的成分、温度、所用铁水的成分和温度以及其他情况了解清楚，同时还要参考正常吹炼时的一些参数，综合分析，得出妥善的处理办法。

处理回炉钢的关键是控制好终点温度和成分。根据各厂的经验，大体应注意以下几方面：

（1）若全炉钢水需要回炉处理时，可先返回混铁炉，或者分为 2 ~ 3 炉处理。

（2）为了保证熔池有足够的热量，要配加一定数量的硅铁。

（3）对硅钢、16Mn 等合金元素含量高的钢种，回炉的数量不能超过装入量的一半，并且要特别注意终点钢水成分。

（4）根据补充兑入铁水的成分配加渣料，终点渣碱度值可以控制在 2.8 ~ 3.2 之间。若吹炼时间较短，渣料可在开吹后一次加入。

（5）枪位控制要十分小心，既要保证化好渣，又要防止损坏氧枪喷嘴和喷溅。

（6）加入脱氧剂时，合金元素的吸收率比正常吹炼时要偏低些。

（7）根据具体情况调节冷却剂加入量，一些厂家经验是每 3t 回炉钢水相当于 1t 固体废钢的冷却效应，以便保证终点温度合乎要求。

2.6.3.4　氧枪黏钢及漏水

氧枪喷嘴黏钢后，散热条件恶化，很容易被烧坏。非水冷三孔喷嘴中心“鼻尖”部位往往容易被“吃”进，而变成了“单孔”，无法使用，被迫停炉更换氧枪。枪身的黏钢大部分是冷钢夹着炉渣。严重时，黏钢厚度可达 30 ~ 150mm，甚至几米，致使氧枪提不起来，只能停炉处理。

氧枪黏钢的主要原因是由于吹炼过程中炉渣没有化好化透，流动性差，金属喷溅严重，或者枪位过低等造成的。另外，喷嘴结构、氧压的高低，也有一定的影响。

氧枪黏钢少时较容易处理，一般是在吹炼后期用熔渣涮掉。涮枪的条件是炉温要稍高些（高出出钢温度上限 10℃左右），熔渣碱度稍低些，可适当地多加些萤石，在保证炉渣化透的情况下有较厚的渣层，枪位稍低些。在上述条件下，氧枪的黏钢是容易涮掉的。黏钢若一炉没有涮干净，可在下炉继续涮，一般吹炼两炉钢基本上黏钢就可以全部涮掉了。

若氧枪黏钢严重影响提升时，要在停吹后，人工用钎子打；若打不下来，可以用乙炔－氧气来切割；仍然处理不掉时，只好更换氧枪。

上述处理办法，无论对钢的质量、炉衬寿命、材料的消耗、冶炼时间等都有不良影响。因此，最根本的解决办法就是精心操作，避免黏枪事故的发生。黏枪严重往往造成氧枪烧坏，氧枪喷嘴出现漏水。吹炼过程发现氧枪漏水或罩裙、烟道及其他部位造成炉内进水时，应立即切断水源同时停止吹炼，严禁动炉，待炉内水分蒸发完毕后才可摇炉处理。

2.6.3.5　漏钢

转炉炉衬修砌质量不好、开新炉炉衬烘烤不当，或在吹炼过程炉衬维护不及时，有时会出现漏钢；转炉下修为可拆卸炉底，在炉底与炉身接缝处，由于砌筑质量不合要求，在开新炉第一炉吹炼就可能发生漏钢事故；内衬砌砖处有砍砖楔入，在烘炉受热膨胀挤压，致使砍砖掉出，而形成孔洞，倘若孔洞在熔池部位，吹炼过程受炉液的冲蚀，孔洞扩大和深入致使炉壳熔融漏钢。

漏钢前在漏钢部位的炉壳会出现发红的现象，根据发红部位决定处理办法。若发红部位靠上，可继续吹炼，拉碳出钢后处理；发红部位靠近熔池，应迅速组织出钢，所出钢水按回炉钢处理。

出钢后应仔细观察漏钢部位及漏钢孔洞大小，组织修补，漏钢孔洞小，可采用投补加喷补，但一定保证烧结时间；漏钢孔洞大，可分两次投补，一次先堵住坑，待烧结牢固后，先兑铁吹炼 1 ~2 炉提高温度后，再次修补。

2.6.3.6 冻炉

由于设备故障，如停电、停水等造成长时间的停吹，钢水被迫凝固在转炉内，这种现象称为冻炉。

处理冻炉的关键是温度。由于长时间的停吹，又加上炉内有凝固的冷钢，因此在重新炼钢的第一炉，不仅要将全部凝钢熔化，还要在终点使钢水温度达到所炼钢种出钢要求。

炉内凝钢不多时，开吹的第一炉就可以全部解冻；若凝钢数量较多时，就要连续吹炼两炉才能熔掉全部凝钢。第一炉全部装入铁水，兑铁水后，配加部分硅铁，并且分批加入焦炭，也可以将焦炭一次加入炉内，焦炭加入总量一般是铁水量的 1/30 左右。在吹炼前要测液面，吹炼过程注意控制枪位。第二炉的吹炼就要根据炉内剩余凝钢的多少及炉温情况确定处理方法。如果剩余凝钢不太多，炉温也较高，兑入铁水后只配加部分硅铁，不加冷却剂并控制好熔渣的流动性，炉内的凝钢基本上可以全部熔化，并达到出钢温度在要求范围之内。

2.6.4 某钢厂防止回磷操作标准

（1）钢包内加入石灰。

适用情况：成品 $w[P] \leqslant 0.020\%$ 的钢种在出钢时间不超过 5min 时。

加入方法：出钢 1min 后，由炉后顶渣料仓通过溜槽向钢包内加入石灰 200 ~300kg，以稠化其后流入钢包内的转炉渣，用石灰截断钢 - 渣接触面积，抑制回磷反应。石灰加入 1min 后再加入合金。

（2）堵出钢口。出钢前用圆锥形挡渣帽堵住出钢口，防止倾动初期转炉渣从出钢口流出。

（3）挡渣棒使用标准。挡渣棒使用标准见表 2-27 和表 2-28。

表 2-27 挡渣棒使用标准（适用情况）

项 目	内 容	使 用 说 明
钢种	除新出钢口前 10 炉冶炼普碳钢种和补后大面后第一炉可以不加挡渣棒外，其他任何钢种、任何炉次出钢均需加挡渣棒	（1）挡渣棒不要与其他物体碰撞，不能沾水； （2）挡渣棒使用过程中，根据具体情况对其位置进行适当调整； （3）开新炉或新套出钢口第一炉，必须进行插入空炉试验，确定行程，以便挡渣棒能够精确加入转炉出钢口内； （4）每班需检查、调整一次，校对行程
加挡渣棒时间	钢水出至 3/4 ~4/5 时加入（合金已加完）	
转炉倾动	转炉倾动位处于 -90° ~ -100°	

表 2-28　挡渣棒使用标准（物理特性）

项　目	规　格	项　目	规　格
密度/$g\cdot cm^{-3}$	3.5	材质	Al_2O_3 为主体
质量/kg	28 ~ 29	外观	无裂纹，干燥良好

思考与习题

2-1　控制过程温度的根本方法是什么？
2-2　如何确定石灰、白云石的加入量？
2-3　什么是供氧制度？
2-4　供氧操作有哪几种类型？
2-5　为了达到全程化渣，冶炼三期的枪位如何确定和调节？
2-6　如何根据火焰特征来判断钢水温度高低？
2-7　当钢水温度偏高应如何处理？
2-8　如何确定取钢样时间？
2-9　根据钢样如何判温？
2-10　判断成分用的钢样有何要求？
2-11　根据钢样如何判断钢中碳、硫、磷、锰的含量？
2-12　估计钢水温度有哪些方法？
2-13　钢水温度对冶炼过程的影响？
2-14　取样有哪些操作步骤？
2-15　测温前要做些什么准备工作？
2-16　为什么取样时样勺要先黏渣，如何判断黏渣是否合适？
2-17　如何进行测温操作？
2-18　取样时要注意哪些方面的问题？
2-19　测温中要注意什么问题？
2-20　冶炼终点判断的内容包括什么？
2-21　终点判碳有哪几种方法？
2-22　终点判温有哪几种方法？
2-23　炉渣发生返干和喷溅的原因是什么？
2-24　预防和处理炉渣返干和喷溅的措施有哪些？
2-25　摇炉倒渣的操作步骤是什么？
2-26　摇炉倒渣为何不能溢出钢水？
2-27　进行摇炉出钢操作的要点是什么？
2-28　摇炉操作在安全上要注意什么？
2-29　日常生产如何维护好出钢口？
2-30　什么是脱氧及合金化？
2-31　合金加入的方法及加入顺序是什么，为什么这样操作？
2-32　如何计算合金加入量？
2-33　比较复吹转炉与顶吹转炉的冶金特点。

3 炉衬维护

3.1 概述

3.1.1 转炉用耐火材料

3.1.1.1 转炉用耐火材料的演变

自氧气转炉问世以来，其炉衬的工作层都是用碱性耐火材料砌筑。曾经用白云石质耐火材料制成焦油结合砖，在高温条件下砖内的焦油受热分解，残留在砖体内的碳石墨化，形成碳素骨架。它可以支撑和固定白云石材料的颗粒，增强砖体的强度，同时还能填充耐火材料颗粒间的空隙，提高了砖体的抗渣性能。为了进一步提高炉衬砖的耐化学侵蚀性和高温强度，也曾使用过高镁白云石砖和轻烧油浸砖，炉衬寿命均有提高，炉龄一般在几百炉。直到20世纪70年代兴起了以死烧或电熔镁砂和碳素材料为原料，用各种碳质结合剂，制成镁碳砖。镁碳砖兼备了镁质和碳质耐火材料的优点，克服了传统碱性耐火材料的缺点，其优点如图3-1所示。镁碳砖的抗渣性强，导热性能好，避免了镁砂颗粒产生热裂；同时由于有结合剂固化后形成的碳网络，将氧化镁颗粒紧密牢固地连接在一起。用镁碳砖砌筑转炉内衬，大幅度提高了炉衬使用寿命，再配合适当维护方式，炉衬寿命可以达到万炉以上。

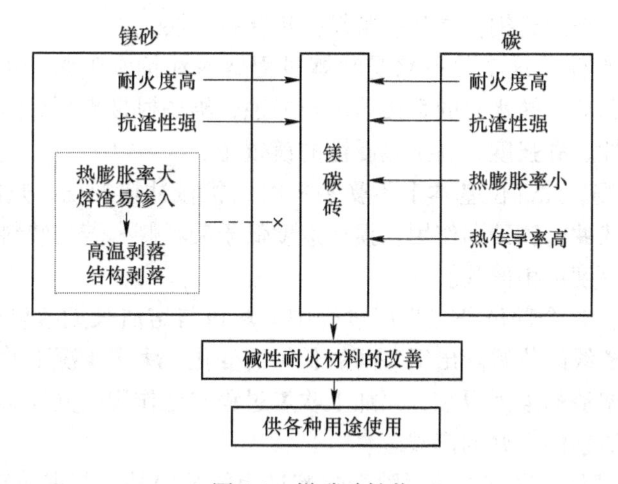

图3-1　镁碳砖性能

3.1.1.2 转炉内衬用砖

顶吹转炉的内衬是由绝热层、永久层和工作层组成。绝热层一般用石棉板或耐火纤维砌筑；永久层是用焦油白云石砖或者低档镁碳砖砌筑；工作层都是用镁碳砖砌筑。转炉的工作层与高温钢水和熔渣直接接触,受高温熔渣的化学侵蚀,受钢水、熔渣和炉气的冲刷,还受到加废钢时的机械冲撞等,工作环境十分恶劣。在冶炼过程中由于各个部位工作条件不同,因而工作层各部位的蚀损情况也不一样,针对这一情况,视其损坏程度砌筑不同的耐火砖,容易损坏的部位砌筑高档镁碳砖,损坏较轻的地方可以砌筑中档或低档镁碳砖,这样整个炉衬的蚀损情况较为均匀,这就是综合砌炉。镁碳砖性能与使用部位见表3-1。

表3-1　炉衬材质性能及使用部位

炉衬材质	气孔率 /%	体积密度 /g·cm^{-3}	常温耐压强度 /MPa	高温抗折强度 /MPa	使用部位
优质镁碳砖	2	2.82	38	10.5	耳轴、渣线
普通镁碳砖	4	2.76	23	5.6	耳轴部位、炉帽液面以上
复吹供气砖	2	2.85	46	14	复吹供气砖及保护砖
高强度镁碳砖	10~15	2.85~3.0	>40		炉底及钢液面以下
合成高钙镁砖	10~15	2.85~3.1	>50		装料侧
高纯镁砖	10~15	2.95	>60		装料侧
镁质白云石烧成砖	2.8	2.8	38.4		装料侧

转炉内衬砌砖情况如下。

(1) 炉口部位。这个部位温度变化剧烈，熔渣和高温废气的冲刷比较厉害，在加料和清理残钢、残渣时，炉口受到撞击，因此用于炉口的耐火砖必须具有较高的抗热震性和抗渣性，耐熔渣和高温废气的冲刷，且不易黏钢，即便黏钢也易于清理的镁碳砖。

(2) 炉帽部位。这个部位是受熔渣侵蚀最严重的部位，同时还受温度急变的影响和含尘废气的冲刷，故使用抗渣性强和抗热震性好的镁碳砖。此外，若炉帽部位不便砌筑绝热层时，可在永久层与炉壳钢板之间填筑镁砂树脂打结层。

(3) 炉衬的装料侧。这个部位除受吹炼过程熔渣和钢水喷溅的冲刷、化学侵蚀外，还要受到装入废钢和兑入铁水时的直接撞击与冲蚀，给炉衬带来严重的机械性损伤，因此应砌筑具有高抗渣性、高强度、高抗热震性的镁碳砖。

(4) 炉衬出钢侧。此部位基本上不受装料时的机械冲撞损伤，热震影响也小，主要是受出钢时钢水的热冲击和冲刷作用，损坏速度低于装料侧。若与装料侧砌筑同样材质的镁碳砖时，其砌筑厚度可稍薄些。

(5) 渣线部位。这个部位是在吹炼过程中，炉衬与熔渣长期接触受到严重侵蚀而形成的。在出钢侧，渣线的位置随出钢时间的长短而变化，大多情况下并不明显，但在排渣侧就不同了，受到熔渣的强烈侵蚀，再加上吹炼过程其他作用的共同影响，衬砖损毁较为严重，需要砌筑抗渣性能良好的镁碳砖。

(6) 两侧耳轴部位。这部位炉衬除受吹炼过程的蚀损外，其表面又无保护渣层覆盖，砖体中的碳素极易被氧化，并难于修补，因而损坏严重。所以，此部位应砌筑抗渣性能良好、抗氧化性能强的高级镁碳砖。

(7) 熔池和炉底部位。这部位炉衬在吹炼过程中受钢水强烈的冲蚀，但与其他部位相比损坏较轻。可以砌筑含碳量较低的镁碳砖，或者砌筑焦油白云石砖。若是采用顶底复合吹炼工艺时，炉底中心部位容易损毁，可以与装料侧砌筑相同材质的镁碳砖。

综合砌炉可以达到炉衬蚀损均衡，提高转炉内衬整体的使用寿命，有利于改善转炉的技术经济指标。

3.1.1.3　转炉出钢口用砖

转炉的出钢口除了受高温钢水的冲刷外，还受温度急变的影响，蚀损严重，其使用寿命与炉衬砖不能同步，经常需要热修理或更换，影响冶炼时间。改用等静压成型的整体镁碳砖出钢口，由于是整体结构，更换更方便，材质改用镁碳砖，寿命得到大幅度提高，但仍不能与炉衬寿命同步，只是更换次数少了而已。出钢口材质性能见表 3-2 和表 3-3。

表 3-2　出钢口用各种材质性能

成分及性能 \ 材质编号		1	2	3	4①	5	供气砖①
化学成分 $w/\%$	MgO	65.8	70.8	75.5	72.5	74.5	
	CaO	13.3	0.9	1.0	0.2	1.5	
	固定碳	19.2	14.2	20.2	20.2	20.5	25
	主要添加物			金属粉	金属粉	金属粉	金属粉 BN
体积密度/$g \cdot cm^{-3}$		2.82	2.86	2.84	2.87	2.85	2.88
显气孔率/%		4.7	3.7	3.7	3.0	3.0	1.0
抗折强度（1400℃）/MPa		4.8	4.4	12.9	15.2	14.6	17.7
回转抗渣试验蚀损指数（1700℃）		100	117	98	59	79	81

①使用了部分电熔镁砂为原料。

表 3-3　出钢口用镁碳砖性能

试样 \ 成分及性能	化学成分 $w/\%$		显气孔率/%	体积密度/$g \cdot cm^{-3}$	常温耐压强度/MPa	常温抗折强度/MPa	抗折强度/MPa（1400℃）	加热 1000℃后		加热 1500℃后	
	(MgO)	固定碳						显气孔率/%	体积密度/$g \cdot cm^{-3}$	显气孔率/%	体积密度/$g \cdot cm^{-3}$
日本品川公司改进的镁碳砖	73.20	19.2	3.20	2.92	39.2	17.7	21.6	7.9	2.89	9.9	2.80
武汉钢铁学院整体出钢口砖	76.83	12.9	5.03	2.93							

3.1.2　炉衬寿命及影响因素

3.1.2.1　炉衬的损坏

A　炉衬损毁规律

氧气转炉在使用过程中，炉衬的损坏程度依次排列为耳轴区、渣线、两个装料面、炉帽部位、熔池及炉底部位，在采用单一材质的合成高钙镁砖砌筑时，是以耳轴、渣线部位最先损坏而造成停炉，其次是装料侧。在采用镁碳砖砌筑时，炉役前期是以装料侧损毁最快，炉役后期则是耳轴区和渣线部位损毁得快。在炉底上涨严重时，耳轴侧炉帽部位也极易损坏，往往造成停炉。在耳轴出现的“V”形蚀损，装料侧出现的“○”形侵蚀都是停炉的原因。

B 炉衬损毁特点

（1）观察镁碳砖与烧成砖在开新炉后的状态，其工作面的状态是不一样的，开新炉后镁碳砖的工作面有一层约10～20mm的“脱皮”蚀损，随着吹炼炉数的增加，炉衬表面逐渐光滑平整，砖缝密合严紧。烧成砖则棱角清晰，砖缝明显，在开炉温度高时（大于1700℃），则有大面积剥落、断裂损坏。采用铁水－焦炭烘炉法开新炉时，镁碳砖炉衬未出现过塌炉及大面积剥落和断裂现象，开炉是安全可靠的。

（2）随着吹炼炉数的增加，镁碳砖经高温碳化作用形成碳素骨架后，其强度大大提高，抗侵蚀能力越来越强，因此在装料侧应采用镁碳砖砌筑，有利装料侧炉衬寿命的提高。

（3）由于镁碳砖炉衬表面光滑，炉渣对其涂层作用及补炉料的黏合作用欠佳。

（4）镁碳砖有气化失重现象，炉役末期，倾倒面（炉帽）易“抽签”，造成塌落穿钢，必须认真观察维护。

（5）由于镁碳表面光滑，砌完砖后频繁摇炉，倾倒面下沉，与炉壳间有30～100mm的间隙，容易发生熔化和粉化，出钢口不好，容易漏钢，炉壳黏钢严重，拆炉困难。

（6）镁碳砖不易水化，采用水泡炉衬拆炉时，倾倒面砌易水化砖，可不必用拆炉机。

C 炉衬损毁的原因

在高温恶劣条件下工作的炉衬，损坏的原因是多方面的，主要原因有以下几个方面：

（1）机械磨损。加废钢和兑铁水时对炉衬的激烈冲撞及钢液、炉渣强烈搅拌时造成的机械磨损。

（2）化学侵蚀。渣中的酸性氧化物及（FeO）对炉衬的化学侵蚀作用，炉衬氧化脱碳，结合剂消失，炉渣侵入砖中。

（3）结构剥落。炉渣侵入砖内与原砖层反应，形成变质层，强度下降。

（4）热剥落。温度急剧变化或局部过热产生的应力引起砖体崩裂和剥落。

（5）机械冲刷、钢液、炉渣、炉气在运动过程中对炉衬的机械冲刷作用。

在吹炼过程中，炉衬的损坏是由上述各种原因综合作用引起的，各种作用相互联系，机械冲刷把炉衬表面上的低熔点化合物冲刷掉，因而加速了炉渣对炉衬的化学侵蚀，而低熔点化合物的生成又为机械冲刷提供了易冲刷掉的低熔点化合物，又如高温作用，既加速了化学侵蚀，又降低了炉衬在高温作用下承受外力作用的能力，而炉内温度的急剧变化所造成的热应力又容易使炉衬产生裂纹，从而加速了炉衬的熔损与剥落。

D 镁碳砖炉衬的损坏机理

根据对使用后残砖的结构分析认为：镁碳砖的损坏首先是工作炉衬的热面中碳的氧化，并形成一层很薄的脱碳层。碳的氧化消失是由于不断地被渣中铁的氧化物和空气中氧气氧化所造成的，而且碳溶解于钢液中，砖中的MgO对碳的气化作用，其次是在高温状态下炉渣侵入脱碳层的气孔及低熔点化合物被熔化后形成的孔洞中和由于热应力的变化而产生的裂纹之中。侵入的炉渣与MgO反应，生成低熔点化合物，致使表面层发生质变并造成强度下降，在强大的钢液、炉渣搅拌冲击力的作用下逐渐脱落，从而造成了镁碳砖的损坏。

从操作实践中观察到，凡是高温过氧化炉次（温度大于1700℃，w(FeO) 大于30%)，不仅炉衬表面上挂的渣全部被冲刷掉，而且进而侵蚀到炉衬的变质层上，炉衬就像脱掉一层皮一样，这充分说明高温熔损、渣中（FeO）的侵蚀是镁碳砖损坏的重要原因。

图3-2是镁碳砖蚀损示意图。提高镁碳砖的使用寿命，关键是提高砖制品的抗氧化性能。研究认为，镁碳砖出钢口是由于气相氧化、组织结构恶化、磨损侵蚀而被蚀损的。

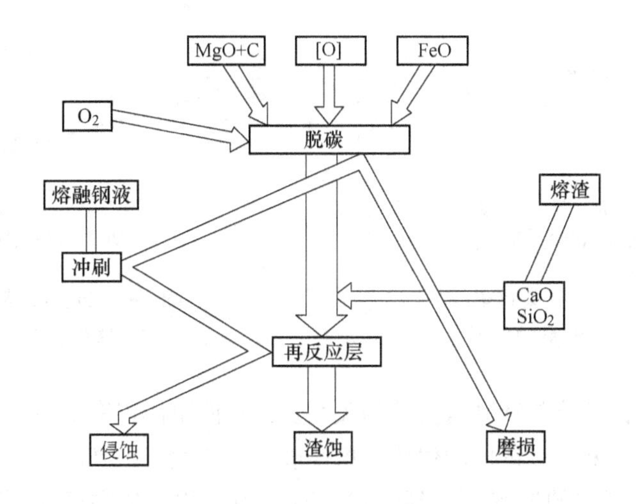

图3-2　镁碳砖蚀损示意图

3.1.2.2　影响炉衬寿命的因素

A　炉衬砖的材质

(1) 镁砂。镁碳砖质量的好坏直接关系着炉衬使用寿命，而原材料的纯度是砖质量的基础。镁砂中MgO含量越高，杂质越少，降低方镁石晶体被杂质分割的程度，能够阻止熔渣对镁砂的渗透熔损。如果镁砂中杂质含量多，尤其是B_2O_3，会形成$2MgO \cdot B_2O_3$等化合物，其熔点很低，只有1350℃。由于低熔点相存在于方镁石晶粒中，会将方镁石分割成单个小晶体，从而促使方镁石向熔渣中流失，这样就大幅度地降低镁砂颗粒的耐火度和高温性能。为此，用于制作镁碳砖的镁砂，一定要严格控制$w(B_2O_3)$ 在0.7%以下。我国的天然镁砂基本上不含B_2O_3，因此在制作镁碳砖方面具有先天的优越性。

此外，从图3-3可以看出，随镁砂中$w(SiO_2+Fe_2O_3)$ 的含量的增加，镁碳砖的失重率也增大。研究认为，在1500～1800℃温度下，镁砂中SiO_2先于MgO与C起反应，留下的孔隙使镁碳砖的抗渣性变差。试验指出，在1500℃以下，镁砂与石墨中的杂质向MgO和C的界面聚集，随温度的升高所生成的低熔点矿物层增厚；在1600℃以上时，聚集于界面的杂质开始挥发，使砖体的组织结构松动恶化，从而降低砖的使用寿命。

如果镁砂中$w(CaO)/w(SiO_2)$ 过低，就会出现低熔点的含镁硅酸盐CMS、C_3MS_2等，并进入液相，从而增加了液相量，影响镁碳砖使用寿命。所以保持$w(CaO)/w(SiO_2)>2$是非常必要的。

镁砂的体积密度和方镁石晶粒的大小，对镁碳砖的耐侵蚀性也有着十分重要的影响。将方镁石晶粒大小不同的镁砂制成镁碳砖，置于高温还原气氛中测定砖体的失重情况，试验表明方镁石的晶粒直径越大，砖体的失重率越小，在冶金炉内的熔损速度也越缓慢。如图 3-4 所示。

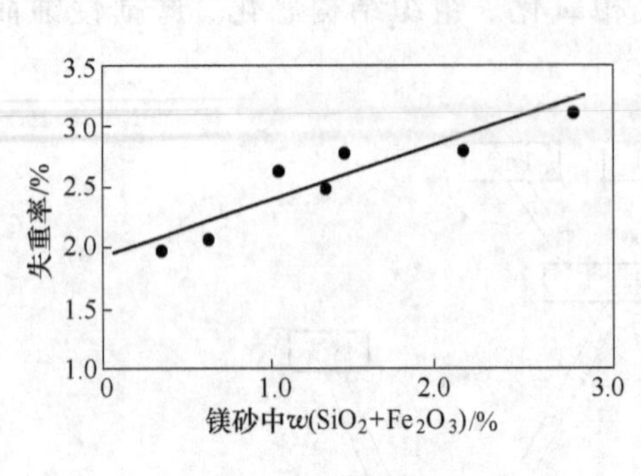

图 3-3　镁碳砖失重率与镁砂杂质含量的关系

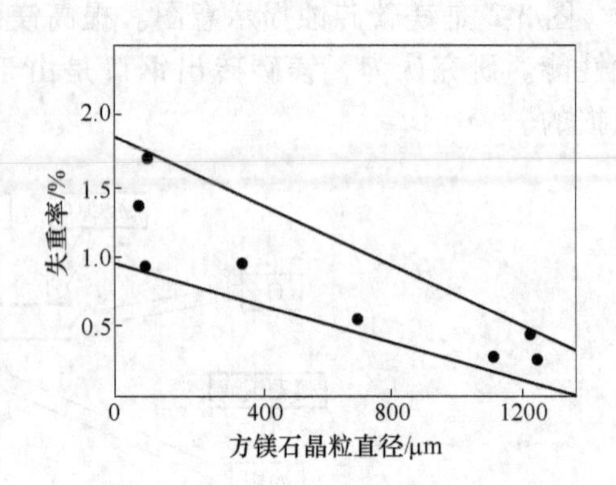

图 3-4　方镁石晶粒大小与砖体失重率的关系

实践表明，砖体性能与镁砂有直接的关系。只有使用体积密度高、气孔率低、方镁石晶粒大、晶粒发育良好、高纯度的优质电熔镁砂，才能生产出高质量的镁碳砖。

（2）石墨。在制砖的原料中已经讲过，石墨中杂质含量同样关系着镁碳砖的性能。研究表明，当石墨中 $w(SiO_2)>3\%$ 时，砖体的蚀损指数急剧增长。图 3-5 所示为石墨的 $w(SiO_2)$ 含量与镁碳砖蚀损指数的关系。

（3）其他材料。树脂及其加入量对镁碳砖也有影响。用 80% 烧结镁砂和 20% 的鳞片石墨为原料，以树脂 C 为结合剂制成了试样进行实验。结果表明，随树脂加入量的增加，砖体的显气孔率降低；当树脂加入量为 5% ~6% 时，显气孔率急剧降低；而体积密度则随树脂量的增加而逐渐降低。其规律如图 3-6 所示。

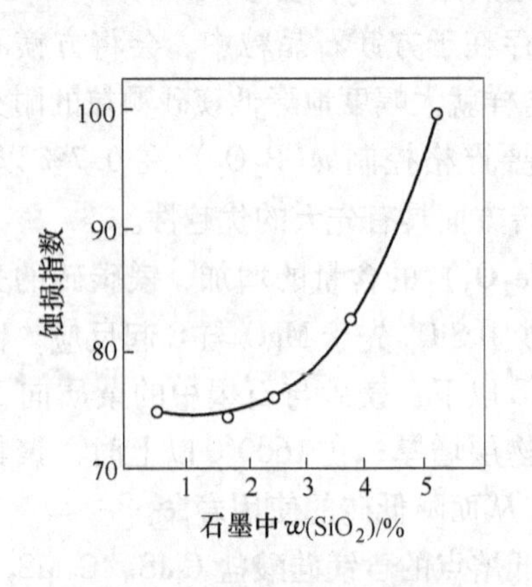

图 3-5　石墨中 SiO_2 含量与镁碳砖体蚀损指数的关系

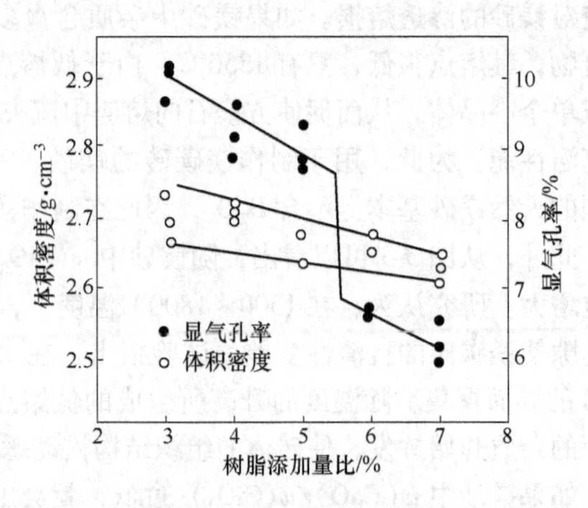

图 3-6　树脂加入量与砖体显气孔率及体积密度的关系

加入金属添加剂是抑制镁碳砖氧化的手段。添加物种类及加入量对镁碳砖的影响也不相同。可以根据镁碳砖砌筑部位的需要，加入不同金属添加剂。图 3-7 所示为添加金属元素 Ca 对砖体性能的影响；图 3-8 所示为加入 Al、Si 对镁碳砖氧化指数的影响。

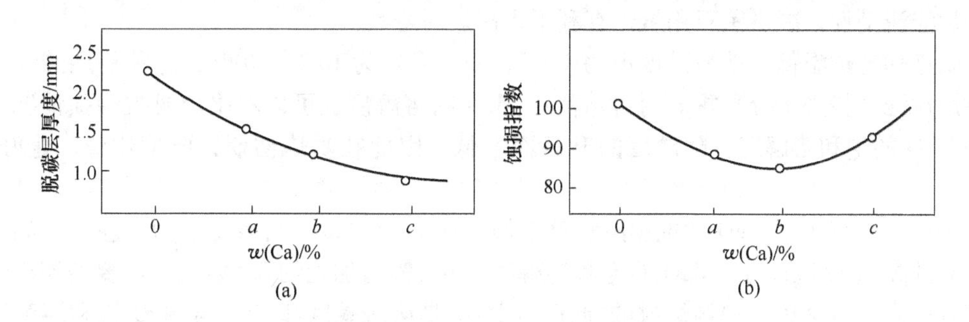

图 3-7 钙加入量对镁碳砖性能的影响

（a）脱碳层厚度与 Ca 含量的关系（1400℃ ×3h）；（b）蚀损指数与 Ca 含量关系

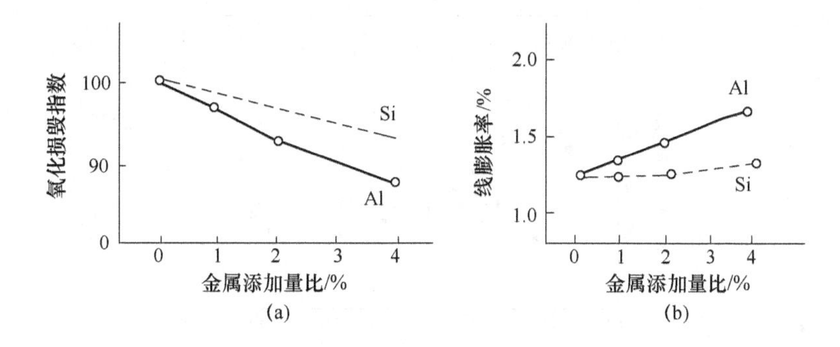

图 3-8 加入金属添加剂 Si、Al 与镁碳砖氧化指数的关系

（a）Si 与 Al 添加剂同镁碳砖氧化指数的关系；（b）Si 与 Al 添加剂同镁碳砖线膨胀率的关系

从图 3-7 可以看出，随钙含量的增加，砖体的抗氧化性、耐侵蚀性等都有提高；当钙含量超过一定范围时，耐蚀性有所下降。

抗渣实验表明，加钙的镁碳砖工作表面黏附着一层薄而均匀致密的覆盖渣层。在这个覆盖渣层下面的原砖表面产生 $MgO + Ca \rightarrow CaO + Mg(g)$ 的反应，从而增强了覆盖渣层的性能，减少了镁蒸气的外逸，同时在渣层与原砖之间形成了 1 ~ 1.5mm 厚致密的二次方镁石结晶层。因而大幅度地提高砖体在低温、高温区域的抗氧化性能和在氧化气氛中的耐蚀性。添加钙的镁碳砖残余膨胀率低，因此也增强了镁碳砖的体积稳定性。所以，这种镁碳砖特别适合砌筑在转炉相当于氧枪喷嘴部位和钢水精炼钢包的渣线部位。

加入 Si、Al 金属添加剂后，可以控制镁碳砖中石墨的氧化，特别添加金属铝的效果尤为明显；但加铝后砖体的线膨胀率变化较大，砌筑时要留有足够膨胀缝。研究认为，同时加入 Si、Al 时，在温度低于 1300℃时，随 $w(Si)/w(Al)$ 值的降低，即 $w(Al)$ 增大，砖体的抗氧化性增强；若温度高于 1300℃到 1500℃，随 $w(Si)/w(Al)$ 比值升高，即 $w(Si)$ 增大，抗氧化性也增强。所以，在 1500℃时，其 $w(Si)/w(Al) = 1$，添加效果最佳。

添加金属镁有利于形成二次方镁石结晶的致密层，同样有利于提高镁碳砖的耐蚀性能。

B　吹炼操作

铁水成分、工艺制度等对炉衬寿命均有影响。如铁水 $w[Si]$ 高时，渣中 $w(SiO_2)$ 相应也高，渣量大，对炉衬的侵蚀，冲刷也会加剧。但铁水中 $w[Mn]$ 高对吹炼有益，能够改善炉渣流动性，减少萤石用量，有利于提高炉衬寿命。

吹炼初期炉温低，熔渣碱度值为 1～2，$w(FeO)$ 为 10%～40%，这种初期酸性氧化渣对炉衬蚀损势必十分严重。通过熔渣中 MgO 的溶解度，可以看出炉衬被蚀损情况。熔渣中 MgO 的饱和溶解度，随碱度的升高而降低，因此在吹炼初期，要早化渣，化好渣，尽快提高熔渣碱度，以减轻酸性渣对炉衬的蚀损。随温度升高，MgO 饱和溶解度增加，温度每升高约 50℃，MgO 的饱和溶解就增加 1.0%～1.3%。当碱度值为 3 左右，温度由 1600℃升高到 1700℃时，MgO 的饱和溶解度由 6.0% 增加到约 8.5%。所以要控制出钢温度不宜过高，否则也会加剧炉衬的损坏。图 3-9 是熔渣碱度和 FeO 与 MgO 饱和溶解度的关系。在高碱度炉渣中 FeO 对 MgO 的饱和溶解度影响不明显。现将吹炼工艺因素对炉衬寿命的影响列于表 3-4。

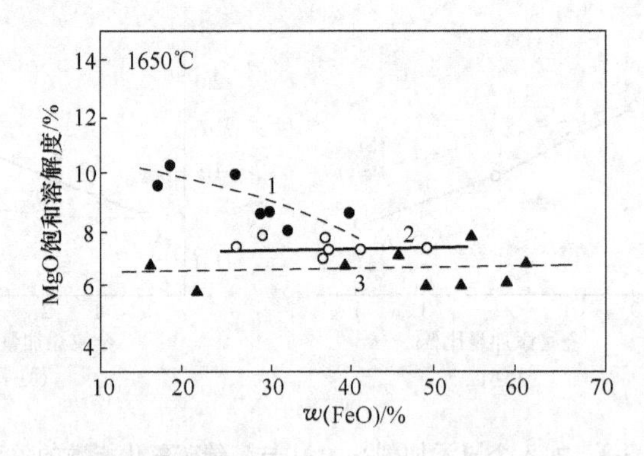

图 3-9　熔渣碱度和 FeO 与 MgO 饱和溶解度的关系

1—碱度值为 1.2～1.5，$w(MnO)$ =22%～29%；2—碱度值为 2.5～3.0，$w(MnO)$ =20%～26%；
3—碱度值为 2.5～3.4，$w(MnO)$ =3%～7%

表 3-4　吹炼工艺因素对炉龄的影响及提高炉龄的措施

项　目	对炉龄的影响	目　标	工 艺 措 施
铁水条件	铁水 Si 含量高，渣量大，初期渣对炉衬侵蚀；S 含量高，P 含量高造成多次倒炉后吹，易使熔渣氧化性强，终点温度高，终渣对炉衬侵蚀加剧	稳定吹炼操作，提高终点命中率	铁水 100% 采用预处理工艺，铁水应 $w[S]\leqslant 0.04\%$，$w[Si]\leqslant 0.04\%$
冶炼操作	前期化渣不良，炉渣碱度偏低，中期返干喷溅严重；后期氧化性强，炉衬受到强烈辐射，冲刷与化学侵蚀，炉衬蚀损严重	避免中期返干，控制终渣 TFe 含量不要过高	采用计算机静态控制，标准化吹炼，提高铁水装入温度，使用活性石灰，前期快速成渣；采用复吹工艺控制喷溅和终渣 TFe 含量
终点控制	高温出钢，当出钢温度≥1620℃后，每提高 10℃基础炉龄降低约 15 炉；渣中 $w(TFe)$ 每提高 5%，炉衬侵蚀速度增加 0.2～0.3mm/炉，每增加一次倒炉平均降低炉龄 30%；平均每增加一次后吹，炉衬侵蚀速度提高 0.8 倍	尽量减少倒炉次数，控制终点温度波动小于 ±10℃ 降低出钢温度	采用计算机动态控制技术，避免多次倒炉或采用不倒炉直接出钢技术，炉外精炼、加强钢包的周转和烘烤，降低出钢温度

续表 3-4

项 目	对炉龄的影响	目 标	工 艺 措 施
护炉工艺	采用各种护炉工艺可提高炉龄 3 倍以上；监测掌握炉衬侵蚀情况	进一步提高炉龄	采用激光监测炉衬蚀损情况，可综合砌筑炉衬，配合溅渣护炉技术和喷补技术
其他	减少停炉次数和时间，避免炉衬激冷，防止炉衬局部严重损坏，维护合理的炉型	提高转炉生产作业率	加强炼钢—精炼—连铸三位一体生产调度与管理

3.1.2.3 提高炉衬寿命的措施

通过对炉衬寿命影响因素的分析来看，提高炉龄应从改进炉衬材质、优化炼钢工艺、加强对炉衬的维护等方面着手。

A 炉衬材质

氧气转炉炉衬从砌筑焦油白云石砖到高镁白云石砖、轻烧油浸砖发展到今天，已经普遍使用镁碳砖。镁碳砖具有耐火度高、抗渣性强、导热性好等优点。所以，炉衬寿命得到大幅度的提高。

此外，采用综合砌炉使炉衬的蚀损均衡，炉龄也有一定的提高。

B 系统优化炼钢工艺

提高炉衬使用寿命，除了改进炉衬材质外，在工艺操作上也采取了相应的措施。从根本上讲，应该系统优化炼钢工艺。采用铁水预处理→转炉冶炼→炉外精炼→连续铸钢的现代化炼钢模式生产钢坯。这样，进入转炉的是精料；炉外钢水精炼又可以承担传统转炉炼钢的部分任务；实现少渣操作工艺后，转炉只是进行脱碳升温；不仅缩短了冶炼周期，更重要的是减轻了酸性高氧化性炉渣对炉衬的侵蚀。例如日本的五大钢铁公司于 1991 年铁水预处理比达 85% ~90%，到 1996 年转炉已经有 90% 钢水进行炉外精炼；所以，日本的转炉炉龄在世界范围内提高幅度较大。转炉实现过程自动控制，提高终点控制命中率的精度，也可以减轻对炉衬的蚀损。转炉应用复吹技术和活性石灰，不仅加快成渣速度，缩短冶炼时间，还降低渣中 w(TFe) 含量，从而也减轻对炉衬的蚀损量。

C 黏渣补炉工艺

氧气转炉在吹炼过程中，两个大面和耳轴部位损坏十分严重，堆补两个大面补炉料消耗非常大，耳轴部位难于修补。黏渣补炉工艺既提高了炉衬寿命又降低了耐火材料消耗。

a 黏渣补炉工艺操作

（1）终点渣的控制。造好黏终渣的关键是吹炼后期的操作，要掌握好如下的要点：

1）终点温度控制在中上限，而出钢的温度则由加入石灰石或石灰调在下限。终点碳按上限控制，并避免后吹。

2）降低枪位使之距液面 850mm 左右，延长降枪时间大于等于 2min 使渣中 FeO 控制在 10% ~12%。

3）增加渣中 MgO 含量，提高终渣熔点，出完钢后，根据炉渣情况加入适量菱镁石，把终渣 MgO 控制在 12% ~14%。炉渣黏度随炉渣碱度的升高而增加，炉渣碱度一般控制在 3.4 ~3.5。

4）铁水中锰含量大于0.5%，对造黏终渣有利，出钢时随温度的下降，炉渣迅速变黏。萤石加入量每吨钢不大于5kg，并在停吹前4min加完。按上述要求造出的黏终渣，典型的化学成分为：$\sum w(\mathrm{FeO})=10\%$，$w(\mathrm{MgO})=13\%$，$R=3.6$。

（2）补炉工艺。

1）补大面。黏渣补炉的前一炉冶炼按照黏终渣要点进行，在倒炉取样时倒出上层稀泡沫渣。出钢后先堵出钢口，使黏终渣留在大面上，其厚度不超过150mm，同时要避免渣子集中在炉底或出钢口附近，以防下炉出钢时钢液出不尽。冷却时间应大于2h才能兑铁水继续吹炼下一炉钢。吹炼后期用黏渣补炉时，要用补炉后的第一炉来造黏终渣。此渣中（MgO）的含量较高，熔点也较高，留渣厚度可达200mm，冷却时间需大于2h。

2）补后接缝。一般在补炉后的第一炉造黏终渣，并根据补炉位置向后摇炉，将黏终渣留在需要补的接缝部位，冷却时间要大于2.5h。在出钢后往炉内入一定数量的菱镁石，向后摇炉将后接缝用黏终渣补上。

（3）注意问题。

1）需要补炉的炉次应按其要点造好黏终渣，严禁用低碳钢种的终渣补炉。

2）留渣厚度要适宜并铺严，加入菱镁石的块度应小于30mm并且不能过多，以免化不透造成炉底堆积。冷却时间应在2～2.5h。

3）留渣补炉多次，大面有凹处时，应用少量补炉料填平。大面过厚或出钢口周围上涨，应向炉后倒渣并出尽钢水。留渣补炉后第一炉应加入轻型废钢。

b　末期加白云石的黏渣补炉操作

大量的生产实践表明，开吹时一次加白云石工艺，过程渣中（MgO）过饱和，渣中有未熔石灰块。终渣做不黏，不易挂炉，后期加白云石取得了较好的效果。

（1）白云石的加入及效果。

1）根据铁水含硅量和装入量，按炉渣碱度 $R=3.0$ 计算石灰加入量 $W_{石灰(总)}$，取白云石总加入量 $Q_{白云石(总)}=1/3W_{石灰(总)}$。将 $5/6Q_{白云石(总)}$ 在开吹时与头批渣料一起加入，余下的 $1/6Q_{白云石(总)}$ 在终点前4～5min加入炉内。

2）末期加入部分白云石，过程渣碱度提高得快，终渣碱度也高。吹炼过程具有较高的石灰熔化率。对过程渣实测结果表明，末期加部分白云石比开吹时一次加入白云石的炉渣黏度低0.65P（1P＝0.1Pa·s），过程渣流动性良好，终渣具有较高的黏度。碱度高及（MgO）基本饱和的末期渣中，通过补加少量白云石可迅速形成（MgO）过饱和黏渣，在氧气流股的冲击下喷溅起来的黏稠渣滴均匀地铺满整个炉身，并在倒炉时黏附于前后两个大面，形成有效的涂渣层。其厚度除炉帽两侧两个“U”形带外，均已达到100～250mm。萤石单耗比开吹时一次加入的白云石降低50%。

（2）白云石的加入方式。吹炼末期补加白云石是要保证吹炼前期和中期渣中（MgO）基本饱和而又不过饱和，仅在吹炼末期通过补加适量的白云石造成终渣（MgO）过饱和。欲使炉衬侵蚀量最小，白云石总加入量应稍多于 $2.82w[\mathrm{Si}]W$（其中 W 为铁水量）。这么多的白云石如果在吹炼前期一次加入，势必造成初期渣和中期渣中（MgO）过饱和，炉渣的流动性差，氧化性低，妨碍石灰熔化，中期渣返干。反之，减少白云石总加入量（小于 $2.82w[\mathrm{Si}]W$），又会出现炉渣对炉衬的侵蚀。这就是一次加入白云石造渣的弊病。白云石的合理加入方式是开吹时随头批渣料一次加入白云石 $2.5w[\mathrm{Si}]W$，使初期和中期渣中（MgO）基本饱和又不过饱和，化透过程渣。终点前4~5min补加白云石0.5w[Si]W，迅速形成（MgO）过饱和的黏渣，以利于炉渣挂衬。

终渣有极易做黏和可以做黏的良好条件，极易做黏是由于终渣碱度高，渣中（MgO）早已基本饱和，此时补加少量白云石可使炉渣做黏。其可以做黏是由于终渣处于高温度高碱度阶段，炉渣已经化透。脱硫能力强，做黏后不会影响脱硫效果，末期补加白云石对炉内形成渣涂层具有明显效果。末期加入的白云石中的一部分在渣中直接转变为絮状方镁石，形成局部的高黏性，利于炉内渣涂层的形成。该渣涂层即是下炉冶炼过程中的炉衬保护层，又利于留渣法促进冶炼中的快速成渣，减少萤石消耗量。

c　黏渣补炉机理

炉渣熔损炉衬，但同时又起到耐火材料作用——补炉。采用黏渣补炉，提高了渣中高熔点矿物含量，通过摇炉使黏渣挂在衬砖表面上。黏渣与炉衬的黏结，主要是由于黏渣与炉衬界面存在温度差，通过保温相互扩散，同类矿物重结晶，如$2CaO \cdot SiO_2$，MgO，$3CaO \cdot SiO_2$等，使黏渣与炉衬成为一个整体。黏渣补炉的炉温不能低于850℃，否则由于$2CaO \cdot SiO_2$晶型转变，黏渣剥落，起不到补炉作用。在钢质量允许的条件下尽量造黏渣补炉，使废渣在炉内得到充分利用，节省了人力物力，经济效果也明显。

靠近炉衬表面黏渣的熔点高，相当于耐火材料，抵抗了炉渣的侵蚀，保护了炉衬。

D　炉衬的喷补

黏渣补炉技术，不可能在炉衬表面所有部位都均匀地涂挂一层熔渣，尤其炉体两侧耳轴部位无法挂渣，从而影响炉衬整体使用寿命。所以，在黏渣护炉的同时还配合炉衬喷补。

炉衬喷补是通过专门设备将散状耐火材料喷射到红热炉衬表面，进而烧结成一体，使损坏严重的部位形成新的烧结层，炉衬得到部分修复，可以延长使用寿命。根据补炉料含水与否，水含量的多少，喷补方法分为湿法、干法、半干法及火法等。

喷补料是由耐火材料、化学结合剂、增塑剂等组成。对喷补料的要求如下：

(1) 有足够的耐火度，能够承受炉内高温的作用。

(2) 喷补时喷补料能附着于待喷补的炉衬上，材料的反跳和流落损失要少。

(3) 喷补料附着层能与待喷补的红热炉衬表面很好地烧结、熔融在一起，并具有较高的机械强度。

(4) 喷补料附着层应能够承受高温熔渣、钢水、炉气及金属氧化物蒸汽的侵蚀。

(5) 喷补料的线膨胀率或线收缩率要小，最好接近于零，否则因膨胀或收缩产生应力致使喷补层剥落。

(6) 喷补料在喷射管内流动通畅。

各国使用的喷补料不完全相同。我国使用冶金镁砂，常用的结合剂有固体水玻璃，即硅酸钠（$Na_2O \cdot nSiO_2$）、铬酸盐、磷酸盐（三聚磷酸钠）等。湿法和半干法喷补料成分见表3-5。

表3-5　补炉料成分

喷补方法	喷补料成分 w/%			各种粒度所占比例/%		水分/%
	MgO	CaO	SiO_2	>1.0mm	<1.0mm	
湿　法	91	1	3	10	90	15~17
半干法	90	5	2.5	25	75	10~17

下面分别介绍各种喷补方法：

（1）湿法喷补料。湿法喷补料的耐火材料为镁砂，结合剂三聚磷酸钠为5%，其他添加剂膨润土为5%，萤石粉为1%，羧甲基纤维素为0.3%，沥青粉为0.2%，水分为20%～30%。湿法喷补的附着率可达90%，喷补位置随意，操作简便，但是喷补层较薄，每次只有20～30mm。粒度构成较细，水分较多，耐用性差，准备泥浆工作也较复杂。

（2）干法喷补料。干法喷补料的耐火料中镁砂粉占70%，镁砂占30%，结合剂三聚磷酸钠为5%～7%，其他添加剂膨润土为1%～3%，消石灰为5%～10%，铬矿粉为5%。干法喷补料的耐用性好，粒度较大，喷补层较致密，准备工作简单，但附着率低，喷补技术也难掌握。随着结合剂的改进，多聚磷酸钠的采用，特别是速硬剂消石灰的应用，使附着率明显改善，这种速硬的喷补料几乎不需烧结时间，补炉之后即可装料。

（3）半干法喷补料。半干法喷补料中粒度小于4mm的镁砂占30%，小于0.1mm的镁砂粉占70%，结合剂三聚磷酸钠为5%，速硬剂消石灰为5%，其中水分为18%～20%，炉衬温度为900～1200℃时进行喷补。

（4）火法喷补材料。采用煤气－氧气喷枪，以镁砂粉和烧结白云石粉为基础原料，外加助熔剂三聚磷酸钠、氧化铁皮粉（粒度小于0.15mm），转炉渣料（粒度小于0.08mm），石英粉（粒度小于0.8mm）。将喷补料送入喷枪的火焰中，喷补料部分或大部分熔化，处于热塑状态或熔化状态喷补料，喷补到炉衬表面上很易与炉衬烧结在一起。

在20世纪70年代初，曾采用白云石、高氧化镁石灰或菱镁矿造渣，使熔渣中MgO含量达到过饱和，并遵循“初期渣早化，过程渣化透，终点渣做黏，出钢挂上”的造渣原则。因为熔渣中有一定的MgO含量，可以减轻初期渣对炉衬侵蚀；出钢过程由于温度降低，方镁石晶体析出，终渣变稠，出钢后通过摇炉，使黏稠熔渣能够附挂在炉衬表面，形成熔渣保护层，从而延长炉衬使用寿命，炉龄有所提高。例如1978年日本君津钢厂转炉炉龄曾突破1万炉次，创造当时世界最高纪录。

3.2 炉衬侵蚀判断

冶炼操作过程中要随时观察和检查炉壳外表面情况，注意炉壳有否发红发白，有否冒火花，甚至漏渣、钢，这些都是炉衬已损坏、要漏钢的先兆。所以，出钢后应认真检查炉膛：

（1）炉衬表面有否颜色较深、甚至发黑的部位。

（2）炉衬有否凹坑和硬洞，及该部位的损坏程度。

（3）炉衬有哪些部位已经见到保护砖。

（4）熔池前、后肚皮部位炉衬的凹陷深度。

（5）炉身和炉底接缝处有否发黑和凹陷。

（6）炉口水箱内侧的炉衬砖是否已损坏。

（7）左右耳轴处炉衬损坏的情况。

（8）出钢口内外侧是否圆整。

（9）出钢孔长度是否符合规格要求。

（10）除了检查以上容易损坏的主要部位外还要检查全部炉衬内表面，以防遗漏。

3.3 炉 衬 维 护

3.3.1 人工补炉操作

开始补炉的炉龄一般规定为200～400炉，这段时间也称为一次性炉龄。根据炉衬损坏情况，补炉可以作相应的变动。准备工作：根据炉衬损坏情况拟定补炉方案，准备好补炉工具、材料，并组织好参加补炉操作的人员。

3.3.1.1 补炉底

（1）用焦油白云石料。补炉料入炉后，转炉摇至大面+95°，再向小面摇至-60°，再摇至大面+95°待补炉料无大块后，再将转炉摇至小面-30°，再摇到大面+20°，再将转炉摇直。

将氧气改为氮气，流量设定$1.6\times10^4m^3/h$降枪，枪位控制在1.7m，吹30s起枪。

将氮气改为氧气，流量设定（0.5～0.8）$\times10^3m^3/h$降枪，枪位控制在1.3～1.5m，每次吹1min，间隙停5min共降枪3～5次，保证纯烧结时间不小于30min。

在正式兑铁前应向炉内先兑3～5t铁水，将炉子摇直进行烧结，待炉口无黑烟冒出后，再进行兑铁。

（2）用自流式补炉料。将补炉料兑进转炉后，将转炉摇至小面-30°，再将转炉摇到大面+20°，再将转炉摇直，保证纯烧结时间不小于30min。

待补炉料已在炉底处黏结后，缓慢将炉子摇到大面位，继续用煤氧枪烧结10min。

在兑铁水前，先向炉内兑3～5t铁水，将炉子摇直进行烧结，待炉口无黑烟冒出后，再进行兑铁水。

（3）摇动炉子至加废钢位置。

（4）用废钢斗装补炉砂加入炉内，补炉砂量一般为1～2t。

（5）往复摇动炉子，一般不少于3次，转动角度在5°～60°或炉口摇出烟罩的角度。

（6）降枪。开氧吹开补炉砂。一般枪位在0.5～0.7m，氧压0.6MPa左右，开氧时间10s左右。

（7）烘烤。要求烘烤40～60min。

若炉衬蚀损不严重，可以只进行倒砂或喷补的操作；若炉衬蚀损严重，则必须进行倒砂、贴补砖和喷补操作，且顺序不能颠倒。

3.3.1.2 补大面

一般对前后大面（前后大面也称为前墙和后墙）交叉补。

（1）补大面的前一炉，终渣黏度适当偏大些，不能太稀。如果炉渣中w(FeO)偏高，炉壁太光滑，补炉砂不易黏在炉壁上。

（2）补大面的前一炉出钢后，摇炉工摇炉使转炉大炉口向下，倒净炉内的残钢、残渣。

（3）摇炉至补炉所需的工作位置。

（4）倒砂。根据炉衬损坏情况向炉内倒入1～3t补炉砂（具体数量要看转炉吨位大小、炉衬损坏的面积和程度。另外前期炉子的补炉砂量可以适当少些），然后摇动炉子，使补炉砂均匀地铺展到需要填补的大面上。

（5）贴砖。选用补炉瓢（长瓢补炉身，短瓢补炉帽），由一人或数人握瓢，最后一人握瓢把掌舵，决定贴砖安放的位置。补炉瓢搁在炉口挡火水箱口的滚筒上，由其他操作人员在瓢板上放好贴补砖，然后送补炉瓢进炉口，到位后转动补炉瓢，使瓢板上的贴补砖贴到需要修补的部位。贴补操作要求贴补砖排列整齐，砖缝交叉，避免漏砖、隔砖，做到两侧区和接缝贴满。

（6）喷补。在确认喷补机完好正常后，将喷补料装入喷补机容器内，接上喷枪待用。贴补好贴补砖后，将喷补枪从炉口伸入炉内，开机试喷。正常后将喷补枪口对准需要修补的部位均匀地喷射喷补砂。

（7）烘烤。喷好喷补砂后让炉子保持静止不动，依靠炉内熔池温度对补炉料进行自然烘烤。要求烘烤40~100min。烘烤前期最好在炉口插入两支吹氧管进行吹氧助燃，利于补炉料的烘烤烧结。

3.3.1.3 补小面

（1）用焦油白云石。待补炉料装入炉子后，将转炉摇至小面-60°，下进出钢口管，再将转炉摇至小面-90°，再将转炉摇至大面+90°，待补炉料无大块时，将转炉摇向小面-90°。用煤氧枪进行烧结，保证纯烧结时间不小于30min。在兑铁水前先将转炉摇至小面-100°进行控油，待无油后再进行兑铁水操作。

（2）用外进补炉料。先下进出钢口管，再加入补炉料，然后将转炉摇至小面-100°位置，再摇至小面-60°，再将转炉摇至小面-90°。用煤氧枪进行烧结保证纯烧结时间不小于30min。在兑铁前，先将转炉摇至小面-100°，进行控油，待无油后，再进行兑铁操作。

3.3.1.4 喷补

喷补枪放置炉口附近，调节水料配比，以喷到炉口不流水为宜，在调料时，避免水喷入炉内。

调节好料流后立即将喷补枪放置喷补位。喷补时，上下摆动喷头，使喷补部位平滑，无明显台阶。喷补完后经过5~10min烧结。

3.3.1.5 补炉记录

每次补炉后要作补炉记录：记录补炉部位、补炉料用量、烘烤时间、补炉效果及补炉日期、时间、班次等。

3.3.2 溅渣护炉技术

转炉溅渣技术是近年来开发的一种提高炉龄的技术。它是在20世纪70年代广泛应用过的、向炉渣中加入含MgO的造渣剂黏渣挂渣护炉技术的基础上，利用氧枪喷吹高压氮气，在2~4min内将出钢后留在炉内的残余炉渣喷溅涂敷在整个转炉内衬表面上，形成炉渣保护层的护炉技术。该项技术可以大幅度提高转炉炉龄，且投资少、工艺简单、经济效益显著。

溅渣护炉技术能使炉衬在炉役期中相当长的时间内保持均衡,实现“永久性”炉衬。

溅渣护炉的基本原理是，利用 MgO 含量达到饱和或过饱和的炼钢终点渣，通过高压氮气的吹溅，在炉衬表面形成一层高熔点的溅渣层，并与炉衬很好地烧结附着。这个溅渣层耐蚀性较好，从而保护了炉衬砖，减缓其损坏程度，炉衬寿命得到提高。进入 20 世纪 90 年代继白云石造渣之后，美国开发了溅渣护炉技术。其工艺过程主要是在吹炼终点钢水出净后，留部分 MgO 含量达到饱和或过饱和的终点熔渣，通过喷枪在熔池理论液面以上约 0.8 ~ 2.0m 处，吹入高压氮气，熔渣飞溅粘贴在炉衬表面，同样形成熔渣保护层。通过喷枪上下移动，可以调整溅渣的部位，溅渣时间一般在 3 ~ 4min。图 3-10 为溅渣示意图。有的厂家溅渣过程已实现计算机自动控制。这种溅渣护炉配以喷补技术，使炉龄得到极大的提高。例如，美国 LTV 钢公司印第安纳港厂两座 252t 顶底复合吹炼转炉，自 1991 年采用了溅渣护炉技术及相关辅助设施维护炉衬，提高了转炉炉龄和利用系数，并降低钢的成本，效果十分明显。1994 年创造了 15658 炉次/炉役的纪录，连续运行 1 年零 5 个月，到 1996 年炉龄达到 19126 炉次/炉役。

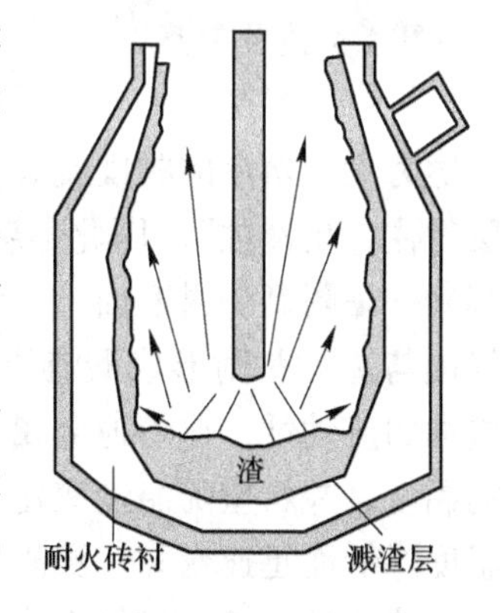

图 3-10　转炉溅渣示意图

我国 1994 年开始立项开发溅渣护炉技术，并于 1996 年 11 月确定为国家重点科技开发项目。通过研究和实践，在国内各钢厂已广泛应用了溅渣护炉技术，并取得明显的成果。

溅渣护炉用终点熔渣成分、留渣量、溅渣层与炉衬砖烧结、溅渣层的蚀损以及氮气压力与供氮强度等，都是溅渣护炉技术的重要内容。

3.3.2.1 熔渣的性质

A 合适的熔渣成分

炉渣成分是指构成炉渣的各种矿物质的成分，它决定了炉渣的基本性质。一般来说，初期渣的主要成分是 SiO_2、MnO、CaO、MgO 和 FeO 等，随着吹炼过程进行，石灰熔化、渣量增加，使 SiO_2、MnO 的含量逐渐降低，CaO、MgO 的含量逐渐增加。

炉渣的成分通常取决于铁水成分、终点钢水碳含量、供氧制度、造渣制度和冶炼工艺等因素。如吹炼低碳钢时,随钢中碳含量的降低,炉渣的氧化性升高,渣中 FeO 含量有时高达 30%(质量分数);而吹炼高碳钢时,由于渣钢反应接近平衡,使渣中 FeO 含量很难提高。

溅渣用熔渣的成分关键是碱度、TFe 和 MgO 含量，终点渣碱度一般在 3 以上。

TFe 含量的多少决定了渣中低熔点相的数量，对熔渣的熔化温度有明显的影响。当渣中低熔点相数量达 30% 时，熔渣的黏度急剧下降；随温度的升高，低熔点相数量也会增加，只是熔渣黏度变化较为缓慢而已。倘若熔渣 TFe 含量较低，低熔点相数量少，高熔点的固相数量多，熔渣黏度随温度变化十分缓慢。这种熔渣溅到炉衬表面上，可以提高溅渣层的耐高温性能，对保护炉衬有利。

终点渣 TFe 含量高低取决于终点碳含量及是否后吹。若终点碳含量低，渣中 TFe 含量相应就高，尤其是出钢温度高于 1700℃时，影响溅渣效果。

熔渣成分不同，MgO 的饱和溶解度也不一样。可以通过有关相图查出其溶解度的大小，也可以通过计算得出。实验研究表明，随着熔渣碱度的提高，MgO 的饱和溶解度有所降低。碱度 $R \leqslant 1.5$ 时，MgO 的饱和溶解度高达40%，随渣中 TFe 含量增加，MgO 饱和溶解度也有所变化。

通过首钢三炼钢厂 80t 转炉的实践研究认为，终点温度为 1700℃ 时，炉渣 MgO 的饱和溶解度在 8% 左右，随碱度的升高，MgO 饱和溶解度有所下降；但在高碱度下渣中 TFe 含量对 MgO 饱和溶解度影响不明显。

B　炉渣的黏度

炉渣的黏度是炉渣重要性质之一，黏度是熔渣内部各运动层间产生内摩擦力的体现，摩擦力大，熔渣的黏度就大。溅渣护炉对终点熔渣黏度有特殊的要求，要达到“溅得起，黏得住，耐侵蚀”。因此黏度不能过高，以利于熔渣在高压氮气的冲击下，渣滴能够飞溅起来并黏附到炉衬表面；黏度也不能过低，否则溅射到炉衬表面的熔渣容易滴淌，不能很好地与炉衬黏附形成溅渣层。正常冶炼的熔渣黏度值最好在 0.02 ~ 0.1Pa · s，相当于轻机油的流动性，比熔池金属的黏度高 10 倍左右。溅渣护炉用终点渣黏度要高于正常冶炼的黏度，并希望随温度变化其黏度的变化更敏感些，以使溅射到炉衬表面的熔渣，能够随温度降低而迅速变黏，溅渣层可牢固地附着在炉衬表面上。

熔渣的黏度与矿物组成和温度有关。熔渣组成一定时，提高过热度，可使黏度降低。一般而言，在同一温度下，熔化温度低的熔渣黏度也低；熔渣中固体悬浮颗粒的尺寸和数量是影响熔渣黏度的重要因素。CaO 和 MgO 具有较高的熔点，当其含量达到过饱和时，会以固体微粒的形态析出，使熔渣内摩擦力增大，导致熔渣变黏。其黏稠的程度视微粒的数量而定。

在 TFe 含量不同的熔渣中，MgO 含量对溅渣层熔渣初始流动温度的影响如图 3-11 所示。

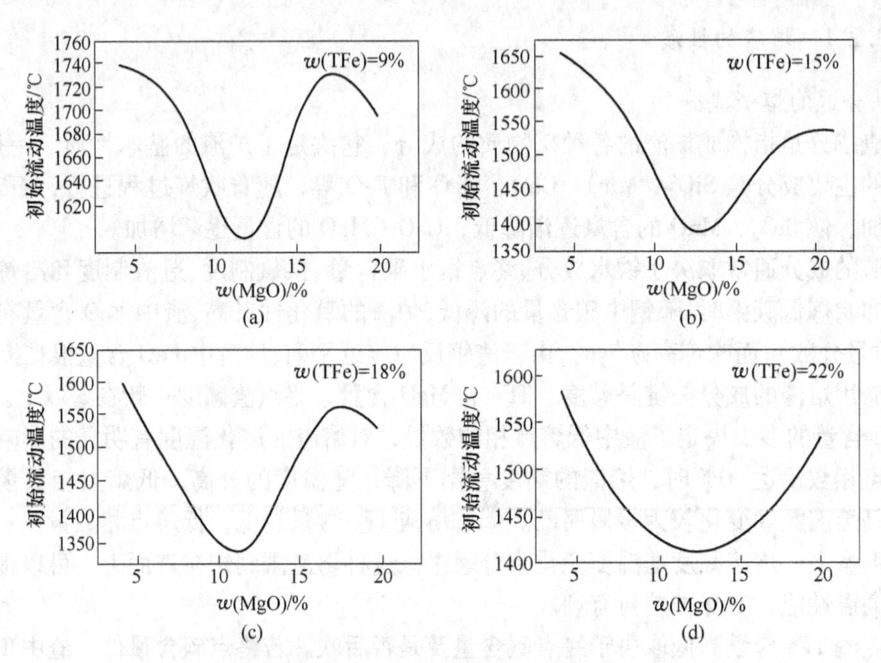

图 3-11　MgO 对熔渣初始流动温度的影响

(a) w(TFe) =9%；(b) w(TFe) =15%；(c) w(TFe) =18%；(d) w(TFe) =22%

当 $w(MgO)$ 在 4% ~12% 范围内变动时，随着 MgO 含量增加，初始流动温度下降；MgO 含量继续升高并大于 12% 以后，随 MgO 含量的提高，初始流动温度又开始上升。TFe 含量越低，MgO 的影响越大。

实践表明，对不同熔渣，TFe 含量都存在一个熔渣流动性剧烈变化区，在这个区域内，MgO 含量的微小变化，都会引起熔渣初始流动温度发生很大的变化。

熔渣碱度值在 2.0 ~5.0 范围时，MgO 含量对熔渣流动性影响不大。

渣中 $w(TFe)$ 含量从 9% 提高到 30% 时，熔渣的初始流动温度从 1642℃ 降低到 1350℃，变化幅度很大；$w(TFe)$ 含量在 14% ~15% 时，是初始流动温度变化的转折点；当渣中 $w(TFe) < 15\%$ 时，随 TFe 含量的降低，熔渣的初始流动温度明显提高；当渣中 $w(TFe) > 20\%$ 时，随 TFe 含量的降低，初始流动温度变化并不明显，如图 3-12 所示。

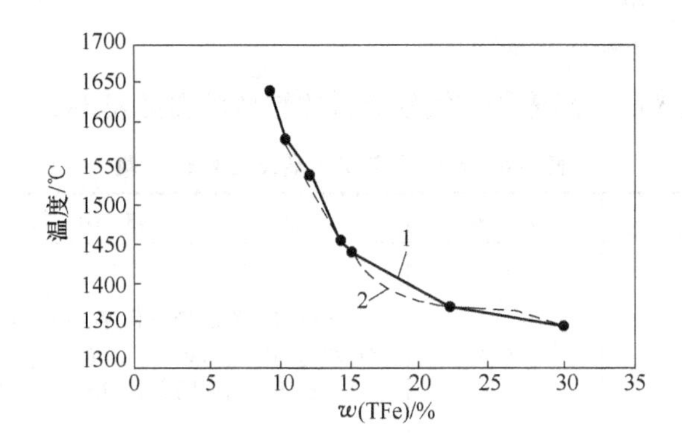

图 3-12　$w(TFe)$ 与熔渣初始流动温度的关系

1—实测值；2—回归值

3.3.2.2　溅渣护炉的机理

A　溅渣层的分熔现象

实践与研究结果表明，附着于炉衬表面的溅渣层，其矿物组成不均匀，当温度升高时，溅渣层中低熔点相首先熔化，与高熔点相相分离，并缓慢地从溅渣层流淌下来；而残留于炉衬表面的溅渣层为高熔点矿物，这样反而提高了溅渣层的耐高温性能。这种现象就是炉渣的分熔现象，也叫选择性熔化或异相分流。在反复地溅渣过程中溅渣层存在着选择性熔化，使溅渣层 MgO 结晶和 C_2S 等高熔点矿物逐渐富集，从而提高了溅渣层的抗高温性能，炉衬得到保护。

炉渣的分熔现象表明，溅渣层寿命不仅与终点渣的性质有关，更重要的还与溅渣层分熔过程矿物变化有关。为此，应适当调整熔渣成分，进一步提高分熔后溅渣层熔化温度，即便是在吹炼后期高温阶段也能起到保护炉衬的作用，从而为实现永久性炉衬提供条件。

B　溅渣层的组成

溅渣层是熔渣与炉衬砖间在较长时间内发生化学反应逐渐形成的。即经过多次的溅渣—熔化—溅渣的往复循环。由于溅渣层表面的分熔现象，低熔点矿物被下一炉次高温熔渣所熔化而流失，从而形成高熔点矿物富集的溅渣层。

终点渣 TFe 含量的控制对溅渣层矿物组成有明显的影响。采用高铁渣溅渣工艺时，终

点渣 $w(TFe)>15\%$，由于渣中 TFe 含量高，溶解了炉衬砖上大颗粒 MgO，使之脱离炉衬砖体进入溅渣层。此时溅渣层的矿物组成是以 MgO 结晶为主相，约占 50% ~60%；其次是镁铁矿物 MF($MgO \cdot Fe_2O_3$) 为胶合相，约占 25%；有少量的 C_2S、C_3S($3CaO \cdot SiO_2$) 和 C_2F($2CaO \cdot Fe_2O_3$) 等矿物均匀地分布于基体中，或填充于大颗粒 MgO 或 MF 晶团之间，因而，溅渣层 MgO 结晶含量远远大于终点熔渣成分；随着终渣 TFe 含量的增加，溅渣层中 MgO 相的数量将会减少，而 MF 相数量将会增加，导致溅渣层熔化温度的降低，不利于炉衬的维护。因此，要求终点渣的 $w(TFe)$ 应控制在 18% ~22% 为宜。若采用低铁渣溅渣工艺，终点渣 $w(TFe)<12\%$，溅渣层的主要矿物组成是以 C_2S 和 C_3S 为主相，约占 65% ~75%；其次是少量的小颗粒 MgO 结晶，C_2F、C_3F($3CaO \cdot Fe_2O_3$) 为结合相生长于 C_2S 和 C_3S 之间；仅有微量的 MF 存在。与终点渣相比，溅渣层的碱度有所提高，而低熔点矿物成分有所降低。

C　溅渣层与炉衬砖黏结机理

生产实践与研究表明，溅渣层与镁碳砖衬的黏结机理见表 3-6。

表 3-6　溅渣层与炉衬砖结合机理示意

图　例	名　称	黏　结　机　理
渣滴　耐材 (a)	烧结层	由于溅渣过程的扬析作用，低熔点液态 C_2F 炉渣首先被喷溅在粗糙的镁碳砖表面，沿着 C 烧损后形成的孔隙向耐火材料基体内扩散，与周围高温 MgO 晶粒发生烧结反应形成烧结层
耐材 (b)	机械镶嵌 化学结合层	气体携带的颗粒状高熔点 C_2S 和 MgO 结晶渣粒冲击在粗糙的耐火材料表面，并被镶嵌在渣－砖表面上，进而与 C_2F 渣滴反应，烧结在炉衬表面上
渣层　耐材 (c)	冷凝溅渣层	以低熔点 C_2F 和 MgO 砖烧结层为纽带，以机械镶嵌的高熔点 C_2S 和 MgO 渣粒为骨架形成一定强度的渣－砖结合表面。在此表面上继续溅渣，沉积冷却形成以 RO 相为结合相以 C_2S、C_3S 和 MgO 相颗粒为骨架的溅渣层

熔渣是多种成分的组合体。溅渣初始，流动性良好的高铁低熔点熔渣首先被喷射到炉衬表面，熔渣 TFe 和 C_2F 沿着炉衬表面显微气孔与裂纹的缝隙向镁碳砖表面脱碳层内部渗透与扩散，并与周围 MgO 结晶颗粒反应烧结熔固在一起，形成了以 MgO 结晶主相，以 MF 为胶合相的烧结层。见表 3-6 中（a）。部分 C_2S 和 C_3S 也沿衬砖表面的气孔与裂纹流入衬砖内，当温度降低时冷凝，与 MgO 颗粒镶嵌在一起。

继续溅渣操作，高熔点颗粒状矿物 C_2S、C_3S 和 MgO 结晶被高速气流喷射到炉衬粗糙表面上，并镶嵌于间隙内，形成了以镶嵌为主的机械结合层；同时富铁熔渣包裹在炉衬砖表面凸起的 MgO 结晶颗粒表面，或填充在已脱离砖体的 MgO 结晶颗粒的周围，形成以烧结为主的化学结合层，见表3-6中（b）。

继续进一步的溅渣，大颗粒的 C_2S、C_3S 和 MgO 飞溅到结合层表面并与其 C_3F 和 RO 相结合，冷凝后形成溅渣层，见表3-6中（c）。

高 TFe 溅渣工艺与低 TFe 溅渣工艺溅渣层结构对比见表3-7。

表3-7 高 TFe 溅渣工艺与低 TFe 溅渣工艺溅渣层结构对比

特点＼工艺		高 FeO_x 炉渣	低 FeO_x 炉渣
相同点		物相结构相似，基本分为5层，即原始砖层、金属沉淀层、烧结层、结合层、新溅渣层；以砖表面脱碳层为基础，形成烧结层，均以大颗粒 MgO 为主相结合层以高熔点化合物为主，其成分、物相结构与终渣明显不同，熔点也明显提高，溅渣层的成分、物相结构与终渣相近	
不同点	形貌特征	烧结层发达，烧结层与结合层界面模糊	烧结层不发达，烧结层与结合层间界面清晰，结合层很致密
	岩相特征	烧结层以大颗粒 MgO 为主相，以 MF、C_2F 为胶合相；结合层中以 MgO 结晶为主相，C_2S、C_3S 含量少	烧结层以大颗粒 MgO 为主相，以沿气孔渗入的 C_2S、C_3S 冷凝后与 MgO 晶体镶嵌作为胶合相。结合相主要为 C_2S 和 C_3S，少量小颗粒 MgO 结晶和 C_2F、RO 相均匀分布
	形成机理	MgO 与 FeO_x 化学烧结为主形成烧结层和结合层	MgO 结晶与 C_2S、C_2S 机械镶嵌为主形成烧结层；以 C_2S 和 C_3S 冷凝沉积为主形成结合层

D 溅渣层保护炉衬的机理

根据溅渣层物相结构分析了溅渣层的形成，推断出溅渣层对炉衬的保护作用有以下几方面。

（1）对镁碳砖表面脱碳层的固化作用。吹炼过程中镁碳砖表面层碳被氧化，使 MgO 颗粒失去结合能力，在熔渣和钢液的冲刷下大颗粒 MgO 松动→脱落→流失，炉衬被蚀损。溅渣后，熔渣渗入并充填衬砖表面脱碳层的孔隙内，或与周围的 MgO 颗粒反应，或以镶嵌固溶的方式形成致密的烧结层。由于烧结层的作用，衬砖表面大颗粒的镁砂不再会松动→脱落→流失，从而防止了炉衬砖的进一步蚀损。

（2）减轻了熔渣对衬砖表面的直接冲刷蚀损。溅渣后在炉衬砖表面形成了以 MgO 结晶，或 C_2S 和 C_3S 为主体的致密烧结层，这些矿物的熔点明显地高于转炉终点渣，即使在吹炼后期高炉温度下不易软熔，也不易剥落。因而有效地抵抗高温熔渣的冲刷，大大减轻了对镁碳砖炉衬表面的侵蚀。

（3）抑制了镁碳砖表面的氧化，防止炉衬砖体再受到严重的蚀损。溅渣后在炉衬砖表面所形成的烧结层和结合层，质地均比炉衬砖脱碳层致密，且熔点高，这就有效地抑制了高温氧化渣，氧化性炉气向砖体内的渗透与扩散，防止镁碳砖体内部碳被进一步氧化，从而起到保护炉衬的作用。

（4）新溅渣层有效地保护了炉衬－溅渣层的结合界面。新溅渣层在每炉的吹炼过程中都会不同程度地被熔损，但在下一炉溅渣时又会重新修补起来，如此往复循环地运行，所形成的溅渣层对炉衬起到了保护作用。

3.3.2.3 溅渣层的蚀损机理

研究认为，溅渣层渣面处的 TFe 是以 Fe_2O_3 存在，并形成 C_2F 矿物；在溅渣层与镁碳砖结合处，Fe 以 FeO 形式固溶于 MgO 中，同时存在的矿物还有 C_2S，C_2F 已基本消失。由此推断，喷溅到衬砖表面的熔渣与镁碳砖发生如下反应：

$$(FeO) + C = Fe + CO\uparrow$$

$$(FeO) + CO\uparrow = Fe + CO_2\uparrow$$

$$2CaO \cdot Fe_2O_3 + CO\uparrow = 2CaO + 2FeO + CO_2\uparrow$$

$$CO_2\uparrow + C = 2CO\uparrow$$

由于 CO 从溅渣层向衬砖表面扩散，C_2F 中的 Fe_2O_3 逐渐被还原成 FeO，而 FeO 又能固溶于 MgO 之中，大大提高了衬砖表面结合渣层的熔化温度；倘若吹炼终点温度不过高，溅渣层不会被熔损，所以吹炼后期仍然能起到保护炉衬的作用。

在开吹 3～5min 的冶炼初期，熔池温度较低在 1450～1500℃，碱度值低，$R \leqslant 2$，若 w(MgO)在 6%～7%，接近或达到饱和值时，熔渣主要矿物组成几乎全部为硅酸盐，即镁硅石 C_3MS_2($3CaO \cdot MgO \cdot 2SiO_2$) 和橄榄石 CMS($CaO \cdot [Mg,Fe,Mn]O \cdot SiO_2$) 等，有时还有少量的铁浮氏体。溅渣层的碱度高约 $R = 3.5$，主要矿物为硅酸盐 C_3S，熔化温度较高，因此初期熔渣对溅渣层不会有明显的化学侵蚀。

吹炼终点的熔渣碱度值一般在 3.0～4.0，渣中 w(TFe) 在 13%～25%，MgO 含量波动较大，多数控制在 10% 左右，已超过饱和溶解度，其主要矿物组成是粗大的板条状的 C_3S 和少量点球状或针状 C_2S，结合相为 C_2F 和 RO 等，约占总量的 15%～40%；MgO 结晶包裹于 C_2S 晶体中，或游离于 C_2F 结合相中。终点是整个吹炼过程中炉温最高阶段，虽然熔渣碱度较高，但 TFe 含量也高，所以吹炼后期，溅渣层被蚀损主要是由于高温熔化和高铁渣的化学侵蚀。因此，控制好终点熔渣成分和出钢温度才能充分发挥溅渣层保护炉衬的作用，也是提高炉龄的关键所在。

一般转炉渣主要是由 MgO-CaO-SiO_2-FeO 四元系组成。渣中有以 RO 相和 CF 等为主的低熔点矿物出现。它们在形成化合物时都不消耗或很少消耗 MgO，使渣中的 MgO 以方镁石结晶形态存在，熔渣的低熔点矿物以液相分布在方镁石晶体的周围并形成液相渣膜。在生产条件下，由于钢水和熔渣的冲刷作用，液相渣膜的滑移而促使溅渣层的高温强度急剧下降，失去对炉衬的保护作用。所以终点渣碱度控制在 3.5 左右，w(MgO) 含量达到或稍高于饱和溶解度值，降低 TFe 含量，这样可以使 CaO 和 SiO_2 富集于方镁石晶体之间，并生成 CS 和 C_3S 高温固相，从而减少了晶界间低熔点相的数量，提高了溅渣层的结合强度和抗侵蚀能力，但过高的 w(MgO) 含量也没必要。应严格控制出钢温度不要过高。

3.3.2.4 溅渣护炉工艺

A 熔渣成分的调整

转炉采用溅渣护炉技术后，吹炼过程更要注意调整熔渣成分，要做到“初期渣早化，过程渣化透，终点渣做黏”；出钢后熔渣能“溅得起，黏得住，耐侵蚀”。为此应控制合理的 MgO 含量，使终点渣适合于溅渣护炉的要求。

终点渣的成分决定了熔渣的耐火度和黏度。影响终点渣耐火度的主要组成是 MgO、TFe 和碱度 $w(CaO)/w(SiO_2)$。其中 TFe 含量波动较大，一般在 10%～30% 范围内。为了溅渣层有足够的耐火度，主要应调整熔渣的 MgO 含量。

炉渣的岩相研究表明，转炉终点渣组成为高熔点矿物 C_3S 和 C_2S，两者数量之和可达

70%～75%；C_2S熔化温度在2130℃，而C_3S在2070℃。低熔点矿物CF（CaO·Fe_2O_3）熔化温度在1216℃，C_2F（2CaO·Fe_2O_3）稍高些在1440℃，RO相熔化温度也较低，当低熔点相数量达40%时，炉渣开始流动。为了提高溅渣层耐火度必须调整炉渣成分，提高MgO含量，降低低熔点相数量。表3-8为终点渣MgO含量推荐值。

表3-8 终点渣MgO含量推荐值

终渣 w(TFe)/%	8～11	15～22	23～30
终渣 w(MgO)/%	7～8	9～10	11～13

MgO-FeO固溶体熔化温度可以达到1800℃；同时MgO与Fe_2O_3形成的化合物又能与MgO形成固溶体，其固溶体在Fe_2O_3中含量达70%时，熔点仍在1800℃以上；两者均为高熔点耐火材料。倘若提高渣中MgO含量，就会形成连续的固溶体，从MgO-FeO二元相图可知，当w(FeO)含量达50%时，其熔点仍然很高。根据理论分析与国外溅渣护炉实践来看，在正常情况下，转炉终点MgO含量应控制在表3-8所示的范围内，以使溅渣层有足够的耐火度。

溅渣护炉对终点渣TFe含量并无特殊要求，只要把溅渣前熔渣中MgO含量调整到合适的范围，TFe含量的高低都可以取得溅渣护炉的效果。例如，美国LTV公司、内陆钢公司以及我国的宝钢公司等，转炉炼钢的终点渣w(TFe)含量均在18%～27%的范围内，溅渣护炉的效果都不错。如果终点渣TFe含量较低，渣中C_2F量少，RO相的熔化温度就高。在保证足够耐火度情况下，渣中MgO含量可以降低些。终点渣TFe含量低的转炉溅渣护炉的成本低，也容易获得高炉龄。

调整熔渣成分有两种方式：一种是转炉开吹时将调渣剂随同造渣材料一起加入炉内，控制终点渣成分，尤其是MgO含量达到目标要求，出钢后不必再加调渣剂；倘若终点熔渣成分达不到溅渣护炉要求，则采用另一种方式，出钢后加入调渣剂，调整w(MgO)含量达到溅渣护炉要求的范围。

调渣剂是指MgO质材料。常用的材料有轻烧白云石、生白云石、轻烧菱镁球、冶金镁砂、菱镁矿渣和高氧化镁石灰等。选择调渣剂时，首先考虑MgO的含量多少，用MgO的质量分数来衡量。

$$\text{MgO的质量分数} = w(\text{MgO})/(1 - w(\text{CaO}) + R \times w(\text{SiO}_2))$$

式中，w(MgO)，w(CaO)，w(SiO_2)分别为调渣剂的MgO、CaO、SiO_2实际质量分数，%；R为炉渣碱度。

不同的调渣剂，MgO含量也不一样。常用调渣剂的成分列于表3-9。根据MgO含量从高到低次序是冶金镁砂、轻烧菱镁球、轻烧白云石、高氧化镁石灰等。如果从成本考虑时，调渣剂应选择价格便宜的，从以上这些材料对比来看，生白云石成本最低；轻烧白云石和菱镁矿渣粒价格比较适中；高氧化镁石灰、冶金镁砂、轻烧菱镁球的价格偏高。

表3-9 常用调渣剂成分

种 类	w/%				
	CaO	SiO_2	MgO	灼减	MgO
生白云石	30.3	1.95	21.7	44.48	28.4
轻烧白云石	51.0	5.5	37.9	5.6	55.5

续表 3-9

种　类	w/%				
	CaO	SiO_2	MgO	灼减	MgO
菱镁矿渣粒	0.8	1.2	45.9	50.7	44.4
轻烧菱镁球	1.5	5.8	67.4	22.5	56.7
冶金镁砂	8	5	83	0.8	75.8
含 MgO 石灰	8.1	3.2	15	0.8	49.7

此外，还应充分注意到加入调渣剂后对吹炼过程热平衡的影响。表 3-10 列出了各种调渣剂的焓及其对炼钢热平衡的影响。

表 3-10　不同调渣剂的焓（H_{1773K} ~ H_{293K}）及对炼钢热平衡的影响

项目 \ 调渣剂种类	生白云石	轻烧白云石	菱镁矿	菱镁球	镁砂	氮气	废钢
焓/MJ · kg^{-1}	3.407	1.762	3.026	2.06	1.91	2.236	1.38
与废钢的热量置换比	2.47	1.28	2.19	1.49	1.38	1.62	1.0
与废钢的热当量置换比	11.38	3.36	4.77	2.21	1.66		

调渣剂与废钢的热当量置换比 I 为：

$$I = [\Delta H_i / (w(MgO)_i \cdot \Delta H_s)] \times 100\% \tag{3-1}$$

式中，I 为置换比；ΔH_i 为 i 种调渣剂的焓，MJ/kg；ΔH_s 为废钢的焓，MJ/kg；$w(MgO)_i$ 为 i 种调渣剂 MgO 的含量，%。

各钢厂可根据自己的情况，选择一种调渣剂，也可以多种调渣剂配合使用。

B　合适的留渣量

合适的留渣数量就是指在确保炉衬内表面形成足够厚度溅渣层，还能在溅渣后对装料侧和出钢侧进行摇炉挂渣即可。形成溅渣层的渣量可根据炉衬内表面积、溅渣层厚度和炉渣密度计算得出。溅渣护炉所需实际渣量可按溅渣理论渣量的 1.1 ~ 1.3 倍进行估算。炉渣密度可取 3.5t/m³，公称吨位在 200t 以上的大型转炉，溅渣层厚度可取 25 ~ 30mm；公称吨位在 100t 以下的小型转炉，溅渣层的厚度可取 15 ~ 20mm。留渣量计算公式如下：

$$W = KABC \tag{3-2}$$

式中，W 为留渣量，t；K 为渣层厚度，m；A 为炉衬的内表面积，m²；B 为炉渣密度，t/m³；C 为系数，一般取 1.1 ~ 1.3。

C　溅渣工艺

（1）直接溅渣工艺。直接溅渣工艺适用大型转炉。要求铁水等原材料条件比较稳定，吹炼平稳，终点控制准确，出钢温度较低。其操作程序是：

1）吹炼开始在加入第一批造渣材料的同时，加入大部分所需的调渣剂；控制初期渣 $w(MgO)$ 在 8% 左右，可以降低炉渣熔点，并促进初期渣早化。

2）在炉渣"返干期"之后，根据化渣情况，再分批加入剩余的调渣剂，以确保终点渣 MgO 含量达到目标值。

3）出钢时，通过炉口观察炉内熔渣情况，确定是否需要补加少量的调渣剂；在终点碳、温度控制准确的情况下，一般不需再补加调渣剂。

4）根据炉衬实际蚀损情况进行溅渣操作。

（2）出钢后调渣工艺。出钢后调渣工艺适用于中小型转炉。由于中小型转炉的出钢温度偏高，因此熔渣的过热度也高。再加上原材料条件不够稳定，往往终点后吹，多次倒炉，致使终点渣 TFe 含量较高，熔渣较稀；MgO 含量也达不到溅渣的要求，不适于直接溅渣。只得在出钢后加入调渣剂，改善熔渣的性态，以达到溅渣的要求。用于出钢后的调渣剂，应具有良好的熔化性和高温反应活性、较高的 MgO 含量以及较大的热焓，熔化后能明显、迅速地提高渣中 MgO 含量和降低熔渣温度。其吹炼过程与直接溅渣操作工艺相同。出钢后的调渣操作程序如下：

1）终点渣 $w(\mathrm{MgO})$ 控制在 8% ~10%。

2）出钢时，根据出钢温度和炉渣状况决定调渣剂加入的数量，并进行出钢后的调渣操作。

3）调渣后进行溅渣操作。

出钢后调渣的目的是使熔渣 MgO 含量达到饱和值，提高其熔化温度，同时由于加入调渣冷料吸热，从而降低了熔渣的过热度，提高了黏度，以达到溅渣的要求。

若单纯调整终点渣 MgO 含量，加调渣剂只调整 MgO 含量达到过饱和值，同时吸热降温稠化熔渣，达到溅渣要求。如果同时调整终点渣 MgO 和 TFe 含量，除了加入适量的含氧化镁调渣剂外，还要加一定数量的含碳材料，以降低渣中 TFe 含量，也利于 MgO 含量达到饱和。例如，首钢三炼钢厂就曾进行过加煤粉降低渣中 TFe 含量的试验。

D 溅渣工艺参数

溅渣工艺要求在较短的时间内，将熔渣能均匀地溅射涂敷在整个炉衬表面，并在易于蚀损而又不易修补的耳轴、渣线等部位，形成厚而致密溅渣层，使其得以修补，因此必须确定合理的溅渣工艺参数。主要包括：合理地确定喷吹氮气的工作压力与流量，确定最佳喷吹枪位，设计溅渣喷枪结构与尺寸参数。

炉内溅渣效果的好坏，可从通过溅黏在炉衬表面的总渣量和在炉内不同高度上溅渣量是否均匀来衡量。水力学模型试验与生产实践都表明，溅渣喷吹的枪位对溅渣总量有明显的影响。对于同一氮压条件下，有一个最佳喷吹枪位。当实际喷吹枪位高于或低于最佳枪位时，溅渣总量都会降低；熔渣黏度对溅渣总量也有影响，随熔渣黏度的增加，溅渣量明显减少。研究与实践还表明，在炉内不同高度上溅渣量的分布是很不均匀的，转炉耳轴以下部位的溅渣量较多，而耳轴以上部位随高度的增加溅渣量明显减少。

溅渣的时间要求 3min 左右，要在炉衬的各部位形成一定厚度的溅渣层，最好采用溅渣专用喷枪。溅渣用喷枪的出口马赫数应稍高一些，这样可以提高氮射流的出口速度，使其具有更高的能量，在氮气低消耗情况下达到溅渣要求。不同马赫数时氮气出口速度与动量列于表 3-11。我国多数炼钢厂溅渣与吹炼使用同一支喷枪操作。

表 3-11 不同马赫数氮气出口速度与动量

马赫数 Ma	滞止压力/MPa	氮气出口速度/$\mathrm{m \cdot s^{-1}}$	氮气出口动量/$\mathrm{(kg \cdot m) \cdot s^{-1}}$
1.8	0.583	485.6	606.4
2.0	0.793	515.7	644.7
2.2	1.084	542.5	678.1
2.4	1.488	564.3	705.4

通常，在确定溅渣工艺参数时，往往先根据实际转炉炉型参数及其水力学模型试验的结果，初步确定溅渣工艺参数；再通过溅渣过程中炉内的实际情况，不断地总结、比较、修正后，确定溅渣的最佳枪位、氮压与氮气流量。针对溅渣中出现的问题，修改溅渣的参数，逐步达到溅渣的最佳结果。

3.3.2.5　溅渣护炉操作

（1）转炉出钢毕迅速将转炉摇动至“0”位置，视渣况决定是否加入改质剂或轻烧白云石（共计）不大于500kg进行调渣，如果时间允许，转炉出钢温度大于1680℃，应适当前后摇动转炉进行降温后溅渣。

（2）如果出钢后进行调渣，必须前后摇动转炉各一次，角度不小于45°。

（3）由操枪工检查确认各项要求符合溅渣条件后可以下枪进行吹氮操作。

（4）氮气流量为14000～15500m^3/h（参考工作压力0.85～0.9MPa）。

（5）吹氮枪位0～2.0m。计划溅渣在耳轴以上部位，枪位在0.8～2.0m之间；计划溅渣的耳轴以下部位，枪位在0～1.2m之间。

3.3.2.6　出渣操作

吹炼结束、提枪，炉子处于垂直位置，摇炉手柄处于“0”位置。

（1）开始倒渣。

1）将摇炉手柄缓慢拉至0～+90°之间的小挡位置，使转炉慢速向前倾动。

2）当炉口出烟罩后，拉动手柄至+90°位置，使炉子快速前倾。

3）当炉子倾动至+60°位置时，将手柄拉至“0”位，让炉子停顿一下。

4）然后将摇炉手柄拉至0～+90°之间的小挡位置，慢速逐步将炉子摇平（炉渣少量流出为止），此时立即将手柄放回“0”位。

5）看清炉长手势指挥：或指挥炉口要高一点即前倾已过位，或指挥炉口要低一点即炉子前倾不足。此时操作按要求的倾动方向点动即快速拉小挡和“0”位数次到位。注意炉子倾动到位后立即将摇炉手柄放回“0”位。这时炉子保持在流渣的角度上，保持缓慢的正常流渣状态。流渣过程中还需根据炉长手势向下点动一两次炉子。

（2）倒渣结束。

1）将摇炉手柄由“0”位拉至－90°，炉口向上回正。

2）当炉子回到+45°时，摇炉手柄拉向“0”位，让炉子停顿一下，再将手柄拉向0～90°之间的小挡位置，使炉子慢速进烟罩。

3）当炉子转到垂直位置时即炉子零位，将手柄拉至“0”位置。在炉子“0”位处倾动机构没有限位装置，以帮助达到正确的“0”位。此时摇炉倒渣操作结束。

3.4　生产实践

3.4.1　加强日常炉体维护

3.4.1.1　补炉技术的应用

转炉装料侧即前大面部位在装料过程中受废钢和铁水机械冲刷严重，出钢侧即后大面在出钢过程中受高温高氧化性钢液以及熔渣的化学侵蚀严重，易于损坏。针对此现象，一般采用补炉的方式对转炉两侧大面进行及时修补。目前采用自流式镁质补炉料，这种补炉料的特点是铺展性好，烧结时间短，耐冲刷性高，使用耐久性长。在生产中，一般根据转炉前后大面具体损蚀情况，动态调整补炉位置，将适量补炉料由废钢斗倒入炉内，本钢180t转炉补炉料用量一般为1.5～2t。将转炉倾动到适当角度，使补炉料充分展开、摊平，转炉停止倾动视炉衬损蚀情况和生产节奏烧结30～50min。补炉结束后应用Ⅰ挡缓慢将炉体摇起，如补装料侧即前大面还应回零投料，垫护前大面，以免废钢和铁水将补炉料冲刷掉。

3.4.1.2 喷补技术的应用

喷补技术适用于转炉炉衬有局部损坏又不宜用补炉料修补时，如耳轴部位损坏。其工作原理为：对局部蚀损严重的部位集中喷射耐火材料，使其与炉衬砖烧结为一体，进而完成对炉衬的修复。喷补技术分为干法喷补、半干法喷补和火焰喷补三类，其中本钢炼钢厂采用半干法喷补技术。

（1）喷补料的组成。喷补料由耐火材料、化学结合剂、增塑剂和少量水组成。其中耐火材料选用冶金镁砂。化学结合剂可用固体水玻璃，即硅酸盐（$Na_2O \cdot SiO_2$）、也可用络酸盐、磷酸盐等。此外还可以加入适量羧甲基纤维素。

（2）喷补工艺。将适量镁质喷补料（一般为0.6～1.0t）加水20%～25%在喷补机的枪内混合均匀，用工作压力为0.2～0.3MPa压缩空气作为运载气体，将混匀的喷补料喷射至表面温度为800～1000℃的炉衬受损部位，形成厚度为30～50mm的喷补层，并烧结不小于10min的时间使其与炉衬砖烧结为一体，进而完成对炉衬的修复。

3.4.2 常用耐火材料的识别和选用

3.4.2.1 转炉常用耐火材料的识别

A 按外形尺寸识别

（1）标准砖。国家标准规定尺寸的典型标准砖，如图3-13所示，尺寸为230mm×115mm×100mm（常用）或230mm×115mm×80(60)mm等。

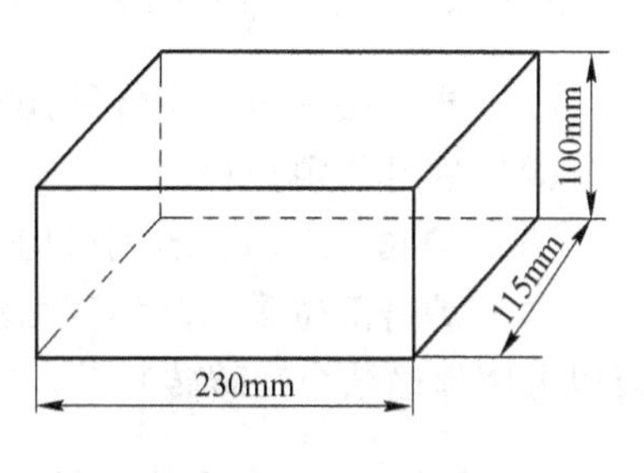

图3-13 标准砖示意

（2）非标准砖。国家标准规定尺寸以外的耐火砖统称为非标准砖，如图3-14所示。

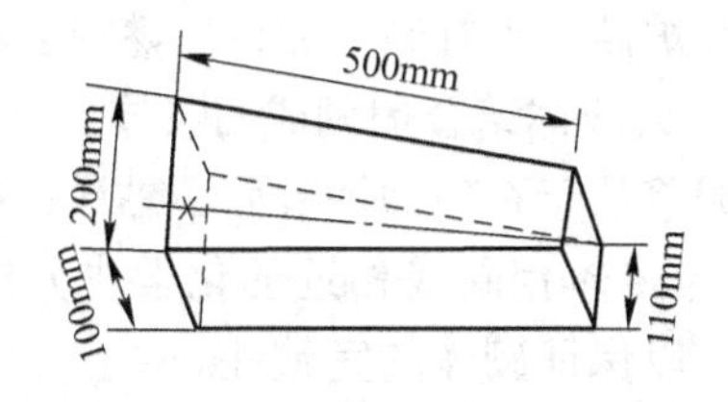

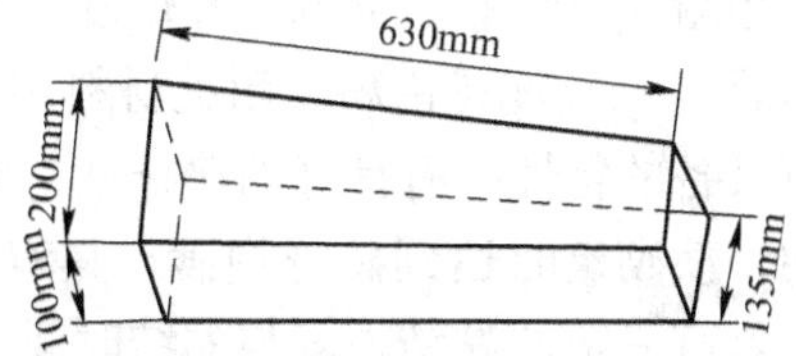

图3-14 非标准砖示意

1）条形砖。尺寸为300mm×100mm×100(80,60)mm。

2）楔形砖。厚薄相同，但两头尺寸各异的耐火砖，尺寸为200(110)mm×500mm×

100mm 或 200(135)mm×630mm×100mm。

3）异型砖。主要指棱长、形状不规则的耐火砖。

B 按颜色、成分、用途识别

（1）镁砂。黄色细粒（细粉），主要成分为 $w(MgO)>85\%$，是砌筑碱性炉衬的重要材料，也可做补炉料，制镁砂砖等。镁砂的耐火度在 2000℃以上，有较好的抵抗炉渣侵蚀的能力。但其热稳定性差，导热量大。

（2）白云石。灰白色颗粒，主要成分为 $w(CaO)=52\%\sim58\%$、$w(MgO)\geqslant35\%$。它也是砌筑碱性炉衬的重要材料之一，也可作为制砖材料（如焦油白云石砖）和补炉料。白云石的耐火度大于 2000℃，有较好的抗渣性。其热稳定性比镁砂好，但易潮解粉化。

（3）耐火泥。其作用是在砌筑炉衬时填充砖缝，使砖体具有良好的紧密性，防止渗漏。根据其主要成分的不同，耐火泥可分为黏土质、高铝质、硅质、镁质等。耐火泥使用时应与耐火砖相匹配，二者应具有相同的化学成分和物理性质，以保证砌体的强度，且二者不相互侵蚀。

（4）硅质砖（酸性砖）。外表呈淡橘黄色，耐火度较低（1710℃），耐急冷急热性很差，抵抗碱性渣侵蚀的能力很差，所以碱性转炉不使用此砖。

（5）镁碳砖。$w(MgO)=70\%\sim75\%$，$w(C)=10\%\sim18\%$，为第二代炉衬砖，外观黑色，表面比较光滑，质地较硬，不易受潮风化，耐火度较高，广泛应用于转炉。

（6）焦油白云石砖。外观黑色（比镁碳砖较淡），表面隐约有雪花白点（其剖面则有清晰白点），表面较粗糙，适用于小型转炉。

（7）高铝砖。外观为淡黄色，表面光洁，耐急冷急热性好，用于电炉炉顶。

（8）焦油沥青镁砂砖。外观黑色，发亮，用于电炉。

3.4.2.2 转炉常用耐火材料的选用

（1）永久层一般采用烧结镁砖砌筑。

（2）底部为填充料。

（3）炉底、炉帽、出钢口均采用焦油结合镁碳砖。

（4）炉身部位采用高强度酚醛树脂结合镁碳砖（为降低成本，炉身接近炉帽的几层可以采用焦油结合镁碳砖）。

3.4.2.3 转炉常用补炉材料的识别

转炉补炉用耐火材料有耐火泥、补炉砂、补炉砖、喷补料、镁砂、熟白云石等。

（1）耐火泥。耐火泥是由粉状耐火材料用水或液体结合剂调成的浆体。

耐火泥应具备的特性：有良好的涂抹性，泥浆易于在砖面铺展而不黏滞；砌筑时具有一定的保水性，使砌筑时达到砖缝饱满；具有与砖体相同或相近的化学成分组成和热膨胀、抗渣性；具有一定的黏结强度与黏结时间，以保证砌体的完整性。

（2）补炉砂。补炉砂一般由镁质白云石颗粒加焦油、沥青组成，为黑色散状料，有热砂和冷砂两种。

热砂为不定型制砖料，一般由镁质白云石颗粒加焦油、沥青搅拌而成，为黑色散状料，有熔化沥青的光泽，并有一定的温度。使用热砂的优点是补炉砂容易与炉衬本体烧结牢固。

冷砂一般为废弃补炉砖经耐材厂轧碎而成，灰黑色，无光泽，常温为不规则的散状料。使用冷砂的优点是补炉砂易铺展。

（3）补炉砖。补炉砖一般为扁平的立方体，贴于炉衬受损表面。由于扁平接触面大，易补牢。补炉砖材料一般为焦油白云石质，表面呈黑灰色，其中有小白点，断裂面处可见明显白点。如果放置时间长，表面白点更清晰，同时会有粉化现象。

（4）喷补料。喷补料是转炉喷补用的耐火材料，主要材料是镁砂。

（5）镁砂。镁砂为细小颗粒状或粉状，浅黄色。

（6）熟白云石（经焙烧的白云石）。熟白云石为中细颗粒状，灰白色，拌有结合剂后做填补炉衬前后大面使用。

3.4.2.4 转炉热修补料的选择与使用

转炉炼钢是当今世界的主要炼钢方法，随着火焰喷补、干法喷补、溅渣护炉等高温修补技术的应用，转炉的寿命大幅度提高。其中烧结修补料广泛用于装料侧、底部及出钢侧壁等水平方向的修补，利用出钢后的间隙投料，作业简便，成为延长转炉炉龄的重要材料之一。

根据转炉生产的特点及修补料的使用方式，要求修补料应具有以下特点：优质的高温性能和良好的抗钢水、熔渣冲刷侵蚀能力；良好的流动性和适宜的硬化时间；与被修补砖衬有良好的黏结强度和好的耐用性。

选用 MgO 含量较高的烧结镁砂为主原料，添加一定量的鳞片状石墨，以改性的焦油沥青和热塑性酚醛树脂为结合剂，这样的修补料其性能指标可以满足生产要求。

3.4.3 转炉炉衬组成以及砌筑方法

3.4.3.1 转炉炉衬的组成

转炉炉衬由绝热层、永久层和工作层组成。绝热层一般用多晶耐火纤维砌筑而成。永久层各部位用砖不完全一样，多用低档镁碳砖、焦油白云石砖或烧结镁砖砌筑。工作层全部由镁碳砖砌筑而成，直接与高温炉液以及熔渣接触，环境恶劣。

3.4.3.2 砌筑方法

在吹炼过程中，由于各部位工作条件不同所受侵蚀程度也不一样，为均衡整个炉衬砖的蚀损程度，采用综合砌炉法延长炉衬的整体使用寿命。炉衬的装料侧、出钢侧受钢（铁）水的热冲击和冲刷较大，受损严重；两侧耳轴部位除受吹炼过程外，其表面无渣层覆盖，衬中碳极易被氧化，此处又不好修补蚀损严重；渣线部位与熔渣长时间接触，受熔渣蚀损也极为严重，这些部位均应采用 MT18A 镁碳砖，以保证具有良好的抗热震性和高温强度以及具有足够的耐热性。熔池部位、炉口部位、炉帽部位、炉底相对蚀损较轻，一般采用 MT18B 镁碳砖砌筑。

3.4.3.3 砌筑要求

转炉炉衬的砌筑质量是炉龄的基础。在炉衬砌筑时必须遵循“靠紧、背实、填严”

的原则，砖与砖尽量靠紧，砖缝不得大于 1mm，上下缝隙不大于 2mm，但必须预留一定的膨胀缝；缝与间隙要用不定性耐火材料填实、捣紧；绝热层与永久层之间、永久层与工作层之间要靠实，并用镁砂填严。炉底的砌筑还需保证其水平度；砌砖合门位置要选择得当，合门砖应使用调整砖或切削加工砖，并要顶紧，砖缝要层层错开，各段错落要均匀；出钢口应严格按技术规程安装、砌筑；炉底与炉身接缝要严密，以防漏钢。

3.4.4 转炉工作层镁碳砖的蚀损机理

转炉炉衬的损蚀就是工作层镁碳砖的损蚀。镁炭砖中含有相当数量的石墨碳，它与熔渣的阻湿性较差，阻碍着熔渣向砖体内的渗透。由于镁炭砖的材料构成，其存在以下损蚀机理。

镁炭砖存在着明显的三层结构，工作表面有 1 ~ 3mm 很薄的熔渣渗透层，也称反应层；与反应层相邻的是脱碳层，厚度为 0.2 ~ 2mm，也称变质层；与变质层相邻的是原砖层。其各层化学成分与岩相组织各异。镁炭砖工作层的碳首先受到氧化性熔渣 TFe 等氧化物、供入的 O_2、炉气中 CO_2 等氧化性气氛的氧化作用，以及高温下 M90 的还原作用，使镁炭砖工作层表面形成脱碳层。其反应式如下：

$$FeO + C \longrightarrow CO\uparrow + Fe$$

$$CO_2 + C \longrightarrow 2CO\uparrow$$

$$MgO + C \longrightarrow Mg + CO\uparrow$$

砖体的工作层表面由于碳的氧化脱除，组织松动脆化，在炉液的流动冲刷下流失而被蚀损；同时，由于碳的脱出所形成的空隙，或者镁砂颗粒产生微细裂纹，熔渣从空隙和裂纹的缝隙渗入，并与 MgO 反应生成低熔点 CMS（CaO · Mgo · SiO_2）、C_3MS_2（3CaO · MgO · 2SiO_2）、CaO · Fe_2O_3 · FeO 及 MgO · Fe_2O_3 固溶体等矿物。经过氧化—脱碳—冲蚀不断的作用过程，最终镁砂颗粒飘移流失于熔渣之中，镁炭砖就是这样被蚕食损坏的。转炉从加废钢兑铁开始，整个吹炼过程中进行着极其复杂、激烈的物理化学反应和机械运动。炉衬承受着高温和机械冲蚀等各种恶劣条件的影响，在使用过程中炉衬受到损坏的主要因素有以下几方面。

（1）机械作用。由于废钢块度尺寸及重量不尽合理，在加废钢操作中，大块重料废钢以及棱角较尖锐的精料废钢对炉体装料侧大面冲击严重，加之兑铁操作时高温铁水的冲刷极易造成大面损蚀。吹炼过程中炉内溶液随着氧气射流的冲击流动对炉衬的冲刷磨损也极为严重。

（2）高温作用。转炉炉衬需承受 1600℃以上甚至 1700℃的高温环境，炉衬受热时会产生巨大的膨胀应力。尤其是反应区的高温作用会使炉衬表面软化、熔融，造成炉衬损伤。

（3）化学侵蚀。转炉吹炼过程中，炉内进行着极其激烈又复杂的物理化学反应，炉衬承受着由这些反应而产生的高温炉渣与炉气对炉衬的氧化还原等化学侵蚀作用，损蚀严重。

（4）炉衬剥落。在炼钢过程中，炉内溶液温度是变化的，从开始时装入 1250 ~ 1400℃的铁水逐渐升高至 1670℃甚至 1700℃，出钢结束后，炉内温度又再次降低。在吹炼过程中，还会根据工艺要求加入降温料进行温度的调整，炉内温度的急冷急热会引起炉衬的层层脱落，并且会引起炉衬砖本身矿物组成分解进而出现层裂等现象。

综上所述，这些因素的单独作用或综合作用会导致炉衬砖的损坏。

3.4.5 优化冶炼工艺维护转炉炉衬

(1) 优化转炉装入制度。为减少对炉衬的机械冲击和磨损，所加废钢必须有合理的块度尺寸并且执行正确的加入顺序，保证小块轻料废钢先加入大块重料废钢后加入，若废钢块度较大，棱角尖锐，也可视生产节奏情况，投料垫护前大面再加废钢。在装入量方面，要根据钢包大小情况以及铁水信息和废钢的状况及时调整装入量和废钢匹配，减少因剩钢或终点温度不够而引起过吹现象等造成的炉衬损蚀。

(2) 优化造渣工艺。

1) 采用合理的加料制度。造渣采用多批次、少批量操作方法。由于在转炉开吹后，铁水中率先氧化的是 Si、Mn、Fe 等化学元素，生成大量酸性氧化物，熔渣碱度较低，此时应根据铁水 Si 含量加入全部或大部分轻烧白云石和头批石灰，及时补充炉内碱性氧化物 MgO、CaO 含量，提高炉渣碱度，保护炉衬免受损失。而后合理调整枪位并配加造渣料，做到吹炼过程中温度均匀上升，减少“返干”时间，保证初期早化渣，过程化好渣，终点化透做黏渣。

2) 选用合理的降温材料和助熔剂。杜绝萤石、铝矾土等对炉衬侵蚀较大的助熔剂的使用。采用铁皮球、铁矿石以及各种烧结返矿作为降温料和助熔剂，视过程化渣情况合理加入，保证炉渣快速熔化，改善炉渣返干现象，减少对炉衬的侵蚀。同时应尽量避免冶炼后期金属降温料的加入，避免带入大量 TFe 而影响炉渣黏度。

(3) 优化炼钢过程控制。

1) 尽量提高终点碳含量。对于一些中碳钢以及高碳钢的冶炼，利用先进的副枪测量技术和转炉二级控制系统。采用高拉碳的工艺措施，提高了终点碳含量，减少了增碳剂的加入量，同时使钢水中氧含量得到有效降低，从而降低终渣 TFe 含量，保障了终渣黏度，减轻了对炉衬砖的化学侵蚀，同时为溅渣护炉提供了良好的终渣条件。

2) 合理控制出钢温度，减小高温钢对炉衬损蚀。根据需求合理确定出钢温度，并通过调铁水、废钢的匹配，以及过程降温料的合理加入控制钢水终点温度，尤其是避免1700℃以上高温钢的出现，减少对炉衬的侵蚀。

3) 提高终点碳和温度命中率，减少补吹侵蚀。由于点拉碳或温度控制失误，有时需要对钢水进行吹炼操作以降低碳含量或提高钢水温度。但补吹引起钢水过氧化，加剧对炉衬的侵蚀并影响终渣黏度进而影响溅渣护炉效果，因此应加强操作技能，提高碳温一次性命中率，减少补吹，从而减轻对炉衬的侵蚀。

思考与习题

3-1 如何保护炉衬？

3-2 转炉炉衬最易被侵蚀的部位是哪个，说明原因。如何综合砌炉？

3-3 叙述补炉的目的。

3-4 叙述白云石加入方式对炉衬寿命的影响。

3-5 影响炉衬寿命的因素有哪些?
3-6 对补炉料有何要求?
3-7 对转炉喷布料的要求有哪些?
3-8 溅渣护炉的意义是什么?
3-9 影响溅渣护炉的因素有哪些，各自的作用是什么?
3-10 叙述溅渣护炉的操作要点。
3-11 简述镁炭砖侵蚀的机理。
3-12 简述溅渣护炉保护炉衬的机理。
3-13 提高炉衬寿命、优化炼钢控制的主要措施有哪些?
3-14 叙述补炉的注意事项。

4 转炉生产相关设备操作与维护

4.1 转炉炉体操作与维护

转炉系统设备是由转炉炉体（包括炉壳和炉衬）、炉体支承系统（包括托圈、耳轴、耳轴轴承及支座）、倾动机构组成的。

4.1.1 炉壳

转炉炉壳的作用是承受钢液、渣液、耐火材料的全部重量，保持炉子有固定的形状，倾动时承受扭转力矩。

大型转炉炉壳如图 4-1 所示。由图可知，炉壳本身主要由三部分组成：锥形炉帽、圆柱形炉身和炉底。各部分用普通锅炉钢板或低合金钢板成型后，再焊成整体。三部分连接的转折处必须以不同曲率的圆滑曲线来连接，以减少应力集中。

为了适应转炉高温、频繁倾动作业的特点，要求转炉炉壳必须具有足够的强度和刚度，在高温下不变形、在热应力作用下不破裂。考虑到炉壳各部位受力的不均衡，炉帽、炉身、炉底应选用不同厚度钢板，特别是对大转炉来说更应如此。炉壳各部位钢板的厚度可根据经验选定。

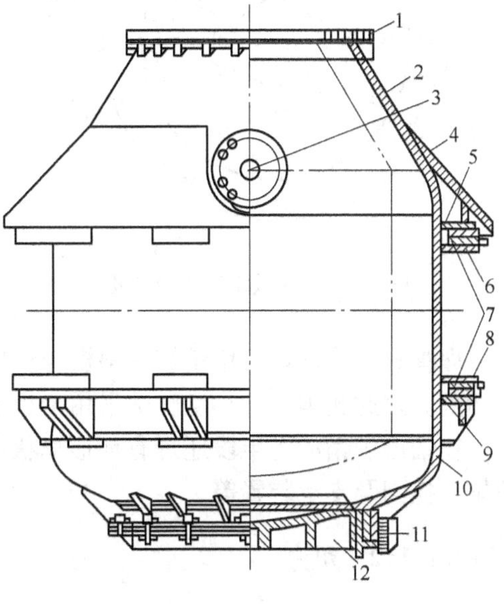

图 4-1 转炉炉壳图

1—水冷炉口；2—锥形炉帽；3—出钢口；4—护板；5，9—上、下卡板；6，8—上、下卡板槽；7—斜块；10—圆柱形炉身；11—销钉和斜楔；12—可拆卸活动炉底

4.1.1.1 炉帽

炉帽的作用是承受高温烟气、喷溅物（钢液、熔渣）的直接作用，燃烧法净化系统的炉帽还要承受烟罩辐射热的作用，其温度可达 280～350℃。

炉帽部分的形状有截头圆锥体形和半球形两种。半球形的刚度好，但制造时需要做胎模，加工困难；而截头圆锥体形制造简单，但刚度稍差，一般用于 30t 以下的转炉。

炉帽上设有出钢口。因出钢口最易烧坏，为了便于修理更换，最好设计成可拆卸式的，但小转炉的出钢口还是直接焊接在炉帽上为好。

在炉帽的顶部，都装有水冷炉口。它的作用是：防止炉口钢板在高温下变形，提高炉帽的寿命；另外，还可以减少炉口结渣，而且即使结渣也较易清理。

水冷炉口有水箱式和埋管式两种结构。

水箱式水冷炉口用钢板焊成，如图 4-2 所示。在水箱内焊有若干块隔水板，使进入的冷却水在水箱中形成一个回路。同时隔水板也起撑筋作用，以加强炉口水箱的强度。这种水冷炉口在高温下，钢板易产生热变形而使焊缝开裂漏水。在向火焰的炉口内环用厚壁无缝钢管，使焊缝减少，对防止漏水是有效的。

埋管式水冷炉口是把通冷却水用的蛇形钢管埋铸于灰口铸铁、球墨铸铁或耐热铸铁的炉口中，如图 4-3 所示。这种结构不易烧穿漏水，使用寿命长；但存在漏水后不易修补，且制作过程复杂的缺点。

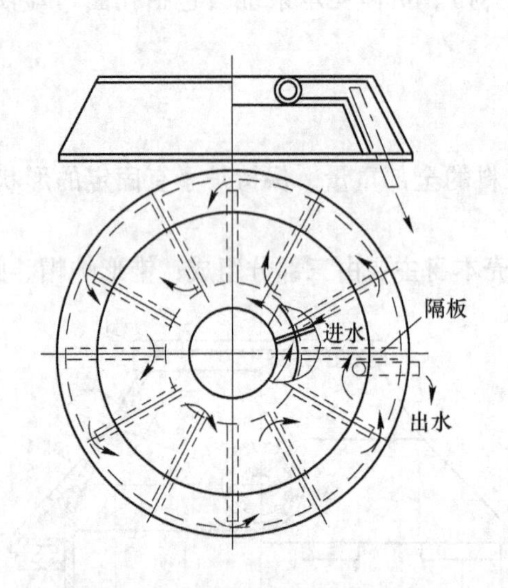

图 4-2　水箱式水冷炉口结构

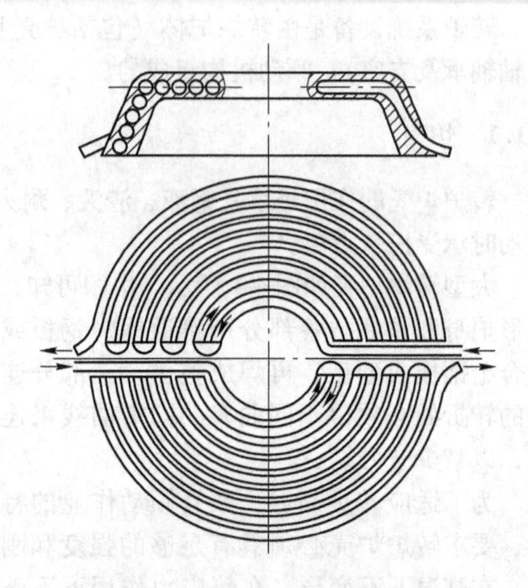

图 4-3　埋管式水冷炉口结构

埋管式水冷炉口可用销钉－斜楔与炉帽连接，由于喷溅物的黏结，拆卸时不得不用火焰切割。因此我国中、小型转炉采用卡板连接方式将炉口固定在炉帽上。

在锥形炉帽的下半段还焊有环形伞状挡渣护板（裙板），以防止喷溅出的渣、钢烧损炉帽、托圈及支承装置等。

4.1.1.2　炉身

炉身在冶炼过程中承受各种应力作用，因此既要保证其质量好、厚度大，又要有足够的强度。炉身受到托圈的遮蔽，炉壳上的热量难以散失，冶炼过程中炉衬侵蚀严重时，该部位接近反应高温区，其温度较高，可达到 270 ~ 320℃。

炉身一般为圆筒形。它是整个转炉炉壳受力最大的部分。转炉的全部重量（包括钢水、炉渣、炉衬、炉壳及附件的重量）通过炉身和托圈的连接装置传递到支承系统上，并且它还要承受倾动力矩，因此用于炉身的钢板要比炉帽和炉底适当厚些。

炉身被托圈包围部分的热量不易散发，在该处易造成局部热变形和破裂。因此，应在炉壳与托圈内表面之间留有适当的间隙，以加强炉身与托圈之间的自然冷却，防止或减少炉壳中部产生变形（椭圆形和胀大）。

炉帽与炉身也可以通水冷却，以防止炉壳受热变形，延长其使用寿命。

4.1.1.3 炉底

炉底主要承受钢、渣及耐材的压力,温度升高不大。炉底部分有截锥形和球缺形两种。截锥形炉底制作和砌砖都较为简便,但其强度不如球缺形好,适用于小型转炉。炉底部分与炉身的连接分为固定式与可拆式两种。相应地,炉底结构也有死炉底和活炉底两类。

(1) 固定式炉底(死炉底)。特点:结构简单、质量轻、造价低、使用可靠。但修炉时必须采用上修,修炉劳动条件差、时间长,多用于小型转炉。

(2) 可拆式炉底(活炉底)。特点:采用下修炉方式,拆除炉底后,炉衬冷却快,拆衬容易,因此,修炉方便,劳动条件较好,可以缩短修炉时间,提高劳动生产率,适用于大型转炉。但活炉底装、卸都需专用机械或车辆(如炉底车)。

(3) 制作要求。炉底各部分用普通锅炉钢板或低合金钢板成型后,再焊成整体。三部分连接的转折处必须以不同曲率的圆滑曲线来连接,以减少应力集中。

4.1.2 炉体支承设备

炉体支承系统包括:支承炉体的托圈、炉体和托圈的连接装置以及支承托圈的耳轴、耳轴轴承和轴承座等。托圈与耳轴连接,并通过耳轴坐落在轴承座上,转炉则坐落在托圈上。转炉炉体的全部重量通过支承系统传递到基础上,而托圈又把倾动机构传来的倾动力矩传给炉体,并使其倾动。

4.1.2.1 托圈与耳轴

A 托圈与耳轴的作用、结构

托圈和耳轴是用以支承炉体并传递转矩的构件。对托圈来说,它在工作中除承受炉壳、炉衬、钢水和自重等全部静载荷外,还要承受由于频繁启动、制动所产生的动载荷和操作过程所引起的冲击载荷,以及来自炉体、钢包等热辐射作用而引起的热负荷。如果托圈采用水冷,则还要承受冷却水对托圈的压力。故托圈结构必须具有足够的强度、刚度和韧性才能满足转炉生产的要求。

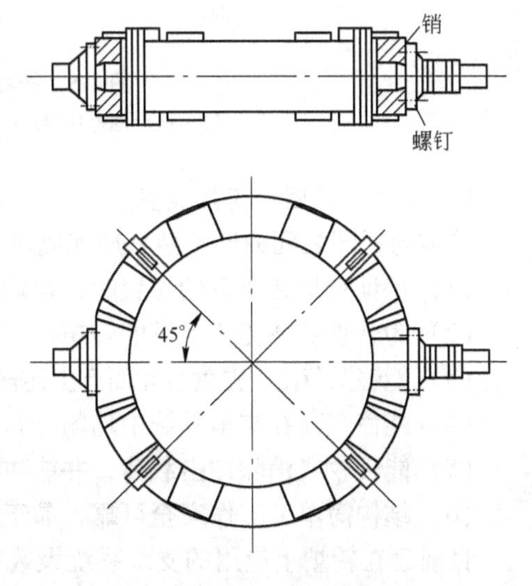

图 4-4 剖分式托圈

托圈的结构如图 4-4 所示。它是断面为箱形或开式的环形结构,两侧有耳轴座,耳轴装在耳轴座内。大、中型转炉的托圈多采用箱形的钢板焊接结构,为了增大刚度,中间加焊一定数量的直立筋板。这种结构的托圈受力状况好,抗扭刚度大,加工制造方便,还可通水冷却,使水冷托圈的热应力降低到非水冷托圈的 1/3 左右。

考虑到机械加工和运输的方便,大、中型转炉的托圈通常做成两段或四段的剖分式结构(图 4-4 为剖分为四段加工制造的托圈),然后,在转炉现场再用螺栓连接成整体。而小型转炉的托圈一般是做成整体的（钢板焊接或铸件）。

转炉的耳轴支承着炉体和托圈的全部重量，并通过轴承座传给地基，同时倾动机构低转速的大扭矩又通过耳轴传给托圈和转炉。耳轴要承受静、动载荷产生的转矩、弯曲和剪切的综合负荷，因此，耳轴应有足够的强度和刚度。转炉两侧的耳轴都是阶梯形圆柱体金属部件。由于转炉时常转动，有时要转动 ±360°，而水冷炉口、炉帽和托圈等需要的冷却水也必须连续地通过耳轴，同时耳轴本身也需要水冷，所以，耳轴要做成空心的。

B　托圈与耳轴的连接

托圈与耳轴的连接有法兰螺栓连接、静配合连接和直接焊接 3 种方式，如图 4-5 所示。

法兰螺栓连接如图 4-5（a）所示。耳轴用过渡配合装入托圈的耳轴座中，再用螺栓和圆销连接、固定，以防止耳轴与耳轴孔发生相对转动和轴向移动。这种连接方式连接件较多，而且耳轴需要一个法兰，从而增加了耳轴的制造难度。

静配合连接如图 4-5（b）所示。耳轴有过盈尺寸，装配时用液体氮将耳轴冷缩后插入耳轴座中，或把耳轴孔加热膨胀，将耳轴在常温下装入耳轴孔中。为了防止耳轴与耳轴孔产生转动和轴向移动，传动侧耳轴的配合面应拧入精制螺钉，游动侧采用带小台肩的耳轴。

耳轴与托圈直接焊接如图 4-5（c）所示。这种结构没有耳轴座和连接件，结构简单，质量轻，加工量少。制造时先将耳轴与耳轴板用双面环形焊缝焊接，然后将耳轴板与托圈腹板用单面焊缝焊接。但制造时要特别注意保证两耳轴的平行度和同心度。

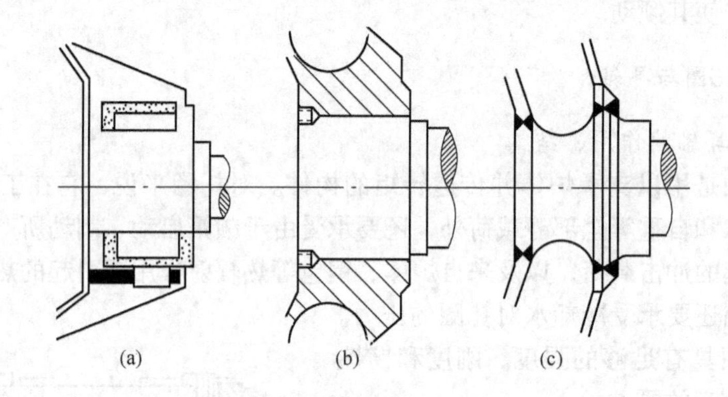

图 4-5　托圈与耳轴的连接方式
（a）法兰螺栓连接；（b）静配合连接；（c）焊接连接

C　炉体与托圈的连接装置

炉体与托圈之间的连接装置应能满足下述要求：

（1）保证转炉在所有的位置时，都能安全地支承全部工作负荷。

（2）为转炉炉体传递足够的转矩。

（3）能够调节由于温度变化而产生的轴向和径向的位移，使其对炉壳产生的限制力最小。

（4）能使载荷在支承系统中均匀分布。

（5）能吸收或消除冲击载荷，并能防止炉壳过度变形。

（6）结构简单，工作安全可靠，易于安装、调整和维护，而且经济。

目前已在转炉上应用的支承系统大致有以下几类：

（1）悬挂支承盘连接装置。悬挂支承盘连接装置。如图 4-6 所示，属三支点连接结构，位于两个耳轴位置的支点是基本承重支点，而在出钢口对侧，位于托圈下部与炉壳相连接的支点是一个倾动支承点。

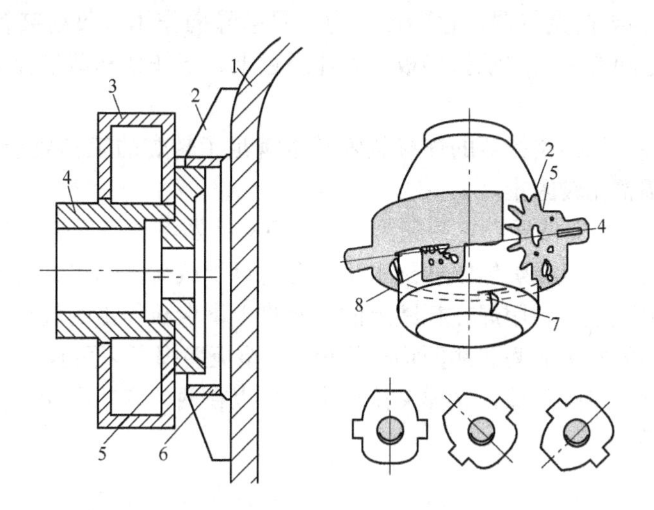

图 4-6 悬挂支承盘连接装置

1—炉壳；2—星形筋板；3—托圈；4—耳轴；5—支承盘；6—托环；7—导向装置；8—倾动支承器

两个承重支点主要由支承盘 5 和托环 6 构成，托环 6 通过星形筋板 2 焊接在炉壳上，支承盘 5 装在托环内，它们不同心，有约 10mm 的间隙。

在倾动支承点装有倾动支承器 8，在与倾动支承器同一水平轴线的炉体另一侧装有导向装置 7，它与倾动支承器构成了防止炉体沿耳轴方向窜动的定位装置。

悬挂支承盘连接装置的主要特征是炉体处于任何倾动位置，都始终保持托环与支承盘顶部的线接触支承。同时，在倾动过程中炉壳上的托环始终沿托圈上的支承盘滚动。所以，这种连接装置倾动过程平稳、没有冲击。此外，结构也比较简单，便于快速拆换炉体。

（2）夹持器连接装置。夹持器连接装置的基本结构是沿炉壳圆周装有若干组上、下托架，并用它们夹住托圈的顶面和底部，通过接触面把炉体的负荷传给托圈。当炉壳和托圈因温差而出现热变形时，可自由地沿其接触面相对位移。

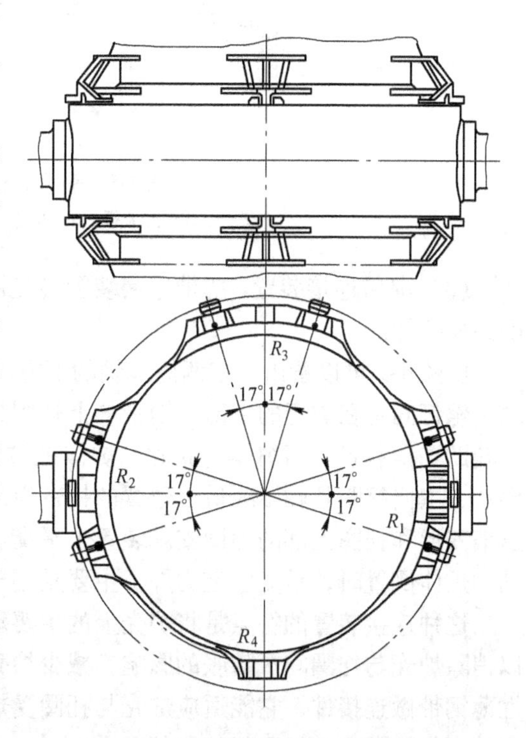

图 4-7 双面斜垫板托架夹持器结构

图 4-7 为双面斜垫板托架夹持器的典型结构。它由 4 组夹持器组成。两耳轴部位的

两组夹持器 R_1、R_2 为支承夹持器，用于支承炉体和炉内液体等的全部重量。位于装料侧托圈中部的夹持器 R_3 为倾动夹持器，转炉倾动时主要通过它来传递倾动力矩。靠出钢口的一组夹持器 R_4 为导向夹持器，它不传递力，只起导向作用。每组夹持器均有上、下托架，托架与托圈之间有一组支承斜垫板。炉体通过上、下托架和斜垫板夹住托圈，借以支承其重量。

这种双面斜垫板托架夹持器的连接装置基本满足了转炉的工作要求，但其结构复杂，加工量大，安装调整比较困难。

图 4-8 为平面卡板夹持器。它一般由 4～10 组夹持器将炉壳固定在托圈上，其中有一对布置在耳轴轴线上，以便炉体倾转到水平位置时承受载荷。每组夹持器的上下卡板用螺栓成对地固定在炉壳上，利用焊在托圈上的卡座将上下卡板伸出的底板卡在托圈的上下盖板上。底板和卡座的两平面间和侧面均有垫板 3，垫板磨损可以更换。托圈下盖板与下卡板的底板之间留有一定的间隙，这样夹持器本体可以在两卡座间滑动，使炉壳在径向和轴向的胀缩均不受限制。

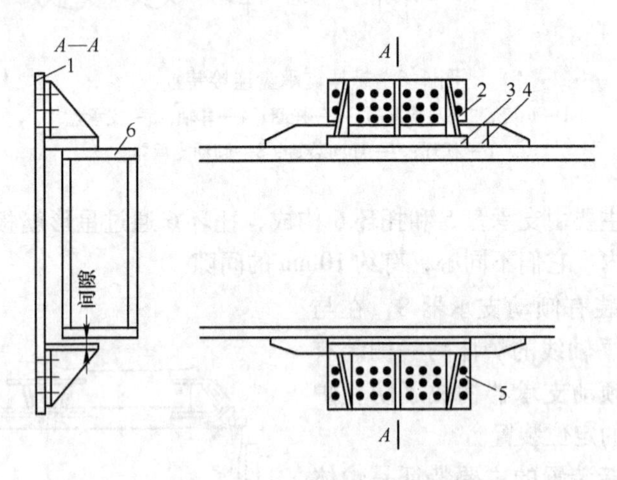

图 4-8　平面卡板夹持器连接结构

1—炉壳；2—上卡板；3—垫板；4—卡座；5—下卡板；6—托圈

（3）薄带连接装置。薄带连接装置（见图 4-9）是采用多层挠性薄钢带作为炉体与托圈的连接件。

由图 4-9 可以看出，在两侧耳轴的下方沿炉壳圆周各装有 5 组多层薄钢带，钢带的下端借螺钉固定在炉壳的下部，钢带的上端固定在托圈的下部。在托圈上部耳轴处还装有一个辅助支承装置。当炉体直立时，炉体是被托在多层薄钢带组成的“托笼”中；炉体的倾动，主要靠距耳轴轴线最远位置的钢带组来传递扭矩；当炉体倒置时，炉体重量由钢带压缩变形和托圈上部的辅助支承装置来平衡。托圈上部在两耳轴位置的辅助支承除了在倾动和炉体倒置时，承受一定力外，主要是用于炉体对托圈的定位。

这种连接装置的特点是将炉壳上的主要承重点放在了托圈下部炉壳温度较低的部位，以消除炉壳与托圈间热膨胀的影响，减少炉壳连接处的热应力。同时，由于采用了多层挠性薄钢带做连接件，它能适应炉壳与托圈受热变形所产生的相对位移，还可以减缓连接件在炉壳、托圈连接处引起的局部应力。

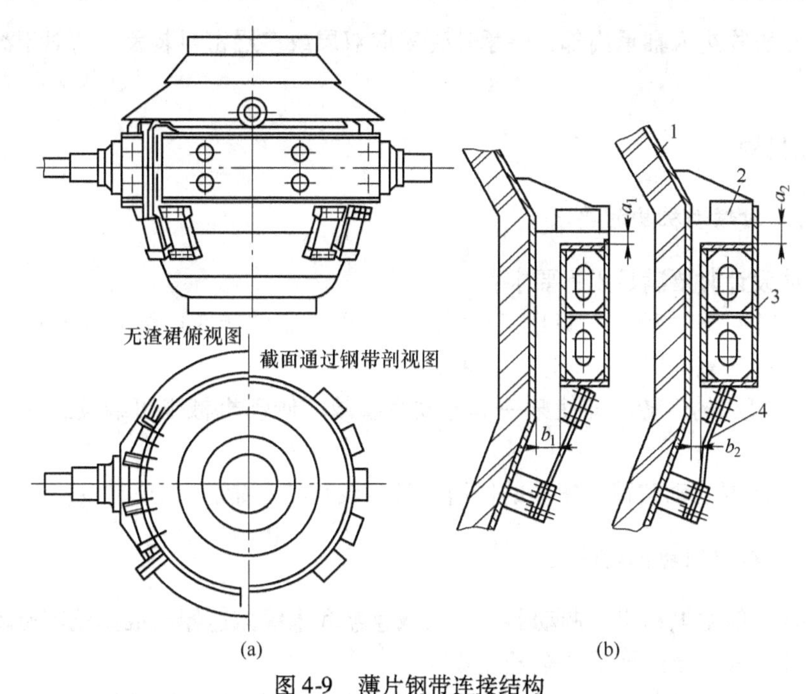

图4-9　薄片钢带连接结构

（a）薄钢带连接图；（b）薄钢带与炉体和托圈连接结构适应炉体膨胀情况

1—炉壳；2—周向支承装置；3—托圈；4—钢带

a_2-a_1—炉壳与托圈沿轴向膨胀差；b_2-b_1—炉壳与托圈沿径向膨胀差

4.1.2.2　耳轴轴承座

转炉耳轴轴承是支承炉壳、炉衬、金属液和炉渣全部重量的部件。负荷大、转速慢、温度高、工作条件十分恶劣。

用于转炉耳轴的轴承大体分为滑动轴承、球面调心滑动轴承、滚动轴承3种类型。滑动轴承便于制造、安装，所以小型转炉上用得较多。但这种轴承无自动调心作用，托圈变形后磨损很快。球面调心滑动轴承是滑动轴承改进后的结构，磨损有所减少。为了有效地克服滑动轴承磨损快、摩擦损失大的缺点，所以在大、中型转炉上普遍采用了滚动轴承。采用自动调心双列圆柱滚子轴承，能补偿耳轴由于托圈翘曲和制造安装不准确而引起的不同心度和不平行度。该轴承结构如图4-10所示。

为了适应托圈的膨胀，驱动端的耳轴轴承设计为固定的，而另一端则设计成为可沿轴向移动的自由端。

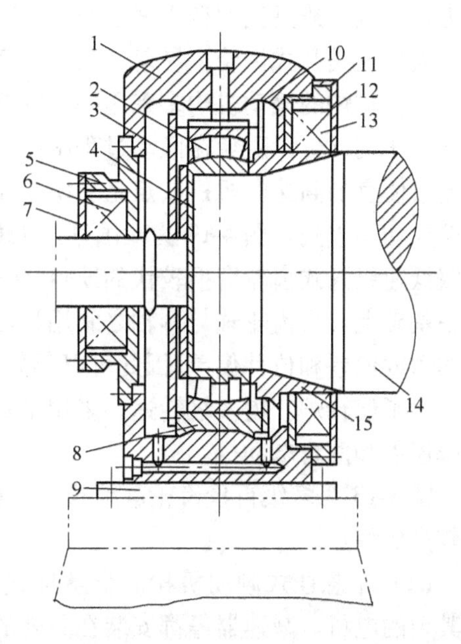

图4-10　自动调心滚动轴承座

1—轴承座；2—自动调心双列圆柱滚动轴承；3,10—挡油板；4—轴承压板；5,11—轴承端盖；6，13—毡圈；7，12—压盖；8—轴承套；9—轴承底座；14—耳轴；15—甩油推环

为了防止脏物进入轴承内部，轴承外壳采取双层或多层密封装置，这对于滚动轴承尤其重要。

4.1.3 倾动机构

4.1.3.1 对倾动机构的要求

倾动炉体设计时要满足以下要求：

（1）在整个生产过程中，满足工艺要求。如以一定的转速连续回转360°，可以停留在任何位置，能与氧枪等有一定联锁要求。

（2）安全可靠的运转。即使某一部分发生事故，倾动机械也可继续工作，维持到一炉钢结束。

（3）适应高温、动载荷、扭振的作用，具有较长的寿命。

4.1.3.2 转炉倾动机构的类型

倾动机构一般由电动机、制动器、一级减速器和末级减速器组成。就其传动设备安装位置可分为落地式、半悬挂式和全悬挂式等。

（1）落地式倾动机构。落地式倾动机构，是指转炉耳轴上装有大齿轮，而所有其他传动件都装在另外的基础上，或所有的传动件（包括大齿轮在内）都安装在另外的基础上。这种倾动机械结构简单，便于加工制造和装配维修。

图4-11是我国小型转炉采用的落地式倾动机构。这种传动形式，当耳轴轴承磨损后，大齿轮下沉、或是托圈变形耳轴向上翘曲时，都会影响大、小齿轮的正常啮合传动。此外，大齿轮是开式齿轮，易落入灰砂，磨损严重，寿命短。

小型转炉的倾动机构多采用蜗轮蜗杆传动，其优点是速比大、体积小、设备轻、有反向自锁作用，可以避免在倾动过程中因电机失灵而发生转炉自动翻转的危险。同时可以使用比较便宜的高速电机；缺点是功率损失大，效率低。而大型转炉则采用全齿轮减速机，以减少功率损失。图4-12为我国某厂150t转炉采用全齿轮传动的落地式倾动机构。为了克服低速级开式齿轮磨损较快的缺点,将开式齿轮放入箱体中,成为主减速器。该减速器安装在基础上。大齿轮轴与耳轴之间用齿形联轴器连接,因为齿形联轴器允许两轴之间有一定的角度偏差和位移偏差,因此可以部分克服因耳轴下沉和翘曲而引起的齿轮啮合不良。

为了使转炉获得多级转速，采用了直流电动机，此外考虑倾动力矩较大，采用了两台分减速器和两台电动机。

图4-13为多级行星齿轮落地式倾动机构，它具有传动速比大，结构尺寸小，传动效率较高的特点。

（2）半悬挂式倾动机构。半悬挂式倾动机构是在转炉耳轴上装有一个悬挂减速器，而其余的电机、减速器等都安装在另外的基础上。悬挂减速器的小齿轮通过万向联轴器或齿形联轴器与落地减速器相连接。

图4-14为某厂30t转炉半悬挂式倾动机构。这种结构，当托圈和耳轴受热、受载而变形翘曲时，悬挂减速器随之位移，其中的大小人字齿轮仍能正常啮合传动，消除了落地式倾动机构的弱点。

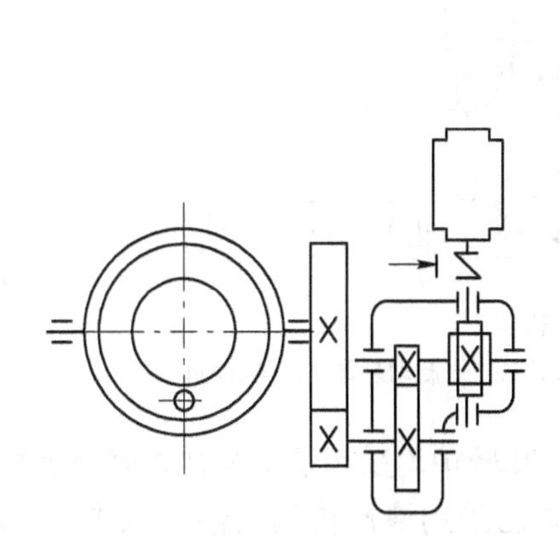

图 4-11 某厂 30t 转炉落地式倾动机构

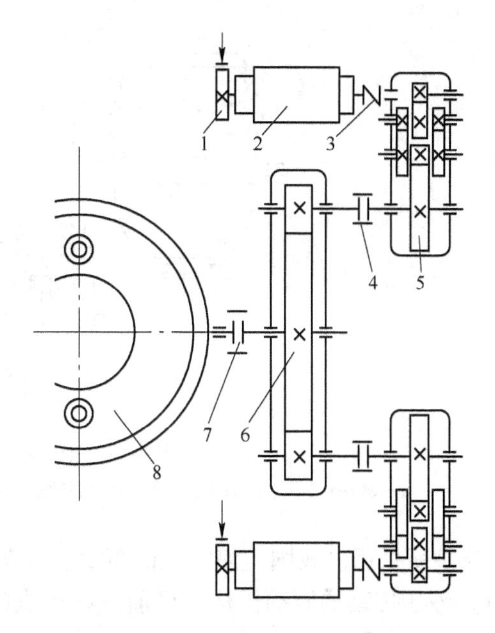

图 4-12 150t 顶吹转炉倾动机构
1—制动器；2—电动机；3—弹性联轴器；4，7—齿形联轴器；5—分减速器；6—主减速器；8—转炉炉体

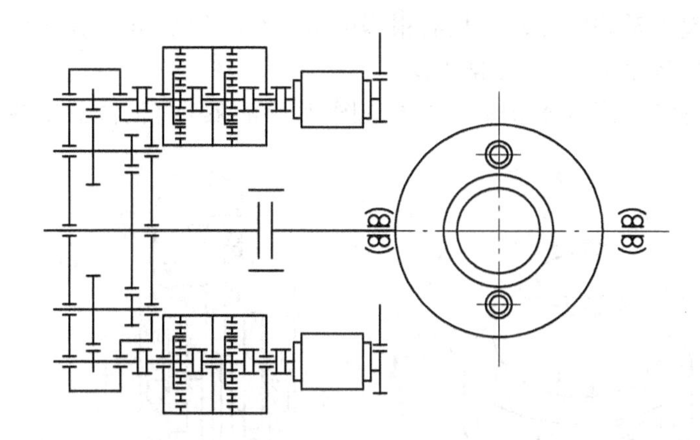

图 4-13 行星减速器的倾动机构示意图

半悬挂式倾动机构，设备仍然很重，占地面积也较大，因此又出现了悬挂式倾动机构。

（3）全悬挂式倾动机构。全悬挂式倾动机构如图 4-15 所示，它是把转炉传动的二次减速器的大齿轮悬挂在转炉耳轴上，而电动机、制动器、一级减速器都装在悬挂大齿轮的箱体上。这种机构一般都采用多电动机、多初级减速器的多点啮合传动，消除了以往倾动设备中齿轮位移啮合不良的现象。此外它还装有防止箱体旋转并起缓震作用的抗扭装置，可使转炉平稳地启动、制动和变速，而且这种抗扭装置能够快速装卸以适应检修的需要。

全悬挂式倾动机构具有结构紧凑、质量轻、占地面积小、运转安全可靠、工作性能好的特点。但由于增加了啮合点，加工、调整和对轴承质量的要求都较高。这种倾动机构多

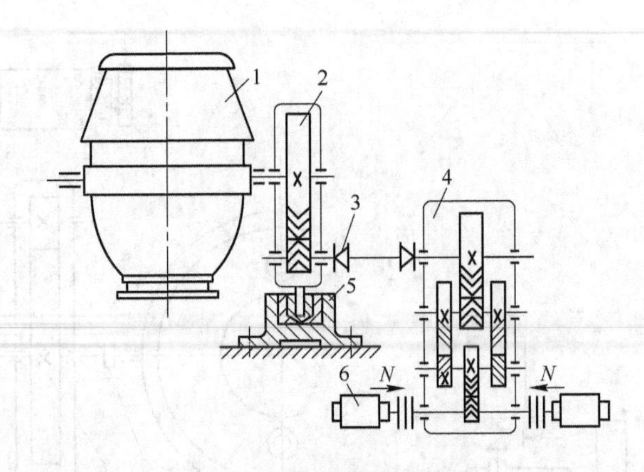

图 4-14　半悬挂式倾动机构

1—转炉；2—悬挂减速器；3—万向联轴器；4—减速器；5—制动装置；6—电动机

为大型转炉所采用。我国上海宝钢的 300t、首钢的 210t 转炉均采用了全悬挂式倾动机构。

（4）液压传动的倾动机构。目前一些先进的转炉已采用液压传动的倾动机构。液压传动的突出特点是：

1）适于低速、重载的场合，不怕过载和阻塞；

2）可以无级调速，结构简单、质量轻、体积小。

因此液压传动对转炉的倾动机构有很强的适用性。但液压传动也存在加工精度要求高、加工不精确时容易引起漏油的缺陷。

图 4-16 是一种液压倾动转炉的工作原理图。变量油泵 1 经滤油器 2 将油液从油箱 3 中

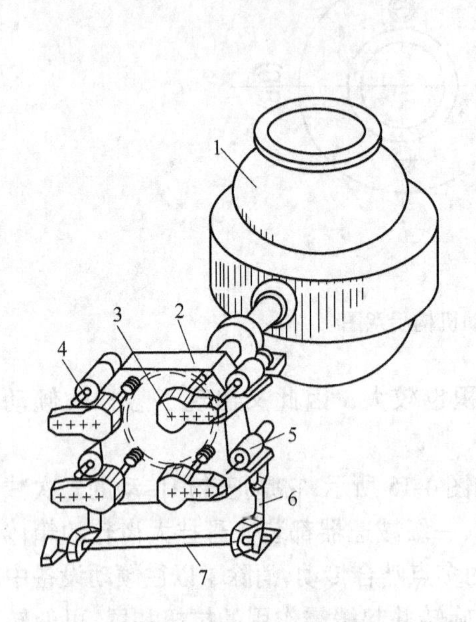

图 4-15　全悬挂式倾动机构

1—转炉；2—齿轮箱；3—三级减速器；4—联轴器；5—电动机；6—连杆；7—缓震抗扭轴

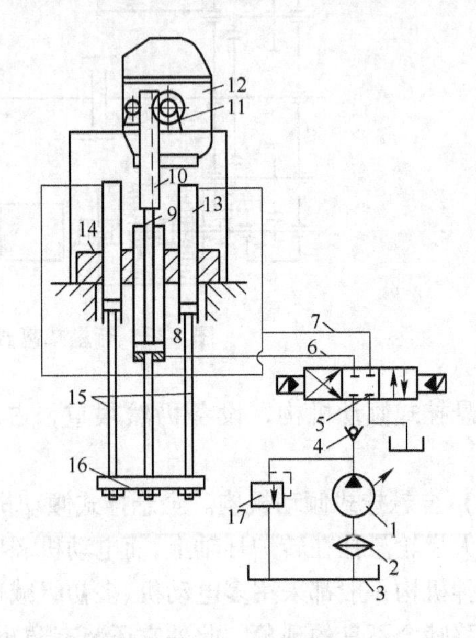

图 4-16　转炉液压传动原理示意

1—变量油泵；2—滤油器；3—油箱；4—单向阀；5—电液换向阀；6，7—油管；8—工作油缸；9，15—活塞杆；10—齿条；11—齿轮；12—转炉；13—回程油缸；14—横梁；16—活动横梁；17—溢流阀

泵出，经单向阀4、电液换向阀5、油管6送入工作油缸8，使活塞杆9上升，推动齿条10、耳轴上的齿轮11，使转炉炉体12倾动。工作油缸8与回程油缸13固定在横梁14上，当换向阀5换向后，油液经油管7进入回程油箱13（此时，工作缸中的油液经换向阀流回油箱），通过活塞杆15、活动横梁16，将齿条10下拉，使转炉恢复原位。

除了上述具有齿条传动的液压倾动机构外，也可用液压马达完成转炉的倾动。

4.2 混铁炉、混铁车操作与维护

4.2.1 铁水供应

高炉向转炉供应铁水的方式有铁水罐车供应（包括铁水罐直接热装）、混铁炉供应和混铁车供应等。

4.2.1.1 铁水罐车供应铁水

采用铁水罐向转炉供应铁水有两种方式：

第一种铁水供应方式是小型转炉所采用的传统的铁水供应方式。高炉铁水流入铁水罐后，运进转炉车间。转炉需要铁水时，将铁水倒入转炉车间的铁水包，经称量后用铁水吊车兑入转炉。其工艺流程为：高炉→铁水罐车→前翻支柱→铁水包→称量→转炉。转炉容量小于铁水罐容量，高炉出铁到高炉车间的铁水罐内，运至转炉车间储存待用，当转炉需要铁水时再倒入转炉车间的铁水包内，由铁水包兑入转炉。一般一罐铁水兑2~4炉。铁水在待用和倒罐过程中的温降大，转炉前后炉的铁水温度不一致，给操作带来不便，因此，高炉出完铁水都要用保温剂来覆盖在铁水的表面。

第二种铁水供应方式是一种新型的铁水供应方式，其工艺流程为：高炉→铁水罐→转炉。适用于铁水罐容量与转炉容量相对应的车间。铁水预处理技术的发展，对铁水容器提出了新的要求。近年来认为铁水罐比混铁车具有搅拌条件好、扒渣方便的优点，比较适合于铁水预处理采用。所以，新建转炉车间提倡采用大容量铁水罐供应铁水。

高炉出铁到铁水罐内，扒渣后对铁水进行脱硫预处理之后扒除脱硫渣，将铁水直接兑入转炉冶炼或者兑入专用炉，脱硅、脱磷处理后倒入铁水罐内，再兑入脱碳转炉冶炼。

铁水罐车供应铁水的特点是设备简单，投资少。但是铁水在运输及待装过程中热损失严重，用同一罐铁水炼几炉钢时，前后炉次的铁水温度波动较大，不利于操作，而且黏罐现象也较严重；另外对于不同高炉的铁水、或同一座高炉不同出铁炉次的铁水、或同一出铁炉次中先后流出的铁水来说，铁水成分都存在差异，使兑入转炉的铁水成分波动也较大。

我国采用这种供铁方式的主要是小型转炉炼钢车间。

4.2.1.2 混铁炉供应铁水

采用混铁炉供应铁水时，高炉铁水罐车由铁路运入转炉车间加料跨，用铁水吊车将铁水兑入混铁炉。当转炉需要铁水时，从混铁炉将铁水倒入转炉车间的铁水包内，经称量后用铁水吊车兑入转炉。其工艺流程为：

高炉→铁水罐车→混铁炉→铁水包→称量→兑入转炉

由于混铁炉具有储存铁水、混匀铁水成分、温度和保温的作用，因此这种供铁方式，铁水成分和温度都比较均匀，特别是对调节高炉与转炉之间均衡的供应铁水有利。

4.2.1.3　混铁车供应铁水

混铁车又称混铁炉型铁水罐车或鱼雷罐车，由铁路机车牵引，兼有运送和储存铁水的两种作用。

采用混铁车供应铁水时，高炉铁水出到混铁车内，经由铁路将混铁车运到转炉车间倒罐站旁。当转炉需要铁水时，将铁水倒入铁水包，经称量后，用铁水吊车兑入转炉。其工艺流程为：高炉→混铁车→铁水包→称量→转炉。

采用混铁车供应铁水的主要特点是：设备和厂房的基建投资以及生产费用比混铁炉低，铁水在运输过程中的热损失少，并能较好地适应大容量转炉的要求，还有利于进行铁水预处理（预脱磷、硫和硅）。但是，混铁车的容量受铁路轨距和弯道曲率半径的限制不宜太大，因此，储存和混匀铁水的作用不如混铁炉。这个问题随着高炉铁水成分的稳定和温度波动的减小而逐渐获得解决。近年来世界上新建大型转炉车间采用混铁车供应铁水的厂家日益增多。

4.2.2　混铁炉

混铁炉是高炉和转炉之间的桥梁。具有储存铁水、稳定铁水成分、温度和保温的作用，对调节高炉与转炉之间的供求平衡和组织转炉生产极为有利。

4.2.2.1　混铁炉构造

混铁炉由炉体、炉盖开闭机构和炉体倾动机构 3 部分组成，如图 4-17 所示。

(1) 炉体。混铁炉的炉体一般采用短圆柱炉型，其中段为圆柱形，两端端盖近于球面形，炉体长度与圆柱部分外径之比近于 1。

炉体包括炉壳、托圈、倒入口、倒出口和炉内砖衬等。炉壳用 20 ~40mm 厚的钢板焊接或铆接而成。两个端盖通过螺钉与中间圆柱形主体连接，以便于拆装修炉。炉内耐火砖衬由外向内依次为硅藻土砖、黏土砖和镁砖。

在炉体中间的垂直平面内配置铁水倒入口、倒出口和齿条推杆的凸耳。倒入口中心与垂直轴线成 5°倾角，以便于铁水倒入和混匀。倒出口中心与垂直轴线约成 60°倾角。在工作中，炉壳温度高达 300 ~400℃，为了避免变形，在圆柱形部分装有两个托圈。同时，炉体的全部重量也通过托圈支承在辊子和轨座上。

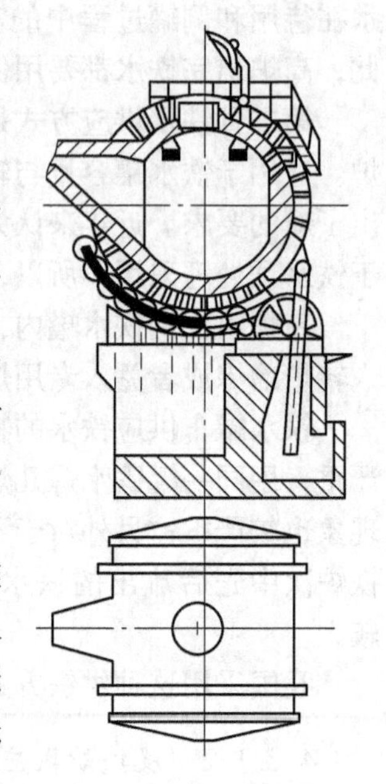

图 4-17　混铁炉构造图

为了使铁水保温和防止倒出口结瘤，炉体端部与倒出口上部配有煤气、空气管，用火焰加热。

(2) 炉盖开闭机构。倒入口和倒出口皆有炉盖。通过地面绞车放出的钢绳绕过炉体上的导向滑轮去独立地驱动炉盖的开闭。因为钢绳引上炉体时，钢绳引入点处的导向滑轮正好布置在炉体倾动的中心线上，所以当炉体倾动时，炉盖状态不受影响。

(3) 炉体倾动机构。目前混铁炉普遍采用的一种倾动机构是齿条传动倾动机构。齿条与炉壳凸耳铰接，由小齿轮传动，小齿轮由电动机通过四对圆柱齿轮减速后驱动。

4.2.2.2 混铁炉容量和座数的配置

目前国内混铁炉容量有300t、600t、900t和1300t等几种。混铁炉容量应与转炉容量相配合。要使铁水保持成分的均匀和温度的稳定，要求铁水在混铁炉中的贮存时间为8~10h，即混铁炉容量相当于转炉容量的15~20倍。

由于转炉冶炼周期短，混铁炉受铁和出铁作业频繁，混铁炉检修又不能影响转炉的正常生产，因此，一座经常吹炼的转炉配备一座混铁炉较为合适。

4.2.3 混铁车

混铁车由罐体、罐体支承及倾翻机构和车体等部分组成，如图4-18所示。

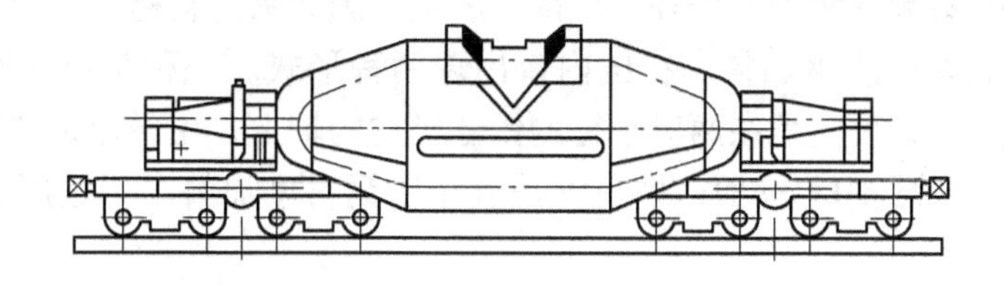

图4-18 混铁车

罐体是混铁车的主要部分，外壳由钢板焊接而成，内砌耐火砖衬。通常罐体中部较长一段是圆筒形，两端为截圆锥形，以便从直径较大的中间部位向两端耳轴过渡。罐体中部上方开口，供受铁、出铁、修砌和检查出入之用。罐口上部设有罐口盖保温。

根据国外已有的混铁车，罐体支承有两种方式。小于325t的混铁车，罐体通过耳轴借助普通滑动轴承支承在两端的台车上；325t以上的混铁车，其罐体是通过支承滚圈借助支承辊支承在两端的台车上。罐体的旋转轴线高于几何轴线约100mm以上，这样罐体的重心无论是空罐或满罐，总能保持在旋转轴线以下。

罐体的倾翻机构通常安装在前面台车上，由电动机、减速机及开式齿轮组成。带动罐体一起转动的大齿轮，安装在传动端的耳轴上。

混铁车的容量根据转炉的吨位确定，一般为转炉吨位的整数倍，并与高炉出铁量相适应。目前，我国使用的混铁车最大公称吨位为260t和300t，国外最大公称吨位为600t。

4.2.4 废钢供应

废钢是作为冷却剂加入转炉的。根据氧气顶吹转炉热平衡计算，废钢的加入量一般为10%~30%。加入转炉的废钢块度，最大长度不得大于炉口直径的1/3，最大截面积要小于炉口截面积的1/7。根据炉子吨位的不同，废钢块单重波动范围为150~2000kg。

4.2.4.1 废钢的加入方式

目前在氧气顶吹转炉车间，向转炉加入废钢的方式有两种。

(1) 用桥式吊车吊运废钢槽倒入转炉。此种方式所用设备简单，吊车可以共用，平台结构也比较简单，但装入速度相对较慢，有时会对兑铁水吊车产生干扰。

(2) 用废钢料槽车装入废钢。此种方式不仅装入速度较快，可以避免对兑铁水吊车的干扰，还可以使废钢槽伸入到炉口内，减轻了废钢对炉衬的冲击。

对以上两种废钢加入方式,以往人们认为,当转炉容量较小、废钢装入数量不多时,宜采用吊车加入废钢;而当转炉容量较大,装入废钢数量较多时,可以考虑采用废钢加料车装入废钢。但据资料介绍,现在大型转炉更趋向于用吊车加入废钢,而不是用废钢加料车。因为用废钢加料车加废钢过程中易对炉体产生冲击,而且加废钢过程中需要调整转炉的倾角。而用吊车加废钢则平稳、便利得多。一些大型转炉为了减少加废钢时间,增加废钢添加量,采用了双槽式专用加废钢吊车,或专用的单槽式大型废钢料槽吊车(料槽容积为10m^3)。

4.2.4.2 废钢的加入设备

(1) 废钢料槽。废钢料槽是用钢板焊接的一端开口、底部呈平面的长簸箕状槽。在料槽前部和后部的两侧有两对吊挂轴，供吊车的主、副钩吊挂料槽。

(2) 废钢加料车。废钢加料车在国内曾出现两种形式。一种是单斗废钢料槽地上加料机，废钢料槽的托架被支承在两对平行的铰链机构的轴上，用千斤顶的机械运动使料槽倾翻并退至原位，如图 4-19 所示；另一种是双斗废钢料槽加料车，是用液压操纵倾翻机构动作的。

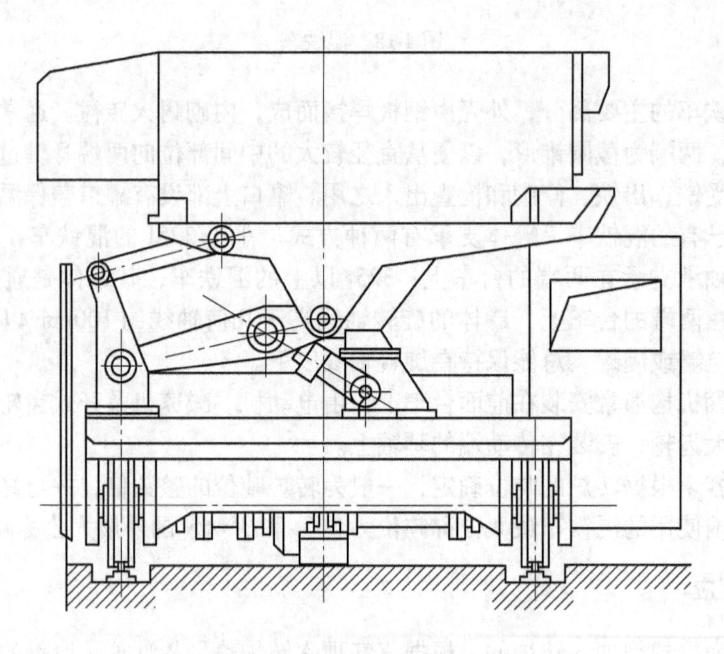

图 4-19 单料槽地上废钢加料机

4.3 散状料供应系统设备操作与维护

散状材料是指炼钢过程中使用的造渣材料、冷却剂和补炉材料等，如石灰、萤石、白云石、镁球、铁矿石、氧化铁皮、烧结矿、球团矿等。氧气转炉所用散状材料供应的特点是种类多、批量小、批数多。供料要求迅速、准确、连续、及时且设备可靠。

供应系统包括车间外和车间内两部分。通过火车或汽车将各种材料运至主厂房外的原料间（或原料场）内，分别卸入料仓中，然后再按需要通过运料提升设备将各种散状料由料仓送往主厂房内的供料系统设备中。

4.3.1 造渣剂、冷却剂供应设备

4.3.1.1 地下料仓

地下料仓设在靠近主厂房的附近，它兼有储存和转运的作用。料仓设置形式有地下式、地上式和半地下式 3 种，其中采用地下式料仓较多，它可以采用底开车或翻斗汽车方便地卸料。

各种散状料的储存量决定于吨钢消耗量、日产钢量和储存天数。各种散状料的储存天数可根据材料的性质、产地的远近、购买是否方便等具体情况而定，一般矿石、萤石可以多储存一些天数（10 ~ 30 天）。石灰易于粉化，储存天数不宜过多（一般为 2 ~ 3 天）。

4.3.1.2 高位料仓

高位料仓的作用是临时储料，以保证转炉随时用料的需要。根据转炉炼钢所用散状料的种类，高位料仓设置有石灰、白云石、萤石、氧化铁皮、铁矿石、焦炭等料仓，其储存量要求能供 24h 使用。因为石灰用量最大，料仓容积也最大，大、中型转炉一般每座转炉设置两个以上的石灰料仓，其他用量较少的材料每炉设置一个或两座转炉共用一个料仓。这样每座转炉的料仓数目一般有 5 ~ 10 个，布置形式有共用、单独使用和部分共用 3 种。

（1）共用料仓。两座转炉共用一组料仓，如图 4-20 所示。其优点是料仓数目少，停炉后料仓中剩余石灰的处理方便。缺点是称量及下部给料器的作业频率太高，出现临时故障时会影响生产。

（2）单独用料仓。每个转炉各有自己的专用料仓，如图 4-21 所示。主要优点是使用的可靠性比较高。但料仓数目增加较多，停炉后料仓中剩余石灰的处理问题尚未合理解决。

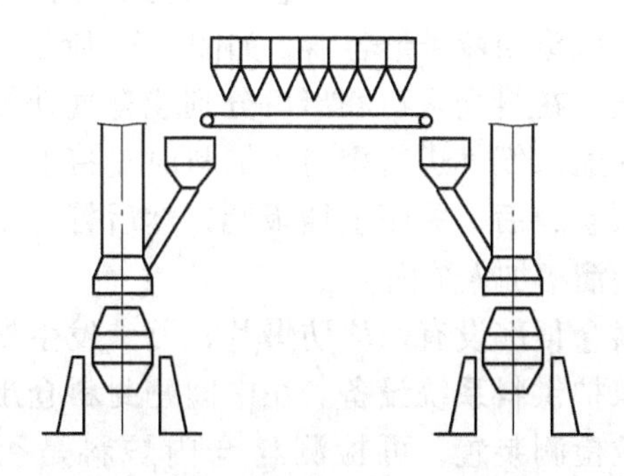

图 4-20 共用高位料仓示意图

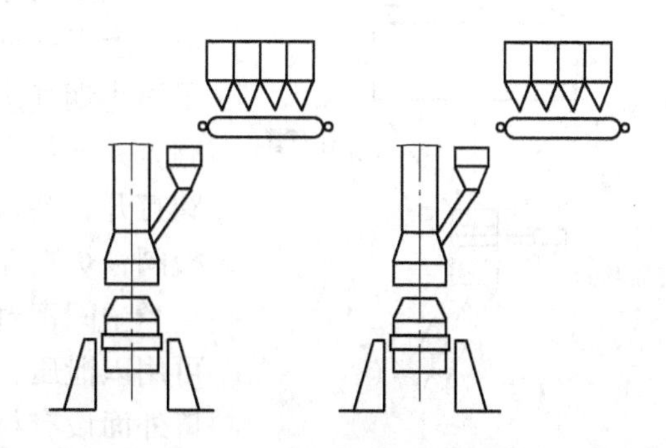

图 4-21 单独用高位料仓示意图

(3) 部分共用料仓。某些散料的料仓两座转炉共用，某些散料的料仓则单独使用，如图4-22所示。这种布置克服了前两种形式的缺点，基本上消除高位料仓下部给料器作业负荷过高的缺点，停炉后也便于处理料仓中的剩余石灰。转炉双侧加料能保证成渣快，改善了对炉衬侵蚀的不均匀性，但应力求做到炉料下落点在转炉中心部位。

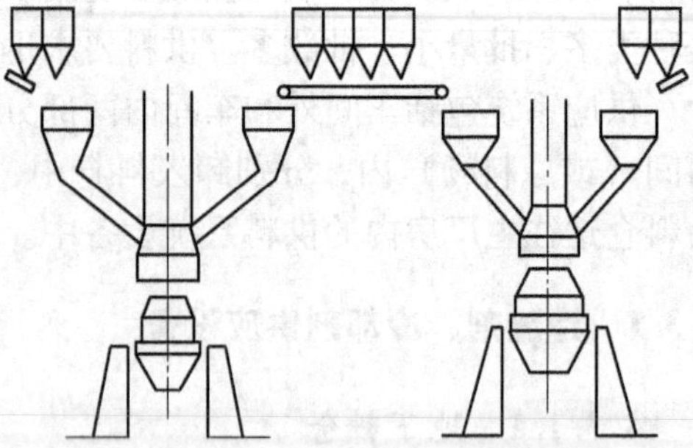

图4-22　部分共用高位料仓示意图

目前，上述3种方式都有采用的，但以部分共用料仓采用较为广泛。

4.3.1.3　给料、称量及加料设备

散料的给料、称量及加料设备是散状材料供应的关键部件。因此，要求它运转可靠、称量准确、给料均匀及时、易于控制，并能防止烟气和灰尘外逸。这一系统是由给料器、称量料斗、汇集料斗、水冷溜槽等部分组成。

在高位料仓出料口处，安装有电磁振动给料器，用以控制给料。电磁振动给料器由电磁振动器和给料槽两部分组成，通过振动使散状料沿给料槽连续而均匀地流向称量料斗。

称量料斗是用钢板焊接而成的容器，下面安装有电子秤，对流进称量料斗的散状料进行自动称量。当达到要求的数量时，电磁振动给料器便停止振动而停止给料。称量好的散状料送入汇集料斗。

散状料的称量有分散称量和集中称量两种方式。分散称量是在每个高位料仓下部分别配置一个专用的称量料斗，称量后的各种散状料用胶带运输机或溜槽送入汇总漏斗。集中称量则是在每座转炉的所有高位料仓下面集中设置一个共用的称量料斗，各种料依次叠加称量。分散称量的特点是称量灵活，准确性高，便于操作和控制，特别是对临时补加料较为方便。而集中称量则称量设备少，布置紧凑。一般大中型转炉多采用分散称量，小型转炉则采用集中称量。

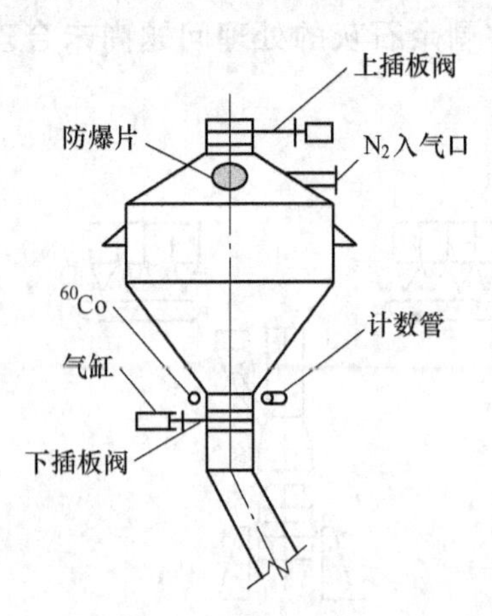

图4-23　中间密封料仓

汇集料斗又称中间密封料仓，它的中间部分常为方形，上下部分是截头四棱锥形容器，如图4-23所示。为了防止烟气逸出，在料仓入口和出口分别装有气动插板阀，并向料仓内通入氮气进行密封。加料时先将上插板阀打开，装入散状料后，关闭上插板阀，然后打开下插板阀，炉料即沿溜槽加入炉内。

中间密封料仓顶部设有两块防爆片，万一发生爆炸可用以泄压，保护供料系统设备。在中间密封料仓出料口外面设有料位检测装置，可检测料仓内炉料是否卸完，并将讯号传至主控室内，便于炉前控制。

加料溜槽与转炉烟罩相连，为防止烧坏，溜槽需通水冷却。为依靠重力加料，其倾斜角度不宜小于45°。当采用未燃烧法除尘时，溜槽必须用氮气或蒸汽密封，以防煤气外逸。

为了保证及时而准确地加入各种散状料，给料、称量和加料都在转炉的主控室内由操作人员或电子计算机进行控制。

4.3.1.4 运输机械设备

散状材料供应系统中常用的运输设备有胶带运输机和振动输送机。

胶带运输机是大、中型转炉散状材料的基本供料设备。它具有运输能力大、功率消耗少、结构简单、工作平稳可靠、装卸料方便、维修简便又无噪音等优点。缺点是占地面积大，橡胶材料及钢材需要量大，不易在较短距离内爬升较大的高度，密封比较困难。

振动输送机是通过输送机上的振动器使承载构件按一定方向振动，当其振动的加速度达到某一定值时，物料在承载构件内沿运输方向实现连续微小的抛掷，使物料向前移动而实现运输的机械设备。

振动输送机的特点是：密封好，便于运输粉尘较大的物料；由于运输物料的构件是钢制的，可运送温度高达500℃的高温物料，并且物料运输构件的磨损较小；它的机械传动件少，润滑点少，便于维护和检修；设备的功率消耗小；易于实现自动化。但它向上输送物料时，效率显著降低，不宜运输黏性物料，而且设备基础要承受较大的动负荷。

4.3.2 铁合金供应设备

铁合金的供应系统一般由炼钢厂铁合金料间、铁合金料仓及称量和输送、向钢包加料设备等部分组成。

铁合金在铁合金料间（或仓库）内加工成合格块度后，应按其品种和牌号分类存放，还应保存好其出厂化验单。储存面积主要取决于铁合金的日消耗量、堆积密度及储存天数。

铁合金由铁合金料间运到转炉车间的方式有以下两种：

（1）铁合金用量不大的炼钢车间。将铁合金装入自卸式料罐，然后用汽车运到转炉车间，再用吊车卸入转炉炉前铁合金料仓。需要时，经称量后用铁合金加料车经溜槽或铁合金加料漏斗加入钢包。

（2）需要铁合金品种多、用量大的大型转炉炼钢车间。铁合金加料系统有两种形式：

第一种是铁合金与散状料共用一套上料系统，然后从炉顶料仓下料，经旋转溜槽加入钢包，如图4-24所示。这种方式不另增设铁合金上料设备，而且操作可靠，但稍增加了散状材料上料胶带运输机的运输量。

第二种方式，铁合金自成系统用胶带运输机上料，有较大的运输能力，使铁合金上料不受散状原料的干扰，还可使车间内铁合金料仓的储量适当减少。对于规模很大的转炉车间，这种流程更可确保铁合金的供应。但增加了一套胶带运输机上料系统，设备重量与投资有所增加。

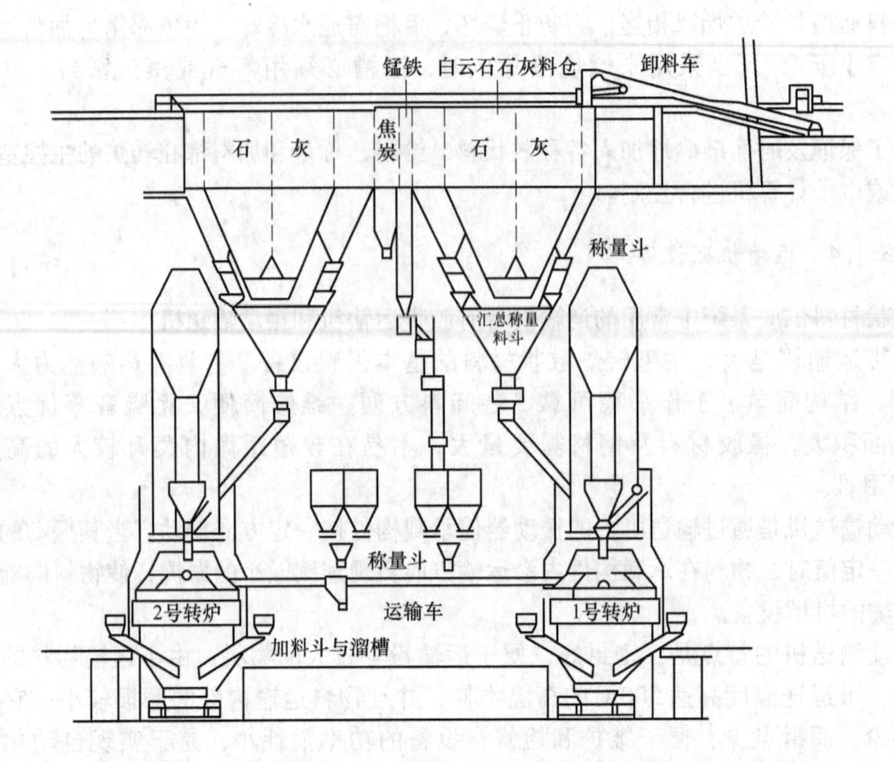

图 4-24　美国扬斯顿公司芝加哥转炉散状料及铁合金系统图

4.3.3　散状材料供应方式

散状材料供应系统一般由储存、运送、称量和向转炉加料等几个环带组成。整个系统由一些存放料仓、运输机械、称量设备和向转炉加料设备组成。按料仓、称量设备和加料设备之间所采用运输设备的不同，目前国内已投产的转炉车间散状材料的供应主要分为下列几种方式。

(1) 全胶带上料系统。图 4-25 表示一个全胶带上料系统，其作业流程如下：地下（或地面）料仓→固定胶带运输机→转运漏斗→可逆式胶带运输机→高位料仓→分散称量料斗→电磁振动给料器→汇集胶带运输机→汇集料斗→转炉。这种上料系统的特点是运输能力大，上料速度快而且可靠，能够进行连续作业，有利于自动化；但它的占地面积大，投资多，上料和配料时有粉尘外逸现象。适用于 30t 以上的转炉车间。

(2) 多斗提升机和管式振动输送机上料及供料工艺。图 4-26 为其上料系统示意，其作业流程如下：料场→翻斗汽车→半地下料仓→电磁振动给料器→多斗提升机→溜槽→管式振动输送器→高位料仓→电磁振动给料器→称量料斗→电磁振动给料器→汇集料斗→转炉。此装置供料系统占地面积小；可以减少上料时粉尘飞扬，组成简单，但是其生产率低，仅能满足小型转炉需要。

(3) 固定皮带和可逆活动皮带上料及供料工艺。图 4-27 为其上料系统示意，其作业流程如下：地下料仓→固定皮带运输机→转运漏斗→可逆皮带运输机→高位料仓→电磁振

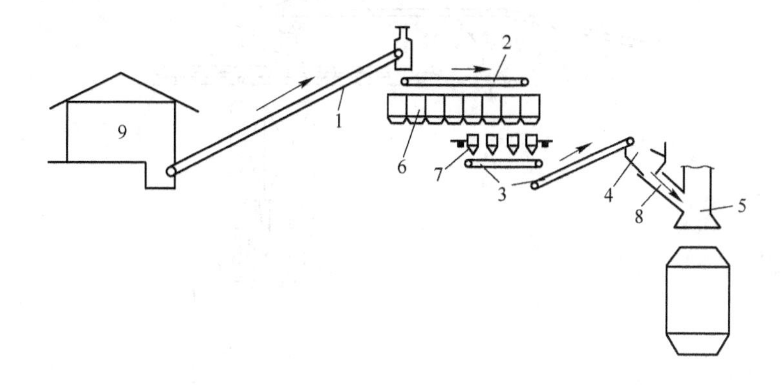

图 4-25 全胶带上料系统

1—固定胶带运输机；2—可逆式胶带运输机；3—汇集胶带运输机，4—汇集料斗；
5—烟罩；6—高位料仓；7—称量料斗；8—加料溜槽；9—散状材料间

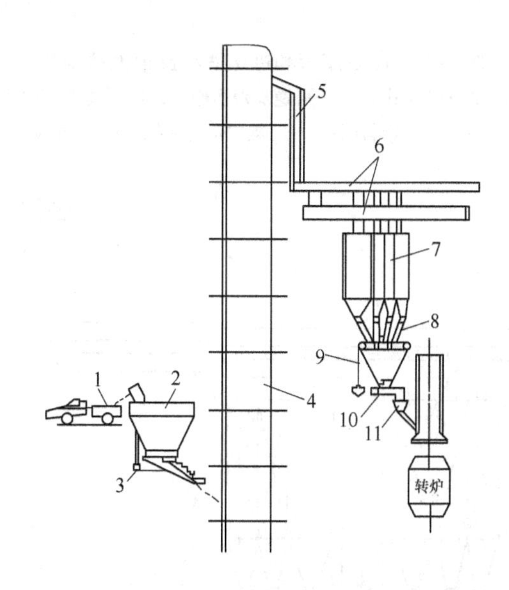

图 4-26 多斗提升机和管式振动输送机上料系统

1—翻斗汽车；2—半地下料仓；3—电磁振动给料器；4—多斗提升机；5—溜槽；6—管式振动输送机；
7—高位料仓；8—电磁振动料器；9—称量料斗；10—电磁振动给料器；11—汇集料斗

动给料器→分散称量漏斗→电磁振动放料器→汇集皮带运输机→汇集料斗→转炉。此装置皮带运输安全可靠，输运能力大，上料速度快，能力大，但是由于是敞开式输送散状料，车间内粉尘大，环境条件差。

（4）固定皮带和管式振动给料机上料及供料工艺。图 4-28 为其上料系统示意，其作业流程如下：外部料仓→固定皮带运输机→转运漏斗→管式振动输送器→高位料仓→分散称量漏斗→电磁振动给料器→汇集料斗→转炉。此装置采用管式振动输送机代替可逆活动皮带，并将称量后的散状料直接送入汇集漏斗，减少了车间内的粉尘飞溅，另外此装置采用两面加料，有利于熔池均匀布料和两边炉衬均匀损坏，但是占有较大的空间，我国大中型转炉车间大多采用这种工艺。

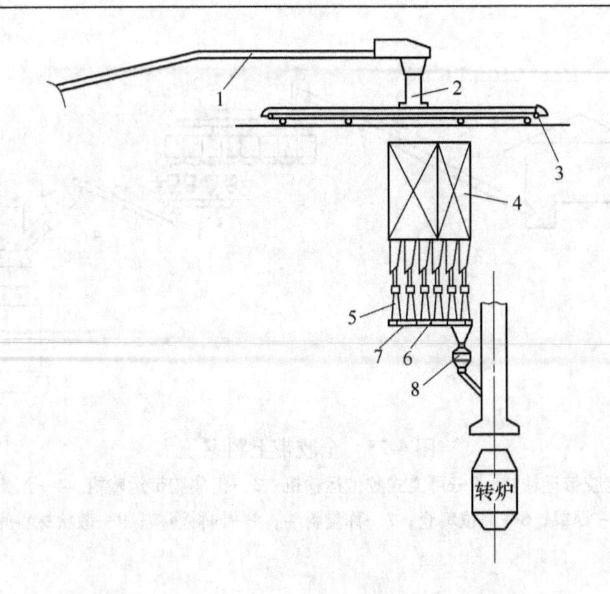

图 4-27　固定皮带和可逆活动皮带上料系统

1—固定胶带运输机；2—转运漏斗；3—可逆皮带运输机，4—高位料仓；5—分散称量漏斗；6—电磁振动给料器；7—汇集皮带运输机；8—汇集料斗

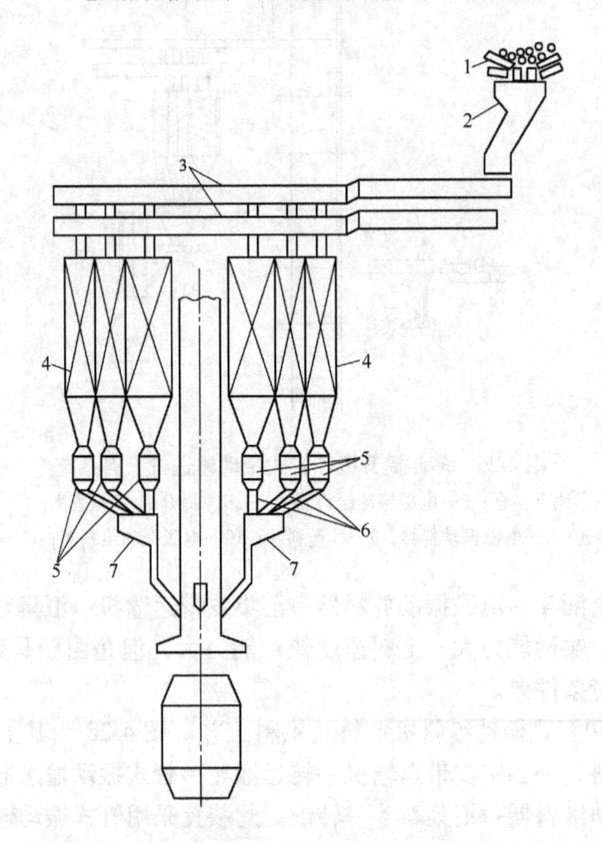

图 4-28　固定皮带和管式振动输送机上料系统

1—固定胶带运输机；2—转运漏斗；3—管式振动输送机；4—高位料仓；5—称量漏斗；6—电磁振动给料器；7—汇集料斗

4.4　供气系统设备操作与维护

4.4.1　供氧设备

氧气转炉炼钢车间的供氧系统一般是由制氧机、加压机、中间储气罐、输氧管、控制闸阀、测量仪表及氧枪等主要设备组成。我国某钢厂供氧系统流程如图4-29所示。

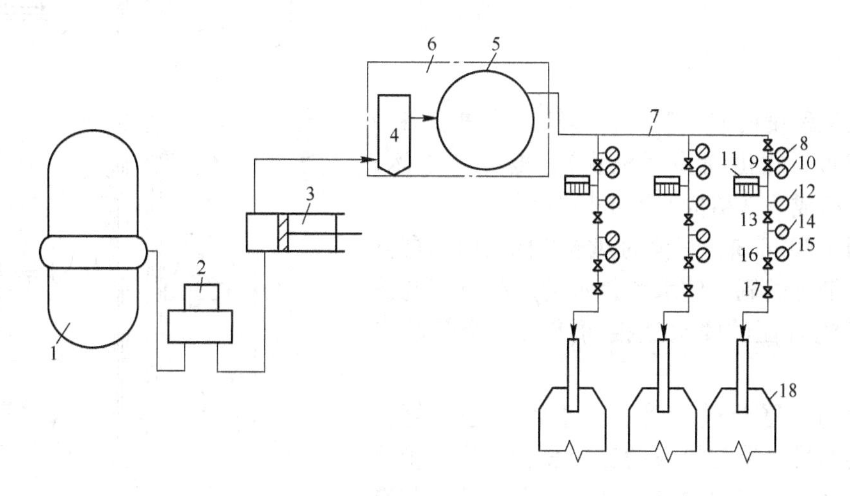

图4-29　供氧系统工艺流程图

1—制氧机；2—低压储气柜；3—压氧机；4—桶形罐；5—中压储气罐；6—氧气站；7—输氧总管；8—总管氧压测定点；9—减压阀；10—减压阀后氧压测定点，11—氧气流量测定点；12—氧气温度测定点；13—氧气流量调节阀；14—工作氧压测定点；15—低压信号联锁；16—快速切断阀；17—手动切断阀；18—转炉

（1）低压储气柜。低压储气柜是储存从制氧机分馏塔出来的压力为0.0392MPa左右的低压氧气，储气柜的构造与煤气柜相似。

（2）压氧机。压氧机由制氧机分馏塔出来的氧气压力仅有0.0392MPa，而炼钢用氧要求的工作氧压为0.785～1.177MPa，需用压氧机把低压储气柜中的氧气加压到2.45～2.94MPa。氧压提高后，中压储氧罐的储氧能力也相应提高。

（3）中压储气罐。中压储气罐把由压氧机加压到2.45～2.94MPa的氧气储备起来，直接供转炉使用。转炉生产有周期性，而制氧机要求满负荷连续运转，因此通过设置中压储氧罐来平衡供求，以解决车间高峰用氧的问题。中压储气罐由多个组成，其形式有球形和长筒形（卧式或立式）等。

（4）供氧管道。供氧管道包括总管和支管，在管路中设置有控制闸阀、测量仪表等，通常有以下几种：

1）减压阀。它的作用是将总管氧压减至工作氧压的上限。如总管氧压一般为2.45～2.94MPa，而工作氧压最高需要为1.177MPa，则减压阀就人为地将输出氧压调整到1.177MPa，工作性能好的减压阀可以起到稳压的作用，不需经常调节。

2）流量调节阀。它是根据吹炼过程的需要调节氧气流量，一般用薄膜调节阀。

3）快速切断阀。这是吹炼过程中吹氧管的氧气开关，要求开关灵活、快速可靠、密封性好。一般采用杠杆电磁气动切断阀。

4）手动切断阀。在管道和阀门出事故时，用手动切断阀开关氧气。

氧气管道和阀门在使用前必须用四氯化碳清洗，使用过程中不能与油脂接触，以防引起爆炸。

4.4.2　氧枪

4.4.2.1　氧枪结构

氧枪又称喷枪或吹氧管，是转炉吹氧设备中的关键部件，它由喷头（枪头）、枪身（枪体）和枪尾所组成，其结构如图 4-30 所示。

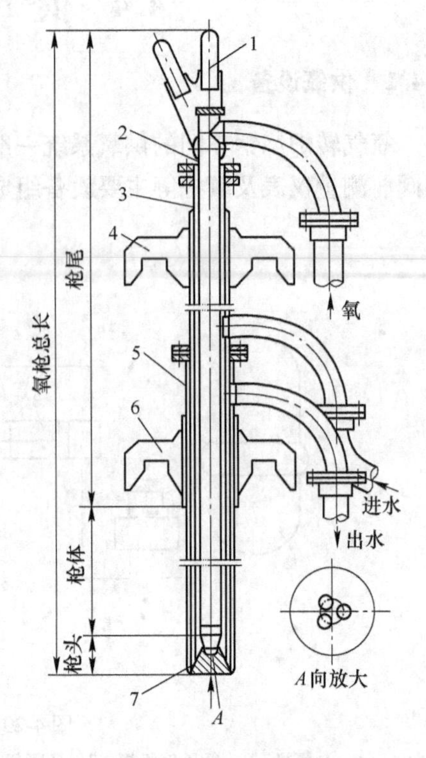

图 4-30　氧枪结构示意图

1—吊环；2—内层管；3—中层管；4—上卡板；5—外层管；6—下卡板；7—喷头

由图 4-30 可知，氧枪的基本结构是由三层同心圆管将带有供氧、供水和排水通路的枪尾与决定喷出氧流特征的喷头连接而成的一个管状空心体。

氧枪的枪尾与进水管、出水管和进氧管相连，枪尾的另一端与枪身的三层套管连接，枪尾还有与升降小车固定的装卡结构，在它的端部有更换氧枪时吊挂用的吊环。

枪身是三根同心管，内层管通氧气，上端用压紧密封装置牢固地装在枪尾，下端焊接在喷头上。外层管牢固地固定在枪尾和枪头之间。当外层管承受炉内外显著的温差变化而产生膨胀和收缩时，内层管上的压紧密封装置允许内层管在其中自由竖直伸缩移动。中间管是分离流过氧枪的进、出水之间的隔板，冷却水由内层管和中间管之间的环状通路进入，下降至喷头后转 180°经中间管与外层管形成的环状通路上升至枪尾流出。为了保证中间管下端的水缝，其下端面在圆周上均布着三个凸爪，借此将中间管支撑在枪头内腔底面上。同时为了使三层管同心，以保证进、出水的环状通路在圆周上均匀，还在中间管和内层管的外壁上焊有均布的三个定位块。定位块在管体长度方向按一定距离分布，通常每 1 ~ 2m 左右放置一环三个定位块，如图 4-31 所示。

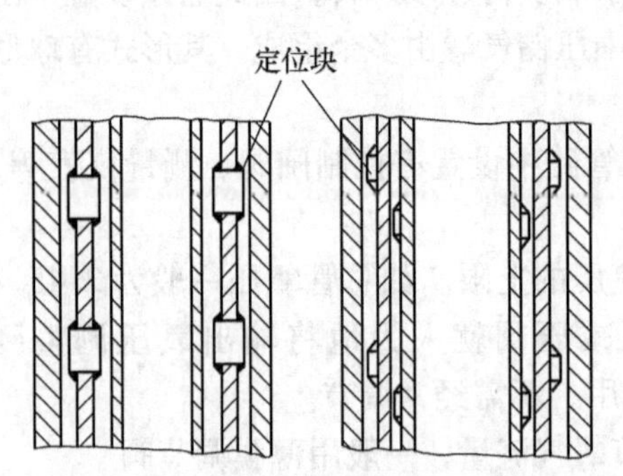

图 4-31　定位块的两种安装形式

喷头工作时处于炉内最高温度区，温度高达 2000 ~ 2600℃，因此要求喷头具有良好的导热性并有充分的冷却。喷头决定着冲向金属熔池的氧流特性，直接影响吹炼效果。喷头与管体的内层管用螺纹或焊接方法连接，与外层管采用焊接方法连接。

4.4.2.2　喷头类型

转炉吹炼时，为了保证氧气流股对熔池的穿透和搅拌作用，要求氧气流股在喷头出口处具有足够大的速度，使之具有较大的动能，以保证氧气流股对熔池具有一定的冲击力和冲击面积，使熔池中的各种反应快速而顺利地进行。显然，决定喷出氧流特征的喷头，包括喷头的类型、喷头上喷嘴的孔型、尺寸和孔数就成为达到这一目的的关键。

目前存在的喷头类型很多，按喷孔形状可分为拉瓦尔型、直筒型、螺旋形等；按喷头孔数又可分为单孔喷头、多孔喷头和介于二者之间的单三式或直筒型三孔喷头；按吹入物质分，有氧气喷头、氧－燃喷头和喷粉料的喷头。由于拉瓦尔型喷嘴能有效地把氧气的压力能转变为动能，并能获得比较稳定的超音速射流，而且在相同射流穿透深度的情况下，它的枪位可以高些，有利于改善氧枪的工作条件和炼钢的技术经济指标，因此拉瓦尔型喷嘴喷头使用得最广。

A 拉瓦尔型喷嘴的工作原理

拉瓦尔型喷嘴的结构如图 4-32 所示。它由收缩段、缩颈（喉口）和扩张段构成，缩颈处于收缩段和扩张段的交界，此处的截面积最小，通常把缩颈的直径称为临界直径，把该处的面积称为临界断面积。

拉瓦尔喷嘴是唯一能使喷射的可压缩性流体获得超音速流动的设备，它可以把压力能转变为动能。其工作原理是：高压气体流经收缩段时，气体的压力能转化为动能，使气流获得加速度；在临界截面上气流速度达到音速；在扩张段内气体的压力能继续转化为动能和部分消耗在气体的膨胀上。在喷头出口处当气流压力降低到与外界压力相等时，可获得远大于音速的气流速度。设气流的速度和音速之比用马赫数（Ma）表示，则临界断面气体的流速为 1 马赫，而在出口处气流的速度大于 1 马赫。通常转炉喷头喷嘴的气体的流出速度为 1.8～2.2 马赫。

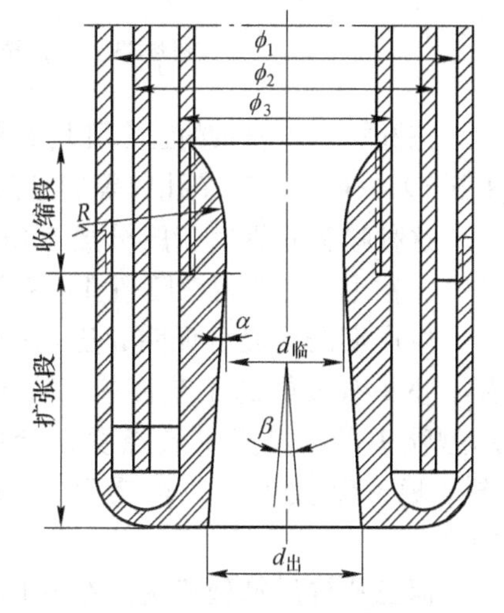

图 4-32 单孔拉瓦尔型喷嘴

B 单孔拉瓦尔型喷头

单孔拉瓦尔型喷头的结构如图 4-32 所示。它仅适用于小型转炉，对容量大、供氧量也大的大中型转炉，由于单孔拉瓦尔喷嘴的流股具有较高的动能，对金属熔池的冲击力过大，因而喷溅严重；同时流股与熔池的相遇面积较小，对化渣不利；单孔喷头氧流对熔池的作用力也不均衡，使炉渣和钢液在炉中发生波动，增强了炉渣和钢液对炉衬的冲刷和侵蚀。所以大中型转炉已不采用这种喷头，而采用多孔拉瓦尔型喷头。

C 多孔喷头

大中型转炉采用多孔喷头的目的，是为了进一步强化吹炼操作，提高生产率。但要达到这一目的，就必须提高供氧强度（单位时间内每吨金属料消耗氧气的数量），这就要求大中型转炉单位时间的供氧量远远大于小型转炉。为了克服单孔喷头使用在大中型转炉上所带来的一系列问题，人们采用了多孔喷头分散供氧，很好地解决了这个问题。

多孔喷头包括三孔、四孔、五孔、六孔、七孔、八孔、九孔等，它们的每个小喷孔都是拉瓦尔型喷孔。其中以三孔喷头使用得较多。

(1) 三孔拉瓦尔型喷头。三孔拉瓦尔型喷头的结构如图 4-33 所示。

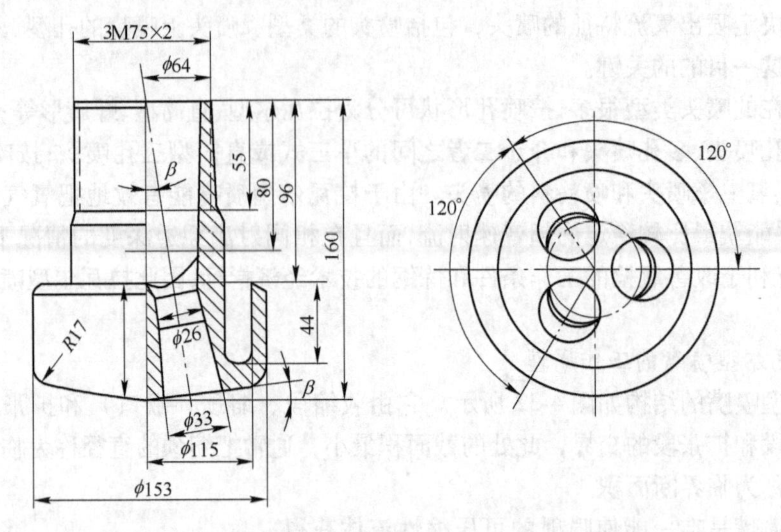

图 4-33　三孔拉瓦尔型喷头（30t 转炉用，单位：mm）

三孔拉瓦尔喷头的三个孔均为拉瓦尔型喷孔，它们的中心线与喷头的中心线成一夹角 $\beta(\beta=9°\sim11°)$。三个孔以等边三角形分布，α 为拉瓦尔喷孔扩张段的扩张角。

这种喷头的氧气流股分成三份，分别进入三个拉瓦尔孔，在出口处获得三股超音速氧气流股。

生产实践已充分证明，三孔拉瓦尔型喷头比单孔拉瓦尔喷头有较好的工艺性能。在吹炼中使用三孔拉瓦尔型喷头可以提高供氧强度，枪位稳定，化渣好，操作平稳，喷溅少，并可提高炉龄。热效率也较单孔的高。

但三孔拉瓦尔型喷头的结构比较复杂，加工制造比较困难，三孔中心的夹心部分易于烧毁而失去三孔的作用。为此，加强三孔夹心部分的冷却就成为三孔喷头结构改进的关键。改进的措施有：在喷孔之间开冷却槽，使冷却水能深入夹心部分进行冷却，或在喷孔之间穿洞，使冷却水进入夹心部分循环冷却。这种喷头加工比较困难，为了便于加工，国内外一些工厂把喷头分成几个加工部件，然后焊接组合，称组合式水内冷喷头，如图 4-34 所示。这种喷头加工方便，使用效果好，适合于大、中型转炉。另外从工艺上防止喷头黏钢，防止出高温钢及化渣不良、低枪操作等，对提高喷头寿命也是有益的。

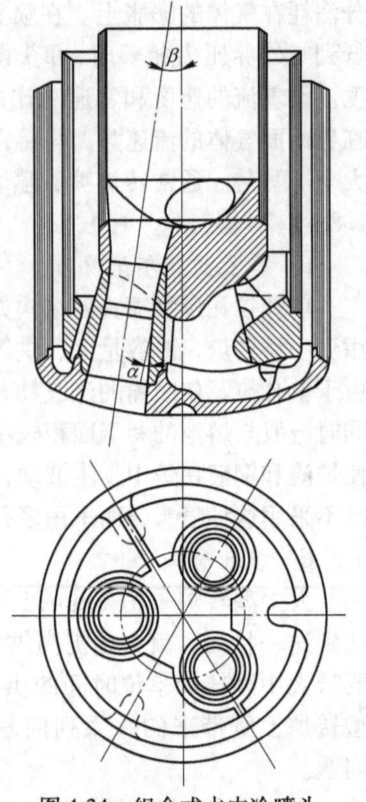

图 4-34　组合式水内冷喷头

三孔喷头的三孔夹心部分（又称鼻尖部分）易于烧损的原因是在该处形成一个回流区，所以炉气和其中包含的高温烟尘不断被卷进鼻尖部分并附着于喷头这个部分的表面，再加上黏钢，进而侵蚀喷头，逐渐使喷头损坏。

（2）四孔以上喷头。我国120t以上大、中型转炉采用四孔、五孔喷头。四孔、五孔喷头的结构如图4-35和图4-36所示。

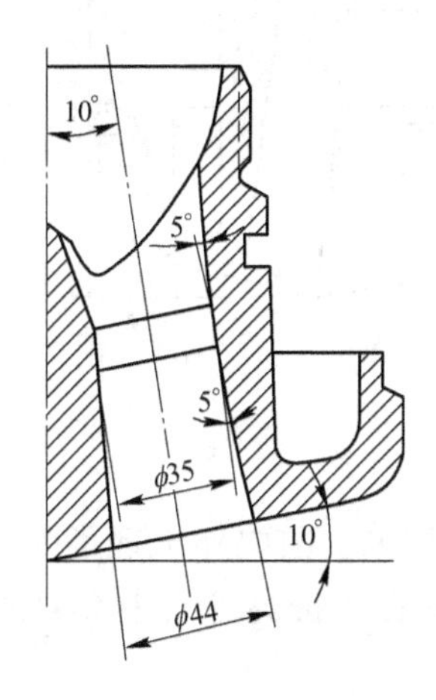

图4-35　四孔喷头（单位：mm）

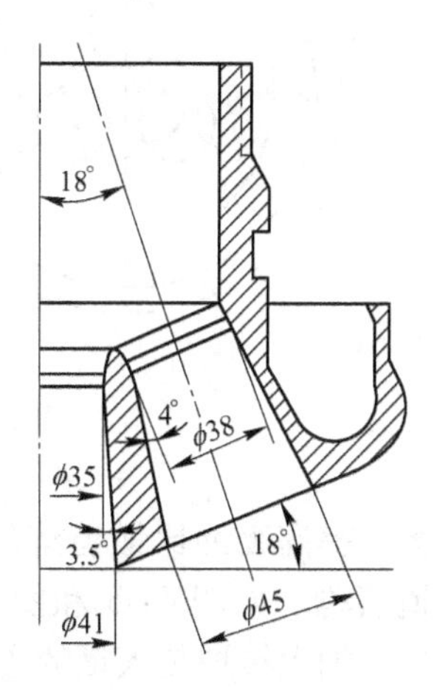

图4-36　五孔喷头（单位：mm）

四孔喷头的结构有两种形式，一种是中心一孔，周围平均分布三孔。中心孔与周围三孔的孔径尺寸可以相同，也可以不同。图4-35所示的是另一种结构的四孔喷头，四个孔平均分布在喷头周围，中心无孔。

五孔喷头的结构也有两种形式，一种是五个孔均匀地分布于喷头四周。另一种如图4-36所示，其结构为中心一孔，周围平均分布四孔。中心孔径与周围四孔孔径可以相同，也可以不同；中心孔径可以比周围四孔孔径小，也可以比它们大。五孔喷头的使用效果是令人满意的。

五孔以上的喷头由于加工不便，应用较少。

（3）三孔直筒型喷头。三孔直筒型喷头的结构如图4-37所示。它是由收缩段喉口以及三个和喷头轴线成β角的直筒型孔所构成的，β角一般为9°～11°，三个直筒形的孔的断面积为喉口断面积的1.1～1.6倍。这种喷头可以得到冲击面积比单孔拉瓦尔喷头大4～5倍的氧气流股。从工艺操作效果上与三孔拉瓦尔喷头基本相同，而且制造方便，使用寿命较高，我国中小型氧气转炉多采用三孔直筒型喷头。

这种喷头在加工过程中不可避免地会在喉口前后出现“台”、“棱”、“尖”这类障碍物。由于这些东西的存在必然会增加氧气流股的动能损失，同时造成气流膨胀过程中的二次收缩现象，使临界面不在喉口的位置，而在其下的某一断面。若设计加工不当很可能导致二次收缩断面成为意外喉口而明显改变其喷头性能。

（4）双流道氧枪。当前，由于普遍采用铁水预处理和顶底复合吹炼工艺，出现了入炉铁水温度下降及铁水中放热元素减少等问题，使废钢比减少。尤其是用中、高磷铁水经预处理后冶炼低磷钢种，即使全部使用铁水，也需另外补充热源。此外使用废钢可以降低炼钢能耗。这就要求能有一种经济、合理的能源作为转炉的补充热源。目前热补偿技术主要有：预热废钢、向炉内加入发热元素及炉内CO的二次燃烧。显然，CO二次燃烧是改

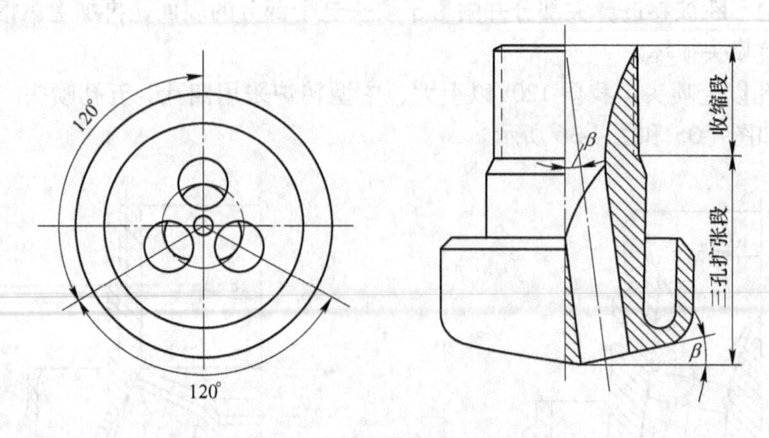

图 4-37　三孔直筒型喷头

善冶炼热平衡、提高废钢比最经济的方法。为此，近年来，国内外出现了一种新型的氧枪——双流道氧枪。如图 4-38 和图 4-39 所示。其目的在于提高炉气中 CO 的燃烧比例，增加炉内热量，加大转炉装入量的废钢比。

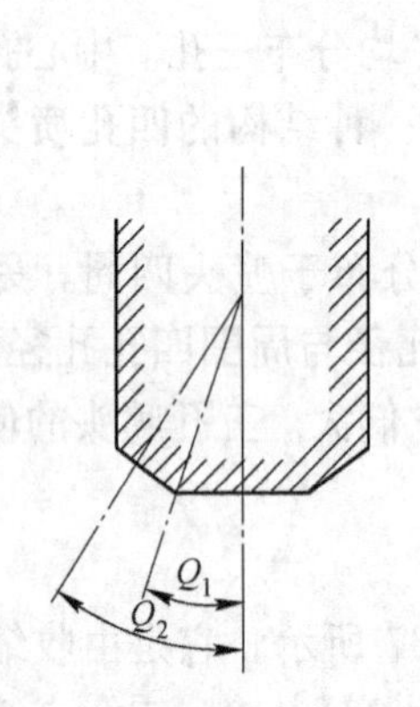

图 4-38　端部式双流道氧枪

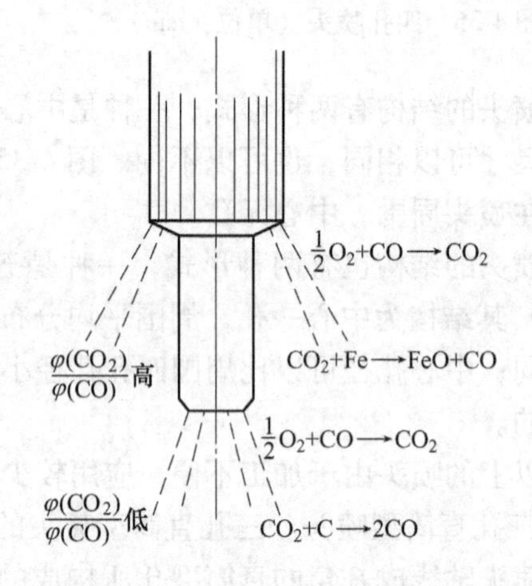

图 4-39　顶端式双流道氧枪

双流道氧枪的喷头分主氧流道和副氧流道。主氧流道向熔池所供氧气用于钢液的冶金化学反应，与传统的氧气喷头作用相同。副氧流道所供氧气，用于炉气的二次燃烧，所产生的热量不仅有助于快速化渣，还可加大废钢入炉的比例。

双流道氧枪的喷头有两种形式，即端部式和顶端式（台阶式）。

图 4-38 为端部式双流道氧枪的喷头。它的主、副氧道基本上在同一平面上，主氧道喷孔常为三孔、四孔或五孔拉瓦尔喷孔，与轴线成 9°～11°。副氧道有四孔、六孔、八孔、十二孔等直筒型喷孔，角度通常为 30°～35°。主氧道供氧强度为 2.0～3.5m^3/(t·min)（标态）；副氧道为 0.3～1.0m^3/(t·min)（标态）；主氧量加副氧量之和的 20% 为副氧流量的最佳值（也有采用 15%～30% 的）。采用顶底复吹转炉的底气吹入量为 0.05～0.10m^3/(t·min)（标态）。

端部式双流道氧枪的枪身仍为三层管结构，副氧道喷孔设在主氧道外环的同心圆上。副氧流是从主氧道氧流中分流出来的，副氧流流量受副氧流喷孔大小、数量及氧管总压、流量的控制。这既影响主氧流的供氧参数，也影响副氧流的供氧参数，但其结构简单，喷头损坏时更换方便。

图4-39为顶端式双流道氧枪的喷头。它的主、副氧流量及底气吹入量参数与端部式喷头基本相同，副氧道喷孔角通常为20°~60°。副氧道离主氧道端面的距离与转炉的炉容量有关，对于小于100t的转炉为500mm，大于100t转炉为1000~1500mm（有的甚至高达2000mm）。喷孔可以是直筒孔型，也可以是环缝型。

顶端式双流道氧枪对捕捉CO的覆盖面积比端部式有所增大，并且供氧参数可以独立自控，国外设计多倾向于顶端式双流道氧枪。但顶端式氧枪的枪身必须设计成四层同心套管（中心走主氧、二层走副氧、三层为进水、四层为出水），副氧喷孔或环缝必须穿过进出水套管，加工制造及损坏更换较为复杂。

采用双流道氧枪，炉内CO二次燃烧的热补偿效果与转炉的炉容量有关，在30t以下的转炉中，二次燃烧率可增加20%，废钢比增加近10%，热效率为80%左右。100t以上转炉的二次燃烧率可增加7%，废钢比增加约3%，热效率为70%左右。二次燃烧对渣中全铁（TFe）含量和炉衬寿命没有影响。但采用副氧流道后，使炉气中的CO量降低了6%，最高可降低CO含量为8%。

4.4.2.3 氧枪升降和更换机构

A 对氧枪升降和更换机构的要求

为了适应转炉吹炼工艺的要求，在吹炼过程中，氧枪需要多次升降以调整枪位。转炉对氧枪的升降机构和更换装置提出以下要求：

（1）应具有合适的升降速度并可以变速。冶炼过程中，氧枪在炉口以上应快速升降，以缩短冶炼周期。当氧枪进入炉口以下时，则应慢速升降，以便控制熔池反应和保证氧枪安全。目前国内大、中型转炉氧枪升降速度，快速高达50m/min，慢速为5~10m/min；小型转炉一般为8~15m/min。

（2）应保证氧枪升降平稳、控制灵活、操作安全。

（3）结构简单、便于维护。

（4）能快速更换氧枪。

（5）应具有安全联锁装置。为了保证安全生产，氧枪升降机构设有下列安全联锁装置：

1）当转炉不在垂直位置（允许误差±3°）时，氧枪不能下降。当氧枪进入炉口后，转炉不能作任何方向的倾动。

2）当氧枪下降到炉内经过氧气开、闭点时，氧气切断阀自动打开，当氧枪提升通过此点时，氧气切断阀自动关闭。

3）当氧气压力或冷却水压力低于给定值或冷却水升温高于给定值时，氧枪能自动提升并报警。

4）副枪与氧枪也应有相应的联锁装置。

5）车间临时停电时，可使氧枪自动提升。

B 氧枪升降装置

当前，国内外氧枪升降装置的基本形式都相同，即采用起重卷扬机来升降氧枪。从国内的使用情况看，它有两种类型，一种是垂直布置的氧枪升降装置，适用于大、中型转炉；另一种是旁立柱式（旋转塔形）升降装置，只适用于小型转炉。

（1）垂直布置的氧枪升降装置。垂直布置的升降装置是把所有的传动及更换装置都布置在转炉的上方。这种方式的优点是结构简单、运行可靠、换枪迅速。但由于枪身长，上下行程大，为布置上部升降机构及换枪设备，要求厂房要高（一般氧气转炉主厂房炉子跨的标高主要是考虑氧枪布置所提出的要求），因此垂直布置的方式只适用于大、中型氧气转炉车间。在该车间内均设有单独的炉子跨，国内15t以上的转炉都采用这类方式。

垂直布置的升降装置有单卷扬型氧枪升降机构和双卷扬型氧枪升降机构两种类型。

1）单卷扬型氧枪升降机构。单卷扬型氧枪升降机构如图4-40所示。这种机构是采用间接升降方式，即借助平衡重锤来升降氧枪，工作氧枪和备用氧枪共用一套卷扬装置。它由氧枪、氧枪升降小车、导轨、平衡重锤、卷扬机、横移装置、钢丝绳滑轮系统、氧枪高度指示标尺等几部分组成。

氧枪1固定在氧枪小车2上，氧枪小车沿着用槽钢制成的轨道3上下移动，通过钢绳4将氧枪小车2与平衡锤9连接起来。

其工作过程为：当卷筒11提升平衡锤9时，氧枪1及氧枪小车2因自重而下降；当放下平衡锤时，平衡锤的重量将氧枪及氧枪小车提升。平衡锤的重量比氧枪、氧枪小车、冷却水和胶皮软管等重量的总和要大20%～30%，即过平衡系数为1.2～1.3。

为了保证工作可靠，氧枪升降小车采用了两根钢绳，当一条钢绳损坏时，另一条钢绳仍能承担全部负荷，使氧枪不至于坠落损坏。

图4-41为氧枪升降卷扬机。在卷扬机的电动机后面设有制动器与气缸装置。制动器能使氧枪准确地停留在任何位置上。为了在发生断电事故时能使氧枪自动提出炉外，在制动器电磁铁底部装有气缸。当断电时打开气缸阀门，使气缸的活塞杆顶开制动器，电动机便处于自由状态。此时，平衡锤将下落，将氧枪提起。为了使氧枪获得不同的升降速度，卷扬机采用了直流电动机驱动，通过调节电动机的转速，达到氧枪升降变速。为了操作方便，在氧枪升

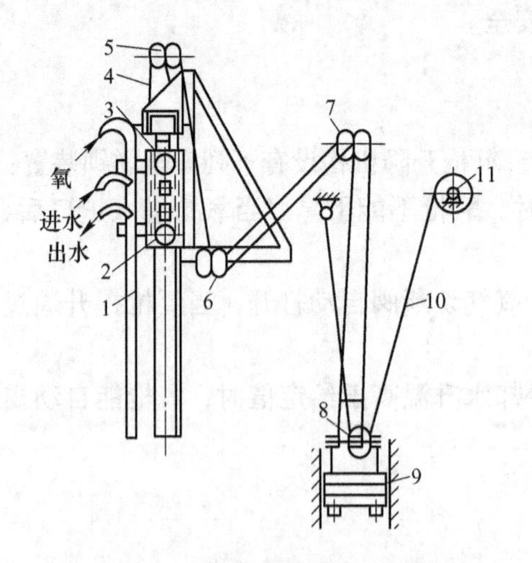

图4-40　单卷扬型氧枪升降机构

1—氧枪；2—氧枪小车；3—轨道；4，10—钢绳；5～8—滑轮；9—平衡锤；11—卷筒

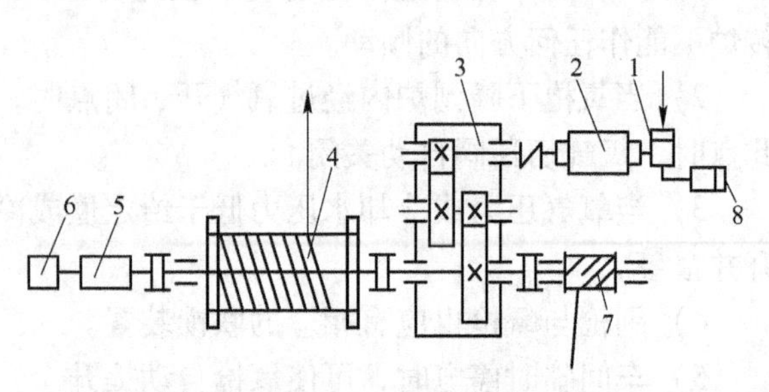

图4-41　氧枪升降卷扬机

1—制动器；2—电动机；3—减速器；4—卷筒；5—主令控制器；6—自正角发送机；7—行程指示卷筒；8—气缸

降卷扬机上还设有行程指示卷筒7,通过钢绳带动指示灯上下移动,以指示氧枪的升降位置。

采用单卷扬型氧枪升降机构的主要优点是：设备利用率高，可以采用平衡重锤减轻电动机负荷，当发生停电事故时可借助平衡锤自动提枪，因此设备费用较低。但需要一套吊挂氧枪的吊具。生产中，曾发生过由于吊具失灵将氧枪掉入炉内的事故，所以，单卷扬型氧枪升降机构不如双卷扬型氧枪升降机构安全可靠。

2）双卷扬型氧枪升降机构。这种升降机构设置两套升降卷扬机，一套工作，另一套备用。这两套卷扬机均安装在横移小车上，在传动中不用平衡重锤，采用直接升降的方式，即由卷扬机直接升降氧枪。当该机构出现断电事故时，用风动马达将氧枪提出炉口。图4-42为150t转炉双卷扬型氧枪升降传动示意。

双卷扬型氧枪升降机构与单卷扬型氧枪升降机构相比，备用能力大，当一台卷扬设备损坏，离开工作位置检修时，另一台可以立即投入工作，保证正常生产。但由于多一套设备，并且两套升降机构都需装设在横移小车上，引起横移驱动机构负荷加大。同时，在传动中不适宜采用平衡重锤，这样，传动电动机的工作负荷增大。在事故断电时，必须用风动马达将氧枪提出炉外，因而又增加了一套压气机设备。

（2）旁立柱式（旋转塔形）氧枪升降装置。图4-43为旁立柱式升降装置。它的传动

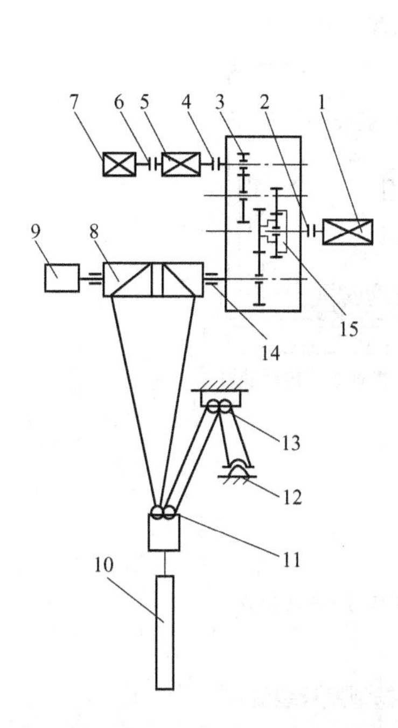

图4-42 双卷扬型氧枪升降传动示意

1—快速提升电机；2，4—带联轴节的液压制动器；3—圆柱齿轮减速器；5—慢速提升电机；6—摩擦片离合器；7—风动马达；8—卷扬装置；9—自整角机；10—氧枪；11—滑轮组；12—钢绳断裂报警；13—主滑轮组；14—齿形联轴节；15—行星减速器

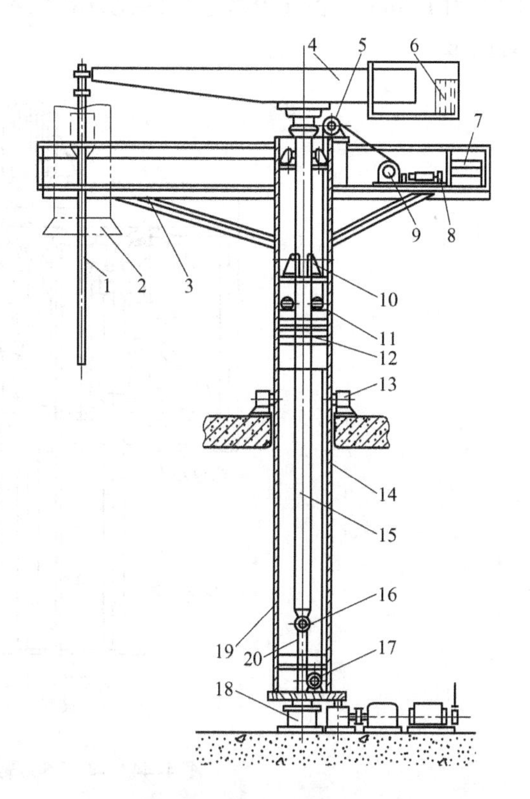

图4-43 旁立柱式（旋转塔形）氧枪升降装置

1—氧枪；2—烟罩；3—桁架；4—横梁；5,10,16,17—滑轮；6，7—平衡锤；8—制动器；9—卷筒；11—导向辊；12—配重；13—挡轮；14—回转体；15，20—钢丝绳；18—向心推力轴承；19—立柱

机构布置在转炉旁的旋转台上，采用旁立柱固定、升降氧枪，旋转立柱可移开氧枪至专门的平台进行检修和更换氧枪。

旁立柱式升降装置适用于厂房较矮的小型转炉车间，它不需要另设专门的炉子跨，占地面积小，结构紧凑。缺点是不能装设备用氧枪，换枪时间长，吹氧时氧枪振动较大，氧枪中心与转炉中心不易对准。这种装置基本能满足小型转炉炼钢车间生产上的要求。

C 氧枪更换装置

换枪装置的作用是在氧枪损坏时，能在最短的时间里将备用氧枪换上投入工作。

换枪装置基本上都是由横移换枪小车、小车座架和小车驱动机构三部分组成。但由于采用的升降装置形式不同，小车座架的结构和功用也明显不同，氧枪升降装置相对于横移小车的位置也截然不同。单卷扬型氧枪升降机构的提升卷扬与换枪装置的横移小车是分离配置的；而双卷扬型氧枪升降机构的提升卷扬则装设在横移小车上，随横移小车同时移动。

图 4-44 为某厂 50t 转炉单卷扬型换枪装置。在横移小车上并排安装有两套氧枪升降小车，其中一套对准工作位置，处于工作状态，另一套备用。如果氧枪烧坏或发生其他故障，可以迅速开动横移小车，使备用氧枪小车对准工作位置，即可投入生产。整个换枪时间约为 1.5min。由于升降装置的提升卷扬不在横移小车上，所以横移小车的车体结构比较简单。

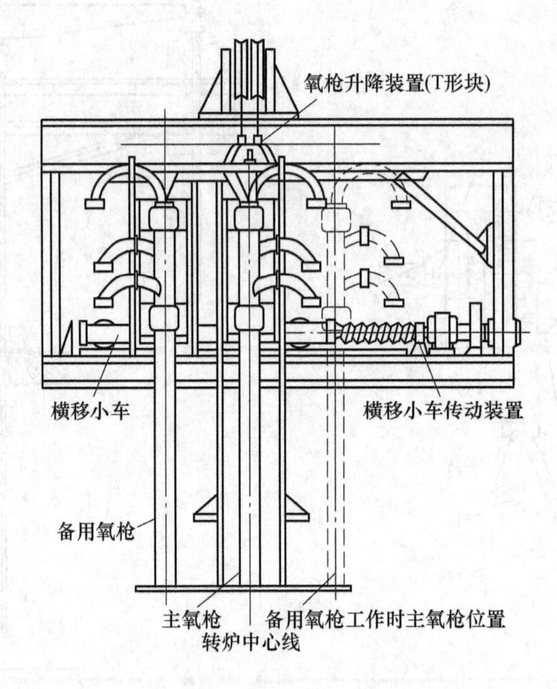

图 4-44 某厂 50t 转炉单卷扬型换枪装置

双卷扬型氧枪升降机构的两套提升卷扬都装设在横移小车上。如我国 300t 转炉，每座有两台升降装置，分别装设在两台横移换枪小车上。一台横移小车携带氧枪升降装置处于转炉中心的操作位置时，另一台处于等待备用位置，每台横移小车都有各自独立的驱动装置。当需要换枪时，损坏的氧枪与其升降装置脱离工作位置，备用氧枪与其升降装置进入工作位置。换枪所需时间为4min左右。

D 氧枪各操作点的控制位置

转炉生产过程中，为了能及时、安全和经济地向熔池供给氧气，氧枪应根据生产情况处于不同的控制位置。图4-45为某厂120t转炉氧枪在行程中各操作点的标高位置。各操作点的标高是指喷头端面距车间地平轨面的距离。

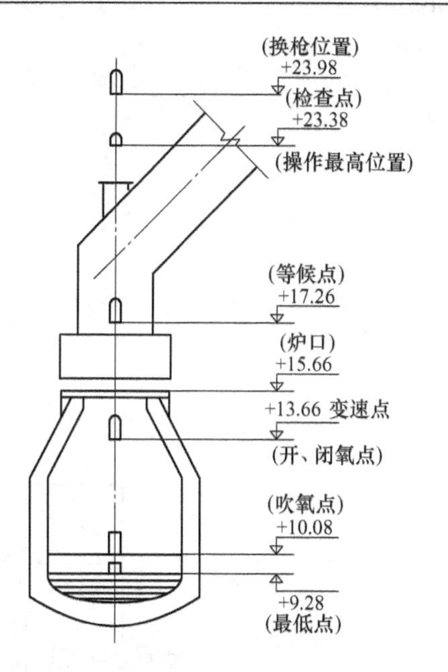

图4-45 氧枪在行程中各操作点的位置（单位：m）

氧枪各操作点标高的确定原则：

（1）最低点。最低点是氧枪下降的极限位置，其位置取决于转炉的容量，对于大型转炉，氧枪最低点距熔池钢液面应大于400mm，而对中、小型转炉应大于250mm。

（2）吹氧点。此点是氧枪开始进入正常吹炼的位置，又称吹炼点。这个位置与转炉的容量、喷头类型、供氧压力等因素有关，一般根据生产实践经验确定。

（3）变速点。在氧枪上升或下降到此点时就自动变速。此点位置的确定主要是保证安全生产，又能缩短氧枪上升和下降所占用的辅助时间。

（4）开、闭氧点。氧枪下降至此点应自动开氧，氧枪上升至此点应自动停氧。开、闭氧点位置应适当，过早地开氧或过迟地停氧都会造成氧气的浪费，还会造成氧气流股对炉帽部位耐火材料的冲刷；过迟地开氧或过早地停氧也不好，易造成氧枪黏钢和喷头堵塞。一般开、闭氧点可与变速点在同一位置。

（5）等候点。等候点位于炉口以上。此点位置的确定应以氧枪不影响转炉的倾动为准，过高会增加氧枪上升和下降所占用的辅助时间。

（6）最高点。最高点是氧枪在操作时的最高极限位置，它应高于烟罩上氧枪插入孔的上缘。检修烟罩和清理氧枪黏钢时，需将氧枪提升到最高位置。

（7）换枪点。更换氧枪时，需将氧枪提升到换枪点。换枪点要高于氧枪操作的最高点。

4.4.3 副枪

转炉副枪是相对于喷吹氧气的氧枪而言。它同样是从炉口上部插入炉内的水冷枪，有操作副枪和测试副枪两类。

操作副枪用以向炉内吹石灰粉、附加燃料或精炼用的气体。测试副枪用于在不倒炉的情况下快速检测转炉熔池钢水温度、碳含量和氧含量以及液面高度，它还被用以获取熔池钢样和渣样。目前，测试副枪已被广泛用于转炉吹炼计算机动态控制系统。本节主要介绍测试副枪。测试副枪装置如图4-46所示。

4.4.3.1 对副枪的要求

转炉所用测试副枪必须满足以下要求：

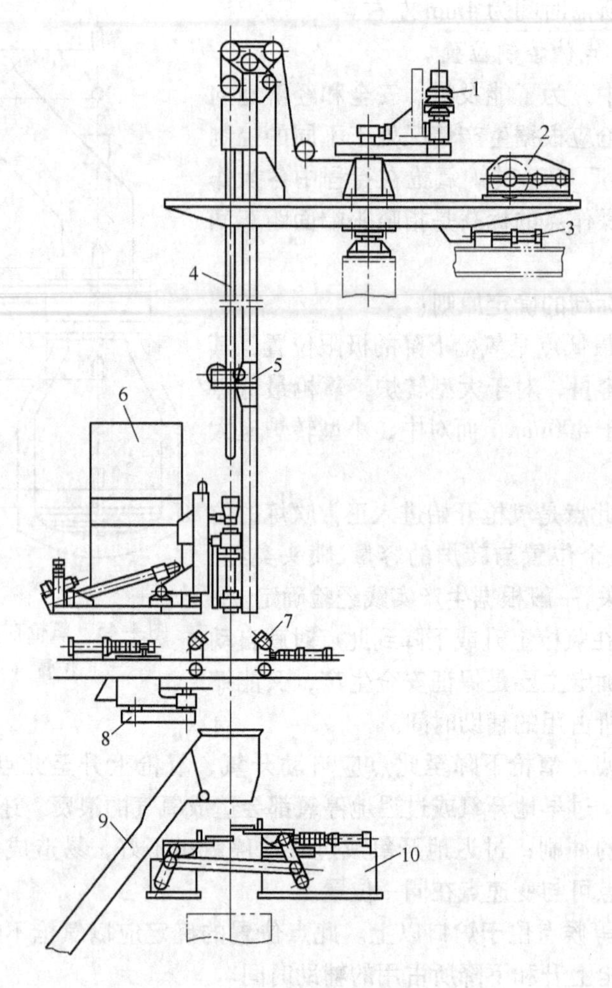

图 4-46　下给头测试副枪装置示意图

1—旋转机构；2—升降机构；3—定位装置；4—副枪；5—活动导向小车；6—装头装置；7—拔头机构；8—锯头机构；9—溜槽；10—清渣装置及枪体矫直装置组成的集合体

（1）副枪必须具有在吹炼过程和终点均能进行测温、取样、定碳、定氧和检测液面高度等功能，并留有开发其他功能的余地。

（2）探头自动装卸，方便可靠。

（3）与计算机连接，具有实现计算机 - 副枪自动化闭环控制的条件。

（4）既能自动操作，又能手动操作；既能集中操作，又能就地操作；既能弱电控制，又能强电控制。

（5）副枪升降速度应能在较大范围内调节（0.5 ~ 90m/min），而且调速平稳。能准确停在熔池的一定部位及装探头的固定位置，停点准确，要求误差不大于 ±10mm。

（6）当副枪处在下列任一状态时，有联锁制动或非正常状态报警显示：

1）转炉处于非直立状态；

2）副枪探头未装上或未装好；

3）二次仪表未接通或不正常；

4）枪管内冷却水断流或流量过低，水温过高。

（7）当遇到突然停电或电机拖动系统出现故障，或断绳、乱绳时，通过风动马达能迅速提升副枪。

4.4.3.2 副枪结构与类型

副枪装置主要由副枪枪身、导轨小车、卷扬传动装置、换枪机构（探头进给装置）等部分组成。

副枪按探头的供给方式可分为“上给头”和“下给头”两种。探头从储存装置由枪体的上部压入，经枪膛被推送到枪头的工作位置，这种给头方式称为“上给头”。探头借机械手等装置从下部插在副枪枪头插杆上的给头方式称为“下给头”。由于给头方式的不同，两种副枪结构及其组成也不相同。目前，上给头副枪已很少使用。

下给头副枪是由三层同心钢管组成的水冷枪体，内层管中心装有信号传输导线，并通保护用气体，一般为氮气。内层管与中间管、中间管与外层管之间的环状通路分别为进、出冷却水的通道。在枪体的下顶端装有导电环和探头的固定装置。

副枪装好探头后，插入熔池，将所测温度、碳含量等数据反馈给计算机或在计器仪表中显示。副枪提出炉口以上，锯掉探头样杯部分，钢样通过溜槽风动送至化验室校验成分。由拔头装置拔掉探头废纸管，再由装头装置再装上新探头，准备下一次的测试工作。

4.4.3.3 测试探头

测试头又称探头，可以分为单功能探头和复合探头，目前应用广泛的是测温与定碳复合探头。

测温定碳复合探头的结构形式，主要取决于钢水进入探头样杯的方式，有上注式、侧注式和下注式，侧注式是普遍采用的形式。侧注式测温定碳探头结构如图 4-47 所示。

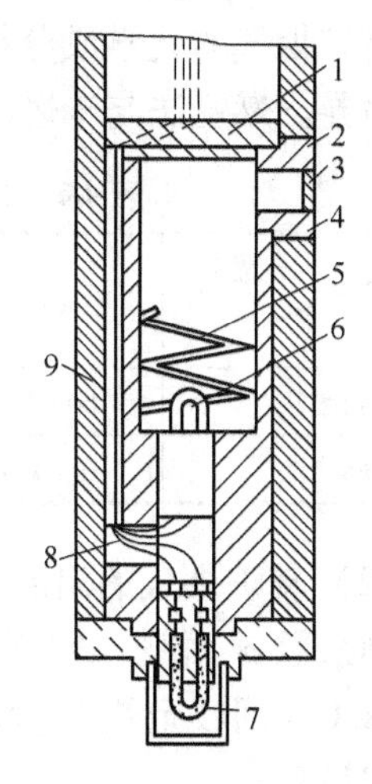

图 4-47 侧注式测温定碳探头
1—压盖环；2—样杯；3—进样口盖；4—进样口保护套；5—脱氧铝；6—定碳热电偶；7—测温热电偶；8—补偿导线；9—保护纸管

4.5 除尘系统设备操作与维护

4.5.1 烟尘、烟气的性质

4.5.1.1 烟气净化回收的方式

在不同条件下转炉烟气和烟尘具有不同的特征。所采用的处理方式不同，产生的烟气性质也不同。目前的处理方式有燃烧法和未燃烧法两种，简述如下。

（1）燃烧法。由于炉气温度和 CO 含量都很高，出炉口后遇到空气就立即燃烧，此时若混入大量的空气使其完全燃烧，在烟道内将形成大部分高温废气，随后经过冷却、净化，通过风机抽出并放散到大气中。这种将炉气先充分燃烧后进行净化的处理方法称为燃烧法。

（2）未燃法。未燃法是在炉口上方用可以升降的活动烟罩和控制风机抽气量等，使炉气在收集过程中尽量不与空气接触，或少量燃烧，经冷却净化，通过风机抽入回收系统回收煤气。

两者相比，未燃法烟气量小（是燃烧法烟气量的1/8～1/3），温度低。由于炉气未燃，烟尘的颗粒大，易于净化。

4.5.1.2　烟气的特征

（1）烟气的来源及化学组成。在吹炼过程中，熔池内碳氧反应生成的CO和CO_2，是转炉烟气的基本来源；其次是炉气从炉口排出时吸入部分空气，可燃成分有少量燃烧生成废气，也有少量来自炉料和炉衬中的水分，以及生烧石灰中分解出来的CO_2气体等。

转炉烟气的化学成分给烟气净化带来较大困难。转炉烟气的化学成分随烟气处理方法不同而异。燃烧法与未燃法两种烟气成分和含量差别很大，详见表4-1。

表4-1　未燃法与燃烧法烟气成分及其含量（质量分数）比较　（%）

成分 / 除尘方法	CO	CO_2	N_2	O_2	H_2	CH_4
未燃法	60～80	14～19	5～10	0.4～0.6		
燃烧法	0～0.3	7～14	74～80	11～20	0～0.4	0～0.2

（2）转炉烟气的温度。未燃法烟气温度一般为1400～1600℃，燃烧法烟气温度随空气过剩系数α而变：空气过剩系数α为1，烟气温度约为2500℃；空气过剩系数α为1.5～2.0（回收余热），烟气温度为2000～1600℃。因此，在转炉烟气净化系统中必须设置冷却设备。

（3）转炉烟气量。它取决于炉气量及吸入的空气量，烟气净化系统通常是按照最大炉气量时能满足除尘要求来设计的。最大炉气量v_{max}（m^3/h）可按最大脱碳速度$v_{C,max}$（%/min）计算，即

$$v_{max} = \frac{G}{w(CO) + w(CO_2)} \cdot \frac{60 \times 22.4}{12} v_{C,max}$$

式中，G为最大装入量，kg。

炉气中CO与空气中O_2燃烧生成CO_2，因吸入的空气中有氮气，而使烟气量增加，这里，

$$2CO + O_2 + \frac{79}{21}N_2 = 2CO_2 + \frac{79}{21}N_2$$

对于未燃法，设炉气中含有86% CO，其中10%燃烧成CO_2，则最大烟气量为：

$$Q^{w}_{max} = v_{max} + 86\% \times 10\% \times 1.88 v_{max} = 1.16 v_{max}$$

对于燃烧法，设炉气中86% CO全部燃烧成CO_2，空气过剩系数$\alpha = 1.5$，则最大烟气量Q^{y}_{max}如下所示（选取的空气过剩系数越大，则烟气量越大）：

$$CO + 1.5(O_2 + 1.88N_2) = CO_2 + O_2 + 2.82N_2$$

$$Q_{max}^{y} = V_{max} + 86\% \times 3.07V_{max} = 3.64V_{max}$$

（4）转炉烟气的发热量。未燃法中烟气主要成分是CO，含量在50%~70%（质量分数）时，其发热量波动在（7.54~8.37）$\times 10^6 J/m^3$，燃烧法的废气只含有物理热。

4.5.1.3 烟尘的特征

（1）烟尘的来源。在氧气流股冲击的熔池反应区内，“火点”处温度高达2000~2600℃。一定数量的铁和铁的氧化物蒸发，形成浓密的烟尘随炉气从炉口排出。此外，烟尘中还有一些被炉气夹带出来的散状料粉尘和喷溅出来的细小渣粒。

（2）烟尘的成分。未燃法烟尘呈黑色，主要成分是FeO，其质量分数在60%以上；燃烧法的烟尘呈红棕色，主要成分Fe_2O_3，其质量分数在90%以上。可见转炉烟尘是含铁很高的精矿粉，可作为高炉原料或转炉自身的冷却剂和造渣剂。烟尘中除含铁的氧化物外，还有非金属氧化物和散状原料的粉末等。烟气中含尘量约为80~150g/m³。氧气转炉烟尘成分详见表4-2。

表4-2 氧气转炉烟尘成分（质量分数） （%）

成分	FeO	Fe_2O_3	Fe粒	ΣFe	SiO_2	MnO	CaO	MgO	P_2O_5	C
未燃法	67.16	16.20	0.58	63.4	3.64	0.74	9.04	0.39	0.57	1.68
燃烧法	2.3	92	6.40	66.5	0.8	1.6	1.6	—	—	—

（3）烟尘的粒度。通常把粒度在5~10μm之间的尘粒称为灰尘；由蒸气凝聚成的直径在0.3~3μm之间的微粒，呈固体的称为烟；呈液体的称为雾。燃烧法尘粒小于1μm的约占95%左右，接近烟雾，较难清除；未燃法烟尘颗粒直径大于10μm的达70%，接近于灰尘，其清除比燃烧法相对容易一些。氧气转炉烟尘粒度组成见表4-3。

表4-3 氧气转炉烟尘粒度组成

未燃法		燃烧法	
粒度/μm	占比/%	粒度/μm	占比/%
>20	16	>1	5
10~20	72.3	0.5~1	45
5~10	9.9	<0.5	50
<5	1.8		

（4）烟尘的数量。氧气顶吹转炉炉气中夹带的烟尘量，约为金属装入量的0.8%~1.3%，炉气（标态）含尘量80~120g/m³。烟气中的含尘量一般小于炉气含尘量，且随净化过程逐渐降低。顶底复合吹炼转炉的烟尘量一般比顶吹工艺少。

4.5.2 烟气、烟尘净化回收系统主要设备

转炉烟气净化系统可概括为烟气的收集与输导、降温与净化、抽引与放散3部分。

烟气的收集有活动烟罩和固定烟罩。烟气的输导管道称为烟道。烟气的降温装置主要

是烟道和溢流文氏管。烟气的净化装置主要有文氏管脱水器，以及布袋除尘器和电除尘器等。回收煤气时，系统还必须设置煤气柜和回火防止器等设备。

转炉烟气净化方式有全湿法、干湿结合法和全干法3种形式。

(1) 全湿法。烟气进入第一级净化设备就与水相遇，称为全湿法除尘系统。双文氏管净化即为全湿法除尘系统。在整个净化系统中，都是采用喷水方式来达到烟气降温和净化的目的。除尘效率高，但耗水量大，还需要处理大量污水和泥浆。

(2) 全干法。在净化过程中烟气完全不与水相遇，称为全干法净化系统。布袋除尘、静电除尘为全干法除尘系统。全干法净化可以得到干烟尘，无需设置污水、泥浆处理设备。

(3) 干湿结合法。烟气进入次级净化设备与水相遇，称干湿结合法净化系统，平(平旋除尘器)-文净化系统即干湿结合法净化系统。此法除尘效率稍差些，污水处理量较少，对环境有一定污染。

4.5.2.1　烟气的收集和冷却设备

A　烟气的收集设备

(1) 活动烟罩。为了收集烟气，在转炉上面装有烟罩。烟气经活动烟罩和固定烟罩之后进入汽化冷却烟道或废热锅炉以利用废热，再经净化冷却系统。用于未燃法的活动烟罩，要求能够上、下升降，以保证烟罩内外气压大致相等，既避免炉气的外逸恶化炉前操作环境，也不吸入空气而降低回收煤气的质量，因此在吹炼各阶段烟罩能调节到需要的间隙。吹炼结束出钢、出渣、加废钢、兑铁水时，烟罩能升起，不妨碍转炉倾动。这种能升降调节烟罩与炉口之间距离，或者既可升降又能水平移出炉口的烟罩称为“活动烟罩”。

OG法是用未燃法处理烟气，也是当前采用较多的方法。其烟罩是裙式活动单烟罩和双烟罩。图4-48所示为裙式活动单烟罩。烟罩下部裙罩口内径略大于水冷炉口外缘，当活动烟罩下降至最低位置时，使烟罩下缘与炉口处于最小距离，约为50mm，以利于控制罩口内外微压差，进而实行闭罩操作，这对提高回收煤气质量、减少炉下清渣量、实现炼钢工艺自动连续定碳均带来有利条件。活动烟罩的升降机构可以采用电力驱动。烟罩提升时，通过电力卷扬，下降时借助升降段烟罩的自重。活动烟罩的升降机构也可以采用液压驱动，是用4个同步液压缸，以保证烟罩的水平升降。

图4-49为活动烟罩双罩结构。从图可以看出它是由固定部分（又称下烟罩）与升降部分（又称罩裙）组成。下烟罩与罩裙通过水封连接。固定烟罩又称上烟罩，设有两个散状材料投料孔、氧枪和副枪插入孔、压力温度检测、气体分析取样孔等。罩裙用锅炉钢管围成，两钢管之间平夹一片钢板（又称鳍片），彼此连接在一起形成了钢管与钢板相间排列的焊接结构，又称横列管型隔片结构。管内通温水冷却。罩裙下部由三排水管组成水冷短截锥套（见图4-49中3），这是避免罩裙与炉体接触时损坏罩裙。罩裙的升降由4个同步液压缸驱动。上部烟罩也是由钢管围成，只不过是纵列式管型隔片结构。上部烟罩与下部烟罩都是采用温水冷却，上、下部烟罩通过沙封连接。我国300t转炉就是采用这种活动烟罩结构。

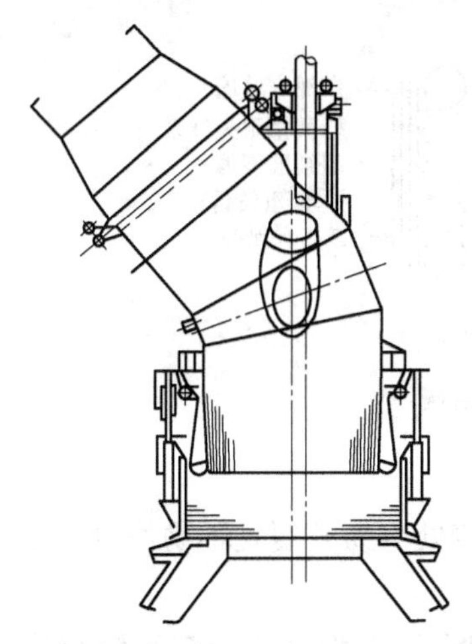

图4-48 OG法活动烟罩

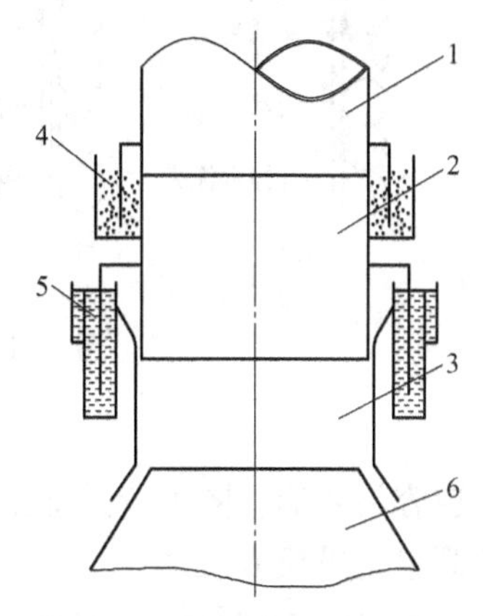

图4-49 活动烟罩结构示意
1—上部烟罩（固定烟罩）；2—下部烟罩（活动烟罩固定段）；3—罩裙（活动烟罩升降段）；4—沙封；5—水封；6—转炉

（2）固定烟罩。固定烟罩装于活动烟罩与汽化冷却烟道或废热锅炉之间，也是水冷结构件。固定烟罩上开有散状材料投料孔、氧枪和副枪插入孔，并装有水套冷却。为了防止烟气的逸出，对散状材料投料孔、氧枪和副枪插入孔等均采用氮气或蒸汽密封。固定烟罩与单罩结构的活动烟罩多采用水封连接。固定烟罩与汽化冷却烟道或废热锅炉拐弯处的拐点高度和与水平线的倾角，对防止烟道的倾斜段结渣有重要作用。

B 烟气的冷却设备

转炉炉气温度在1400～1600℃左右，炉气离开炉口进入烟罩时，由于吸入空气使炉气中的CO部分或全部燃烧，烟气温度可能更高。高温烟气体积大，如在高温下净化，会使净化系统设备的体积非常庞大。转炉烟气进入除尘系统前必须降温至750～900℃，为此在烟罩上方设置冷却烟道。冷却烟道有水冷和汽化冷却两种方式，汽化冷却被广泛使用。

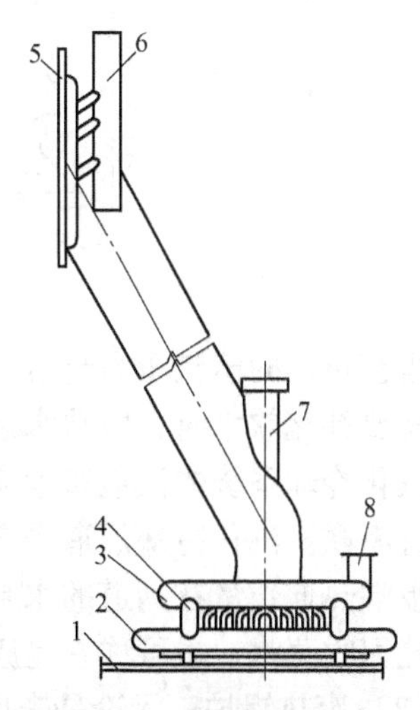

图4-50 汽化冷却烟道示意图
1—排污集管；2—进水集箱；3—进水总管；4—分水管；5—出口集箱；6—出水（汽）总管；7—氧枪水套；8—进水总管接头

国内早期投产的转炉，多采用水冷烟道。水冷烟道耗水量大，废热无法回收利用。近期新建成的转炉，均采用汽化冷却烟道。汽化冷却就是冷却水吸收的热量用于自身的蒸发，利用水的汽化潜热带走冷却部件的热量。如1kg水每升高1℃吸收热量约4.2kJ；而由100℃水到100℃蒸汽则吸收热量约2253kJ/kg。两者相比，相差500多倍。汽化冷却的耗水量将减少到1/30～1/100。所以汽化冷却是节能的冷却方式。汽化冷却装置是承压设备，因而投资费用大，操作要求也高，下面分项叙述。

（1）汽化冷却烟道。汽化冷却烟道是用无缝钢管围成的筒形结构，其断面为方形或圆形，如图4-50所示。钢管的排列有水管式、隔板管式和密排管式，如图4-51所示。

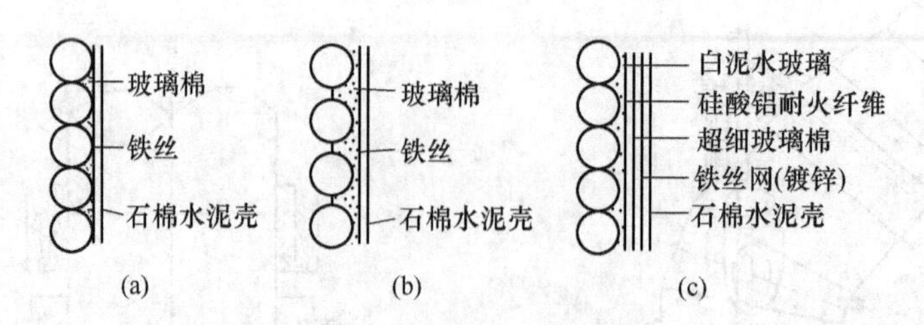

图 4-51　烟道管壁结构

（a）水管式；（b）隔板管式；（c）密排管式

水管式烟道容易变形；隔板管式加工费时，焊接处容易开裂且不易修复；密排管式不易变形，加工简单，更换方便。

汽化冷却用水是经过软化处理和除氧处理的。图 4-52 为汽化冷却系统流程。汽化冷却系统可自然循环，也可强制循环。汽化冷却烟道内由于汽化产生的蒸汽形成汽水混合物，经上升管进入汽包使汽与水分离，所以汽包也称分离器。汽水分离后，热水从下降管经循环泵，又送入汽化冷却烟道继续使用。若取消循环泵，则为自然循环系统，其效果也很好。当汽包内蒸汽压力升高到（6.87～7.85）$\times 10^5$Pa 时，气动薄膜调节阀自动打开，使蒸汽进入蓄热器供用户使用。

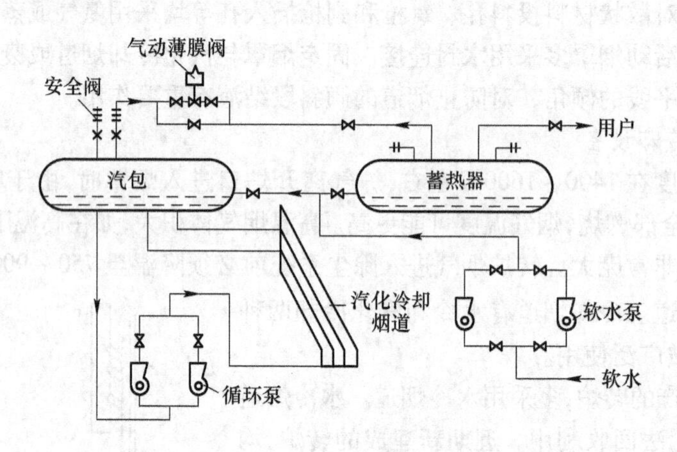

图 4-52　汽化冷却系统流程

当蓄热器的蒸汽压力超过一定值时，蓄热器上部的气动薄膜调节阀自动打开放散。当汽包需要补充软水时，由软水泵送入。

汽化冷却系统的汽包布置应高于烟道顶面。一座转炉设有一个汽包，汽包不宜合用，也不宜串联。汽化冷却烟道受热时会向两端膨胀伸长，上端热伸长量在一文水封中得到补偿；下端热伸长量在烟道的水封中得到缓冲。汽化冷却烟道也称汽化冷却器，可以冷却烟气并能回收蒸汽，也可称它是废热锅炉。

（2）废热锅炉。无论是未燃法还是燃烧法都可采用汽化冷却烟道。只不过燃烧法的废热锅炉在汽化冷却烟道后面增加对流段，进一步回收烟气的余热，以产生更多的蒸汽。对流段通常是在烟道中装设蛇形管，蛇形管内冷却水的流向与烟气流向相反，通过烟气加热蛇形管内的冷却水，再作为汽化冷却烟道补充水源，这样就进一步利用了烟气的余热，也增加了回收蒸汽量。

（3）文氏管净化器。文氏管净化器是一种湿法除尘设备，也兼有冷却降温作用。文氏管是当前效率较高的湿法净化设备。文氏管净化器由雾化器（碗形喷嘴）、文氏管本体及脱水器3部分组成，如图4-53所示。文氏管本体是由收缩段、喉口段、扩张段三部分组成。

烟气流经文氏管收缩段到达喉口时气流加速，高速的烟气冲击喷嘴喷出的水幕，使水二次雾化成小于或等于烟尘粒径100倍以下的细小水滴。喷水量（标态）一般为0.5～1.5L/m^3（液气比）。气流速度（60～120m/s）越大，喷入的水滴越细，在喉口分布越均匀，二次雾化效果越好，越有利于捕集微小的烟尘。细小的水滴在高速紊流气流中迅速吸收烟气的热量而汽化，一般在（1/50～1/150）s内使烟气从800～1000℃冷却到70～80℃。同样在高速紊流气流中，尘粒与液滴具有很高的相对速度，在文氏管的喉口段和扩张段内互相撞击而凝聚成较大的颗粒。经过与文氏管串联气水分离装置（脱水器），使含尘水滴与气体分离，烟气得到降温与净化。

按文氏管的构造可分成定径文氏管和调径文氏管。在湿法净化系统中采用双文氏管串联，通常以定径文氏管作为一级除尘装置，并加溢流水封；以调径文氏管作为二级除尘装置。

（4）溢流文氏管。在双文氏管串联的湿法净化系统中，喉口直径一定的溢流文氏管（见图4-54）主要起降温和粗除尘的作用。经汽化冷却烟道后烟气冷却至800～1000℃，通过溢流文氏管时能迅速冷却到70～80℃，并使烟尘凝聚，通过扩张段和脱水器将烟气中粗粒烟尘除去，除尘效率为90%～95%。

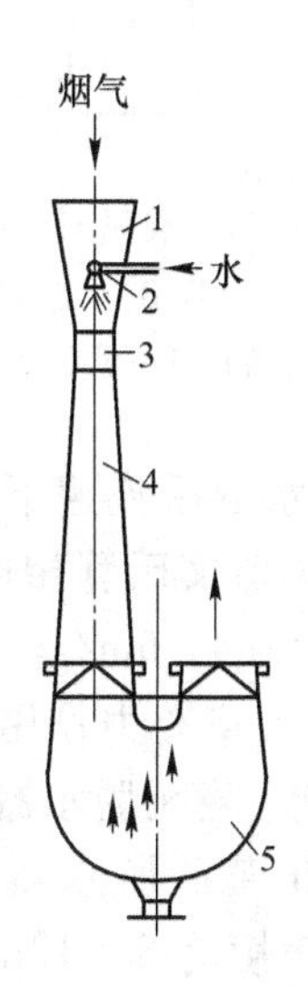

图4-53 文氏管除尘器的组成
1—文氏管收缩段；2—碗形喷嘴；3—喉口；4—扩张段；5—弯头脱水器

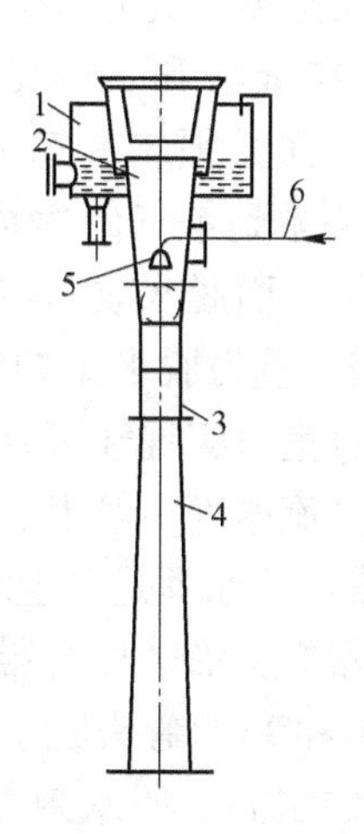

图4-54 定径溢流文氏管
1—溢流水封；2—收缩段；3—腰鼓形喉口（铸件）；4—扩张段；5—碗形喷嘴；6—溢流供水管

采用溢流水封主要是为了保持收缩段的管壁上有一层流动的水膜，以隔离高温烟气对管壁的冲刷，并防止烟尘在干湿交界面上产生积灰结瘤而堵塞。溢流水封为开口式结构，有防爆泄压、调节汽化冷却烟道因热胀冷缩引起位移的作用。

溢流文氏管收缩角为20°～25°，扩张角为6°～8°；喉口长度为（0.5～1.0）$D_{喉}$，小转炉烟道取上限；溢流文氏管的入口烟气速度为20～25m/s，喉口速度为40～60m/s，出口气速为15～20m/s；一文阻力损失在3000～5000Pa；溢流水量每米周边约500kg/h。

（5）调径文氏管。在喉口部位装有调节机构的文氏管，称为调径文氏管，主要用于精除尘。

在喷水量一定的条件下，文氏管除尘器内水的雾化和烟尘的凝聚，主要取决于烟气在喉口处的速度。吹炼过程中烟气量变化很大，为了保持喉口烟气速度不变，以稳定除尘效率，采用调径文氏管，它能随烟气量变化相应增大或缩小喉口断面积，保持喉口处烟气速度一定。还可以通过调节风机的抽气量控制炉口微压差，确保回收煤气质量。

现用的矩形调径文氏管，调节喉口断面大小的方式很多，常用的有阀板、重砣、矩形翼板、矩形滑块等。

调径文氏管的喉口处安装米粒形阀板，即圆弧形－滑板（R-D），用以控制喉口开度，可显著降低二文阻损，如图4-55所示。喉口阀板调节性能好，喉口开度与气体流量在相同的阻损下，基本上呈直线函数关系，这样能准确地调节喉口的气流速度，提高喉口的调节精度。另外，阀板是用液压传动控制，可与炉口微压差同步，调节精度得到保证。

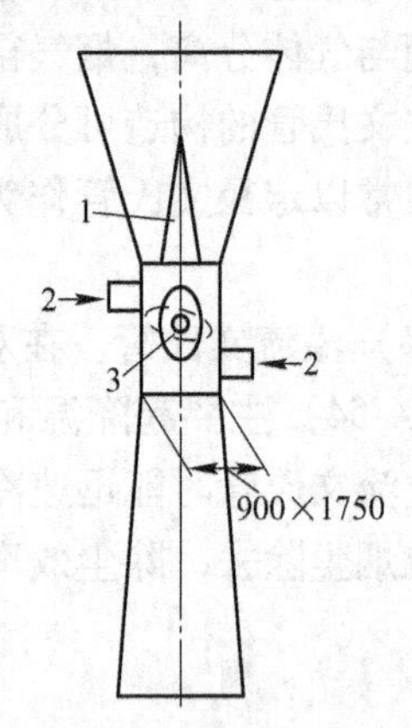

图4-55　圆弧形－滑板调节（R-D）文氏管

1—导流板；2—供水；3—可调阀板

调径文氏管的收缩角为23°～30°，扩张角为7°～12°；调径文氏管收缩段的进口气速为15～20m/s，喉口气流速度为100～120m/s；二文阻损一般为10000～12000Pa。

（6）脱水器。在湿法和干湿结合法烟气净化系统中，湿法净化器的后面必须装有气水分离装置，即脱水器。脱水情况直接关系到烟气的净化效率、风机叶片寿命和管道阀门的维护，而脱水效率与脱水器的结构有关。

1）重力脱水器。重力脱水器如图4-56所示，烟气进入脱水器后流速下降，流向改变，靠含尘水滴自身重力实现气水分离，适用于粗脱水，如与溢流文氏管相连进行脱水。重力脱水器的入口气流速度一般不小于12m/s，筒体内流速一般为4～5m/s。

2）弯头脱水器。其原理是含尘水滴进入脱水器后，受惯性及离心力作用，水滴被甩至脱水器的叶片及器壁，沿叶片及器壁流下，通过排污水槽排走。弯头脱水器按其弯曲角度不同，可分为90°和180°弯头脱水器两种，图4-57所示为90°弯头脱水器，它能够分离粒径大于30μm的水滴，脱水效率可达95%～98%。进口速度为8～12m/s，出口速度为7～9m/s，阻力损失为294～490Pa。弯头脱水器中叶片多，则脱水效率高；但叶片多容易堵塞，尤其是一文更易堵塞。改进分流挡板和增设反冲喷嘴，有利于消除堵塞现象。

3）丝网脱水器。丝网脱水器用于脱除雾状细小水滴，如图4-58所示。由于丝网的自由体积大，气体很容易通过，烟气中夹带的细小水滴与丝网表面碰撞，沿丝与丝交叉结扣处聚集逐渐形成大液滴脱离而沉降，实现气水分离。

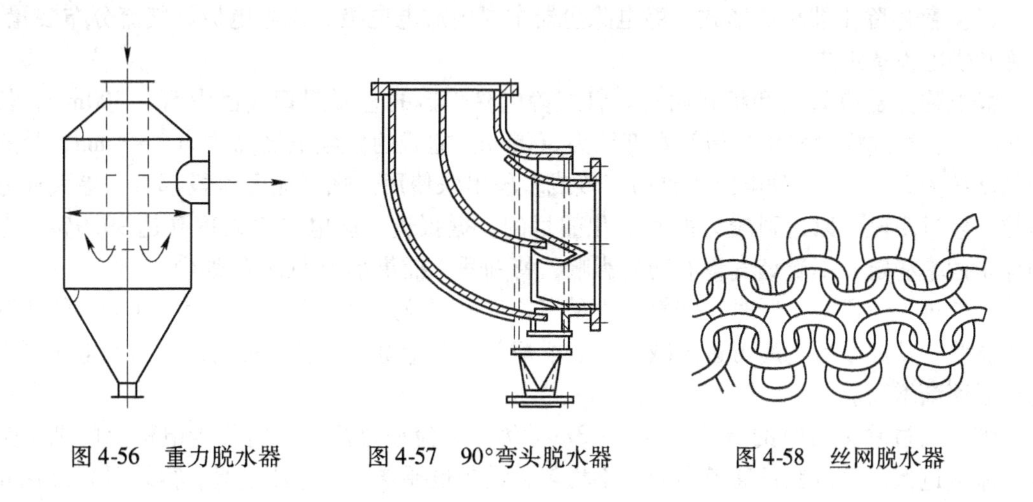

图4-56　重力脱水器　　图4-57　90°弯头脱水器　　图4-58　丝网脱水器

丝网脱水器是一种高效率的脱水装置，能有效地除去粒径为2～5μm的雾滴。它阻力小、质量轻、耗水量少，一般用于风机前做精脱水设备。但丝网脱水器长期运转容易堵塞，一般每炼一炉钢冲洗一次，冲洗时间为3min左右。为防止腐蚀，丝网材料用不锈钢丝、紫铜丝或磷铜丝编织，其规格为0.1mm×0.4mm扁丝。丝网厚度也分为100mm和150mm两种规格。

4.5.2.2　静电除尘系统主要设备

（1）静电除尘工作原理。静电除尘器工作原理如图4-59所示。以导线作放电电极（也称电晕电极），为负极；以金属管或金属板作集尘电极，为正极。在两个电极上接通数万伏的高压直流电源，两极间形成电场，由于两个电极形状不同，形成了不均匀电场。在导线附近，电力线密集，电场强度较大，使正电荷束缚在导线附近，因此，在空间中电子或负离子较多。于是通过空间的烟尘大部分捕获了电子，带上负电荷，得以向正极移动。带负电荷的烟尘到达正极后，即失去电子而沉降到电极板表面，达到气与尘分离的目的。定时将集尘电极上的烟尘振落或用水冲洗，烟尘即可落到下部的积灰斗中。

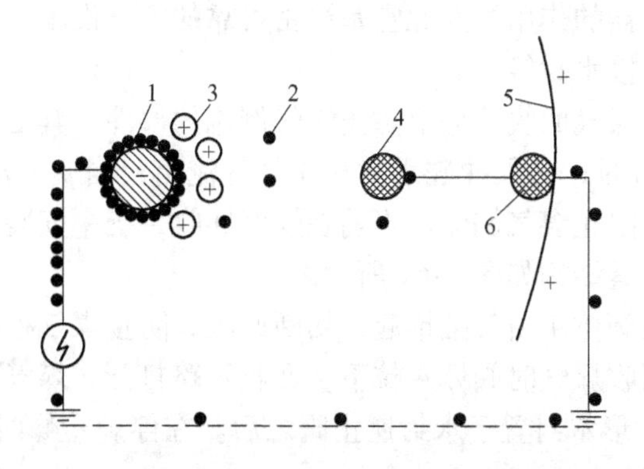

图4-59　静电除尘器的工作原理

1—放电电极；2—烟气电离后产生的电子；3—烟气电离后产生的正离子；

4—捕获电子后的尘粒；5—集尘电极；6—放电后的尘粒

（2）静电除尘器构造形式。静电除尘器主要由放电电极、集尘电极、气流分布装置、外壳和供电设备组成。

静电除尘器有管式和板式两种。管式静电除尘器的金属圆管直径为50～300mm，长为3～4m。板式除尘器集尘板间宽度约为300mm。立式的集尘电极高约为3～4mm，卧式的长度约为2～3mm。静电除尘器由三段或多段串联使用。烟气通过每段都可去除大部分尘粒，经过多段可以达到较为彻底净化的目的。据报道，静电除尘效率高达99.9%。它的除尘效率稳定，不受烟气量波动的影响，特别适于捕集小于1μm的烟尘。

烟气进入前段除尘器时，烟气含尘量高，且大颗粒烟尘较多，因而静电除尘器的宽度可以宽些，从此以后宽度可逐渐减小。后段烟气中含尘量少，颗粒细小，供给的电压可由前至后逐渐增高。

烟气通过除尘器时的流速约为2～3m/s为好，流速过高，易将集尘电极上的烟尘带走；流速过低，气流在各通道内分布不均匀，设备也要增大；电压过高，容易引起火花放电；电压过低，除尘效率低。集尘电极上的积灰可以通过敲击振动清除，落入积灰斗中的烟尘通过螺旋输送机运走，又称干式除尘。还可以用水冲洗集尘电极上的积尘，也称湿式除尘，污水与泥浆需要处理，用水冲洗方式除尘效率较高。干式除尘适用于板式静电除尘器；而湿式除尘适用于管式静电除尘器。目前，国外有的厂家已经将静电除尘系统应用于转炉生产，从长远来看，干法静电除尘系统是一种较好的烟气净化方法。

4.5.2.3　煤气回收系统的主要设备

煤气回收量通常为60～120m^3/t，由于转炉煤气燃烧后产生的硫氧化物及氮氧化物量都特别低，所以转炉煤气作为无污染的燃料受到广泛的重视。转炉煤气回收设备主要是指煤气柜和水封式回火防止器。

（1）煤气柜。煤气柜是储存煤气之用，以便于连续供给用户成分、压力、质量稳定的煤气，是顶吹转炉回收系统中重要设备之一。它犹如一个大钟罩扣在水槽中，随煤气进出而升降，通过水封使煤气柜内煤气与外界空气隔绝。

（2）水封器。水封器的作用是防止煤气外逸或空气渗入系统；阻止各污水排出管之间相互串气；阻止煤气逆向流动；也可以调节高温烟气管道的位移；还可以起到一定程度的泄爆作用和柔性连接器的作用。因此它是严密可靠的安全设施。根据其作用原理分为正压水封、负压水封和连接水封等。

逆止水封器是转炉煤气回收管路上防止煤气倒流的部件。其工作原理如图4-60所示。当气流$p_1>p_2$正常通过时，必须冲破水封从排气管流出；当$p_1<p_2$时，水封器水液面下降，水被压入进气管中阻止煤气倒流。当前在煤气回收系统中安装了水封逆止阀，其工作原理与逆止水封一样，其结构如图4-61所示。

烟气放散时，半圆阀体4由气缸推起，切断回收，防止煤气柜的煤气从管3倒流和放散气体进入煤气柜；回收煤气时阀体4拉下，回收管路打开，煤气可从管1通过水封后从管道3进入煤气柜。V形水封置于水封逆止阀之后。在停炉检修时充水切断该系统煤气，防止回收总管煤气倒流。

（3）煤气柜自动放散装置。图4-62是10000m^3煤气柜的自动放散装置示意图。它是由放散阀、放散烟囱、钢绳等组成。钢绳的一端固定在放散阀顶上，经滑轮导向，另一端固定

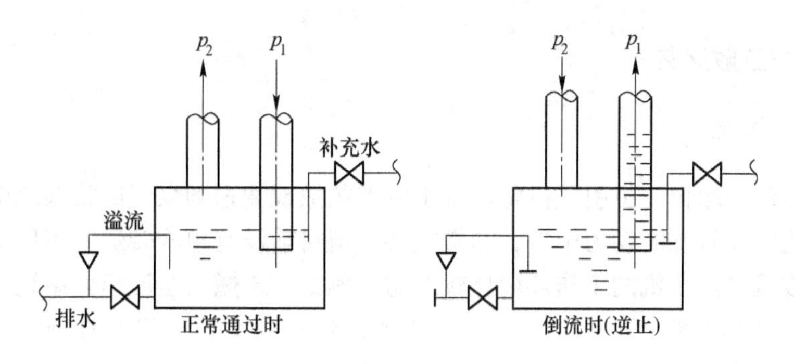

图4-60 逆止水封工作原理图

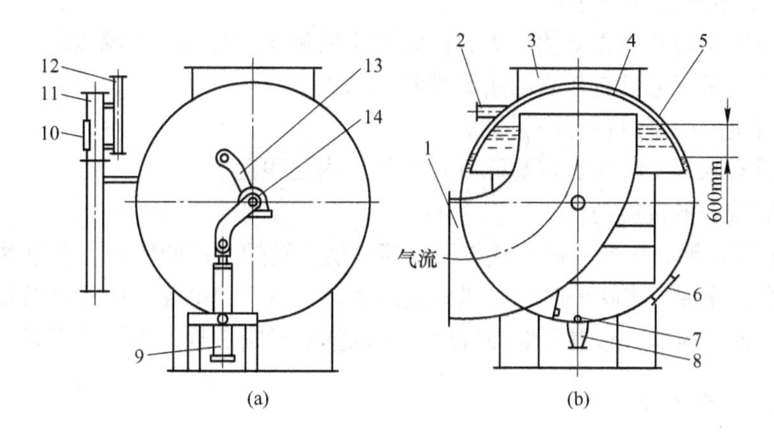

图4-61 水封逆止阀

(a) 外形图；(b) 剖面图

1—煤气进口；2—给水口；3—煤气出口；4—阀体；5—外筒；6—人孔；7—冲洗喷嘴；8—排水口；9—气缸；10—液面指示器；11—液位检测装置；12—水位报警装置；13—曲柄；14—传动轴

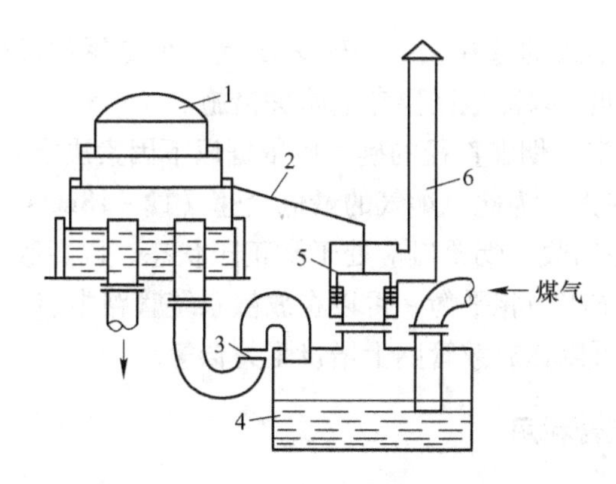

图4-62 煤气柜自动放散装置

1—煤气柜；2—钢绳；3—正压连接水封；4—逆止水封；5—放散阀；6—放散烟囱

在第三级煤气柜边的一点上,该点高度经实测得出。当气柜上升至储气量为9500m^{3}时,钢绳2呈拉紧状态,提升放散阀5,脱离水封面而使煤气从放散烟囱6放散。当储气量小于9500m^3 时,放散阀借自重落在水封中,钢绳呈松弛状,从而稳定煤气柜的储气量。

4.5.3　风机与放散烟囱

4.5.3.1　风机

烟气经冷却、净化，由引风机将其排至烟囱放散或输送到煤气回收系统中备用。因此引风机是净化回收系统的动力中枢，非常重要。但目前没有顶吹转炉专用风机而是套用 D 形单进煤气鼓风机。风机的工作环境比较恶劣。例如，未燃法全湿净化系统，进入风机的气体（标态）含尘量约 100～120mg/m^3，温度在 36～65℃，CO 含量在 60%（体积分数）左右，相对湿度为 100%，并含有一定量的水滴，同时转炉又周期性间断吹氧，基于以上工作特点，对风机的要求如下：

（1）调节风量时其压力变化不大，同时在小风量运转时风机不喘震。

（2）叶片、机壳应具有较高的耐磨性和抗蚀性。

（3）具有良好的密封性和防爆性。

（4）应设有水冲洗喷嘴，以清除叶片和机壳内之积泥。

（5）具有较好的抗震性。

多年的实践表明，D 形单进煤气鼓风机能够适应转炉生产的要求。在电动机与风机之间用液力耦合器连接，非吹炼时间，风机低速运转，以节约电耗。风机可以布置在车间上部，也可以布置于地面。布置于地面较好，可以降低投资造价，也便于维修。

4.5.3.2　放散烟囱

（1）烟囱高度的确定。氧气转炉烟气因含有可燃成分，其排放与一般工业废气不同。一般工业用烟囱只高于方圆 100m 内最高建筑物 3～6m 即可。氧气转炉的放散烟囱的标高应根据距附近居民区的距离和卫生标准来决定。据国内各厂调查来看，放散烟囱的高度均高出厂房屋顶 3～6m。

（2）放散烟囱结构形式的选择。一座转炉设置一个专用放散烟囱。钢质烟囱防震性能好，又便于施工。但北方寒冷地区要考虑防冻措施。

（3）烟囱直径的确定。烟囱直径的确定应依据以下因素决定：

1）防止烟气发生回火，为此，烟气的最低流速（12～18m/s）应大于回火速度；

2）无论是放散还是回收，烟罩口应处于微正压状态，以免吸入空气。关键是要提高放散系统阻力与回收系统阻力相平衡，可以在放散系统管路中装一水封器，这样既可增加阻力又可防止回火，也可以在放散管路上增设阻力器等。

4.5.4　烟气及烟尘的综合利用

氧气顶吹转炉每生产 1t 钢可回收 $\varphi(CO)=60\%$ 的煤气（标态）60～120m^3 左右，铁含量约为 60%（质量分数）的氧化铁粉尘约 10～12kg，蒸汽 60～70L，可回收利用。

4.5.4.1　回收煤气的利用

转炉煤气的应用较广，可做燃料或化工原料。

（1）燃料。转炉煤气的含氢量少，燃烧时不产生水汽，而且煤气中不含硫，可用于混铁炉加热、钢包及铁合金的烘烤、均热炉的燃料等，同时也可送入厂区煤气管网，供用户使用。

转炉煤气（标态）的最低发热值也在 7745.95kJ/m^3 左右。目前我国氧气转炉未燃法每炼 1t 钢可回收 $\varphi(CO)=60\%$ 的转炉煤气（标态）60～120m^3 左右。

（2）化工原料。

1）制甲酸钠。甲酸钠是染料工业中生产保险粉的一种重要原料。以往均用金属锌粉做主要原料。为节约金属，工业上曾用发生炉煤气与氢氧化钠合成甲酸钠。1971 年有关厂家试验用转炉煤气合成甲酸钠制成保险粉，经使用证明完全符合要求。

用转炉煤气合成甲酸钠，要求煤气中的 $\varphi(CO)$ 至少为 60% 左右，$\varphi(N_2)$ 小于 20%。其化学反应式如下：

$$CO + NaOH \longrightarrow HCOONa$$

每生产 1t 甲酸钠需用 600m^3 转炉煤气（标态）。

甲酸钠又是制草酸钠（COONa）的原料，其化学反应式为：

$$2HCOONa \longrightarrow COONa\text{—}COONa + H_2$$

2）制合成氨。合成氨是我国农业普遍需要的一种化学肥料。由于转炉煤气的 $\varphi(CO)$ 含量较高，所含 P、S 等杂质很少，是生产合成氨的一种很好的原料。利用煤气中的 CO，在触媒作用下使蒸汽转换成氢。氢又与煤气中的氮气，在高压（15MPa）下合成为氨。

$$CO + H_2O \longrightarrow CO_2 + H_2$$

$$N_2 + 3H_2 \longrightarrow 2NH_3$$

生产 1t 合成氨需用转炉煤气（标态）3600m^3。以 30t 转炉为例，每回收一炉煤气，可生产 500kg 左右的合成氨。用转炉煤气为原料转换合成氨时，对转炉煤气的要求如下：

① $\varphi(CO+H_2)/\varphi(N_2)$，应大于 3.2 以上；

② $\varphi(CO)$ 要求大于 60%，最好稳定在 60%～65% 范围内，其波动不宜过大；

③ $\varphi(O_2)$ 小于 0.8%；

④ 煤气（标态）含尘量小于 10mg/m^3。

利用合成氨，还可制成多种氮肥，如氨分别与硫酸、硝酸、盐酸、二氧化碳作用，可以获得硫酸铵、硝酸铵、氯化铵、尿素或碳酸氢铵等。

4.5.4.2 烟尘的利用

在湿法净化系统中所得到的烟尘是泥浆。泥浆脱水后，可以成为烧结矿和球团矿的原料，烧结矿为高炉的原料；球团矿可作为转炉的冷却剂；还可以与石灰制成合成渣，用于转炉造渣，能提高金属收得率。

4.5.4.3 回收蒸汽

炉气的温度一般在 1400～1600℃，经炉口燃烧后温度更高，可达 1800～2400℃。通过废热锅炉或汽化冷却烟道，能回收大量的蒸汽。如汽化冷却烟道每吨钢产汽量为 60～70L。

4.6　生产实践

4.6.1　混铁车、混铁炉受铁及出铁操作

（1）了解混铁车中的铁水情况，通过调度室了解当班的铁水成分及出铁量。生产中有时铁水成分相对滞后，如果不知道铁水成分的话，要参照此高炉上次铁水的成分来判断本次铁水情况。

（2）检查设备操作台是否正常，现场各操作台是否正常。

（3）检查铁水罐的使用情况，罐嘴是否完好。

（4）确认混铁车的铁道线上是否有故障和障碍物。

（5）打开二次除尘阀门。

（6）操作人员协助混铁车司机明确车位中心与受铁铁水罐对正，按要求接通混铁车倾动电源。

（7）按转炉主控室二级报告指定的铁水量倒铁，倒时按先小流、后大流、再小流控制。

（8）准确控制好倒铁量，一是通过称量称判断，一是通过铁水包包印痕来判断。

（9）当铁水液面接近包口 300mm 时停止倾动，并开始使混铁车反向倾动，待铁量满足要求时复位。

（10）在倒铁过程中应随时注意冒烟情况，烟尘过大应立即停止倒铁待烟尘散去方可继续倒铁。

（11）倒铁后抬起控制器确认混铁车车体复位后，把控制器拉回零位，切断电源。

（12）倒铁过程中要监视铁包、铁流，防止铁水溢出。

（13）倒铁时，按顺序先倒完一罐，再倒下一罐。

（14）如混铁车内铁水不足一罐，铁水包接铁后，吊至另一接铁位接铁，操作步骤同上。

（15）铁水包内有回炉钢时要小流出铁，如果包内液面上涨快，要立即抬车，铁包内回炉钢的渣厚大于等于 500mm，则严禁出铁。

（16）接铁完毕，关闭二次除尘阀门。

（17）混铁车到站至出铁时间大于 2.5h，需要向鱼雷罐内加入保温剂。

（18）出铁过程严禁两罐混铁车同时向同一铁水包出铁。

（19）翻铁结束后，测量铁水包中铁水的温度，并通过二级系统将铁水的温度、重量等数据发送到转炉主控室。

4.6.2　混铁车倒渣操作

（1）混铁车出铁完毕，如需倒渣（一般 5 个罐役倒一次渣，视实际使用情况而定）倒罐站人员与厂调联系，经调度协调将机车开至倒渣间。

（2）混铁车进入倒渣间前，检查铁道无阻碍物。

（3）确定电源正常。

（4）混铁车司机将车位中心与倒渣位对正，操作人员确认渣罐位置和渣量。

（5）确认操作台指示灯正常，控制器灵敏。

（6）确认混铁车方向倾动混铁车，倾动角度到180°时停止倾动。

（7）反复左右倾动多次（微动操作），基本倒不出渣时，操作混铁车回到垂直位置。

（8）确认混铁车垂直后，抬起控制器确认混铁车车体复位后，把控制器拉回零位，切断电源。

（9）通知调度室混铁车倒渣完毕。

（10）由机车牵出至铁厂，进行下一循环。

（11）如需要进行清理罐口黏渣，先将风机对准罐口冷却后，再将混铁车开至一侧，用机车安装专用打渣工具，清理罐口至干净、圆整。

4.6.3 混铁炉保温操作

（1）每班检查炉体各部位情况及兑铁槽情况，并对各种设备进行检查和加油润滑，发现问题及时处理并上报。

（2）每2h对炉膛温度和炉壁温度进行一次监测记录，结合出炉铁水温度、炉内存铁量调整煤气、空气流量，将炉内温度控制在1150～1300℃之间，确保混铁炉倒出铁水温度在1250～1300℃之间。

（3）每2h对炉壳温度进行一次红外线测温，各部位多点监测，记录最高点。重点部位是炉底，出现温度异常情况及时上报。

4.6.4 某钢厂900t混铁炉工艺技术标准

（1）900t混铁炉最大倾动角度为－5°～47°，确定极限角度为0°、30°、47°，正常使用操作范围为0 °～30°，30°为极限存铁角度。

（2）严禁－5°～0°继续兑铁，炉内铁水最大装入量为铁水液面低于兑铁口下沿200mm或侧烧嘴砖下沿200mm。

（3）在正常使用过程中，不准拆正常操作极限出铁，为减少对炉底炉衬的机械冲刷，混铁炉内的存铁应尽量靠上限操作。

（4）混铁炉内温度应控制在用肉眼观察暗红不刺眼即可。

（5）混铁炉操作人员应了解混铁炉设备的使用情况，如有问题及时通知调度联系设备人员处理。每班要对炉衬进行观察有无掉砖和侵蚀情况。

（6）混铁炉所用的铁水罐和兑铁槽必须保持良好的罐口，以防止铁水倒出炉外，兑铁时，铁水罐不得翻过90°。

（7）经常维护好混铁炉出铁口、受铁口，残渣残铁必须在下班前清理干净。

（8）混铁炉翻铁时，铁水包必须对准出铁口后方准翻铁，摇炉时不得过猛，要保持铁水平稳倒出，严禁铁水倒出包外，发生意外事故。

（9）回炉钢水不能及时兑入转炉内时，应立即兑入混铁炉内，兑入混铁炉内钢水不得大于铁水量的30％。

（10）当遇到混铁炉电气控制失灵时，应紧急断电，并立即拉动手动抱闸器，使混铁炉靠自重回到零位。

4.6.5　铁水包常见故障的日常维护、判断及处理

4.6.5.1　日常维护

（1）每班启动一次干油润滑系统。

（2）每班对入炉、出炉铁水量要进行准确记录，下班前必须核对清楚，各种记录要真实、规范、完整，交接班时要交接清楚，双方签字认可，有异议时做好记录、及时反映。

（3）新铁水包上线前必须检查：烘烤过程中有无裂纹产生有无窜砖或掉料。

（4）新包使用第一次装铁后，必须认真观察有无掉砖和钻铁现象。

（5）每次使用中，对铁水包耳轴、挡板、销轴等关系到吊运安全的部位进行检查，发现问题，及时下线处理，严禁带隐患使用。

4.6.5.2　铁水包常见故障的判断及处理

（1）铁水包穿包事故的征兆。穿包的主要原因是铁水包外层包壳的温度变化。常温下包壳在没有油漆保护的情况下，受到空气中氧的氧化，一般呈灰黑色。当包壳受热过程中其颜色会发生一些变化：在650℃以下仍呈灰黑色，到超过650℃其颜色会逐渐发红。先是暗红，然后逐渐发亮，当温度超过850℃就会变成亮红，然后直至熔化（一般包壳的熔点在1500℃左右）。

值得注意的是，一旦出现包壳发红，即说明其内部耐材已经变薄或失去作用，包壳的温度上升趋势越来越快，如不能及时采取措施，很快就会发生穿包事故，因此，及早发现铁水包耐材脱落或者包壳发红，才能将事故的损失降到最低。

（2）铁水包的判断检查。

1）铁水包上线前，如果发现耐材大面积脱落、侵蚀严重、裂纹纵横或有局部窜砖的，停止使用。

2）铁水兑入转炉后，往铁水车上坐包前用测温仪检测包壳温度，有利于尽早发现问题，特别是大包嘴下方包壁铁水冲击区，以及包底铁水冲击区部位的包壳温度。相同部位，本次测量温度高于上次30℃，应立即对其包衬耐材重点检查，发现问题停止使用。

3）铁水包装完铁，测量重包局部温度大于500℃，应立即做倒包处理。

4）重点关注包龄较高的铁水包或二次上线包。

（3）穿包事故的处理。

1）装有铁水的铁水包还没有吊到炼钢转炉平台，应快速将包吊到事故包上方，视穿包部位倒包或等待其停止漏铁。

2）铁水包穿包壁一般发生在转炉装铁之前，即出铁到待装过程。

3）出、折铁过程发生包壁、包底的穿漏事故，应立即中断翻铁操作，快速指挥天车将铁水包吊至事故包上方。

4.6.6　散状料供应系统设备常见故障的判断

加料装置常见的故障如下：

（1）汇集料斗出口阀不动作。其主要原因是该出口阀距炉膛较近，受炉内高温辐射和高温烟气的冲刷后易变形。变形后的阀门不动作——打不开或关不上。

（2）物料加不下去。这主要是由于物料堵塞或振动器失灵等原因造成的。一些渣料堵塞是由于块度太大或粉料过多受潮结块所致；物料中混有杂物，也会造成堵塞；固定烟罩的下料口因喷溅结了渣，也会造成堵塞。振动器故障一般是电气原因造成的。

（3）仪表不显示称量数。其原因可能为：高位料仓已无料；仓内渣料结团不下料；振动给料器损坏；仪表损坏等。

（4）料位显示不复零。汇集料斗内的料放完后，料位指示器应显示无料，即称为复零。如果不复零，可能原因有：出口阀打不开，或下料口堵塞，致使汇集料斗内的料放不下来，汇集料斗内不空，所以此时显示不复零；若检查汇集料斗确实无料而料位显示不复零，则要考虑仪表损坏。

4.6.7 供氧系统常见生产故障的判断

4.6.7.1 氧枪漏水

（1）氧枪漏水常发生在喷头与枪身的接缝处。

（2）其次是喷头端面。氧枪喷头设计一般都采用马赫数约为2的近似拉瓦尔喷嘴，从气体动力学分析，在氧枪喷头喷孔气流出口之前（因为一般氧枪为3孔或多孔）及喷孔的出口附近有一个负压区，当冶炼过程出现金属喷溅时，负压会引导喷溅的金属粒子冲击喷头端面，引起喷头端面磨损，磨损太深会漏水或者钢液直接将端面侵蚀而漏水。

（3）喷头的材质不良也会漏水。目前的喷头大部分是铜铸件，如铸件有砂眼或隐裂纹，也会发生漏水现象。

（4）氧枪中套管定位块脱落。中套管定位偏向氧枪中心，冷却水水量不均匀，局部偏小部位的外套容易在吹炼时烧穿。

（5）氧枪本身材质有问题，在枪身靠近熔池部位也会烧穿小洞而漏水。

（6）入炉废钢太长时，造成氧枪喷头与废钢接触氧枪喷头漏水。

（7）造渣料加的过急或炉渣返干，出现炉渣结坨时氧枪喷头漏水。

（8）操作出现失误，枪位过低。

4.6.7.2 炉口水箱漏水

（1）炉口水箱漏水经常发生的地方是在直接受火焰冲刷的一圈环管上，此处温度最高，受烟气冲刷也最厉害。

（2）环管也是制造加工的薄弱环节，应力最大。

（3）此处是铁水包包嘴和废钢斗碰撞、擦伤的部位，同时在倒渣时带出少量钢水，都会加速该处的熔损。

（4）倒炉测温、取样包括出钢时倾动角度大，造成钢水从炉口流出，高温钢水对环管的熔损。

（5）清理炉口渣时，发生机械撞击或磨损。

（6）氧气流股的冲刷。

4.6.7.3 汽化冷却烟道漏水

（1）汽化冷却烟道漏水常发生在密排无缝钢管与固定支架连接处，由于该处在热胀冷缩时应力最大，常会产生疲劳裂纹而导致漏水。

（2）烟道内，由于水路堵塞水量减少，无缝管就会发红越来越薄，最后漏水。

（3）烟道黏钢处理不当造成烟道漏水。

（4）由于汽化冷却烟道供水不足造成烟道烧坏漏水。

4.6.7.4 氧枪点不着火

转炉进炉后炉子摇正，降枪至吹炼枪位进行供氧，炉内即开始发生氧化反应并产生大量的棕红色火焰，称之为氧枪点火。如果降枪吹氧后，由于某种原因没有进行大量氧化反应，也没有大量的棕红色火焰产生，则称之为氧枪点不着火。氧枪点不着火将不能进行正常吹炼。氧枪点不着火的原因：

（1）炉料配比中压块、轻薄废钢太多，加入后在炉内堆积过高，致使氧流冲不到液面，造成氧枪点不着火。

（2）操作不当，在开吹前已经加入了过多的石灰、白云石等熔剂，大量的熔剂在熔池液面上造成结块，氧气流股冲不开结块层，也可能使氧枪点不着火，或吹炼过程中发生返干造成炉渣结成大团，当结块浮动到熔池中心位置时造成熄火。

（3）发生某种事故后使熔池表层冻结，造成氧枪点不着火。

（4）大片塌落的耐火材料，或者溅渣护炉后有黏稠炉渣浮起，在熔池表面，使氧枪点不着火。

4.6.7.5 氧枪黏钢

（1）吹炼过程中炉渣没有化好、化透，炉渣流动性差。根据化渣原则：初期早化渣，过程化透渣，终渣挂炉。但在生产实际中，由于操作人员对炉内炉渣是否化透判断的不准确，或者是操作不熟练，操作经验不足，往往会使冶炼前期炉渣化得太迟，或者过程炉渣未化透，甚至在冶炼中期发生了炉渣严重返干现象，这时继续吹炼会造成严重的金属喷溅，使氧枪产生黏钢。

（2）由于氧枪喷头至熔池液面的距离不合适，即枪位不准，主要是距离太近所致。造成距离太近的主要原因有以下几点：

1）转炉入炉铁水和废钢装入量不准，而且是严重超装，而摇炉工未察觉，还是按常规枪位操作，此时发生返干的现象比较严重。

2）由于转炉炉衬维护产生过补现象，炉膛体积缩小，造成熔池液面上升，而摇炉工也没有意识到，未及时调整枪位。

3）由于溅渣护炉操作不当造成转炉炉底上涨，从而使熔池液面上升。

氧枪喷嘴与液面的距离近容易产生黏枪事故。硬吹导致渣中氧化物相返干而枪位过低实际上就形成了硬吹现象，于是渣中的氧化亚铁被富 CO 的炉气或（渣内）金属滴中的碳所还原，渣的液态部分消失，金属就失去了渣的保护，其副作用就是增加了喷溅和红色烟尘，这种喷溅主要是金属喷溅。喷溅物容易黏结在枪体上，形成氧枪黏钢。

（3）喷嘴结构不合理，工作氧压高等对氧枪黏钢也有一定的影响。为了准确控制枪位，严格考核装入量的准确性。要求每班测量金属液面的高度，由此判断炉底的高度是否正常。

4.6.8 煤气回收

4.6.8.1 判定生产现状是否满足回收煤气的条件

回收煤气的条件：

（1）回炉钢水不大于金属料入炉量50%。

（2）氧气纯度大于99.5%，氧压符合规程要求，各厂氧压因炉子吨位不同而有不同规定。

（3）降枪吹氧。

（4）降罩，即活动烟罩处于下降位置。

（5）回收时间由操作规程规定。

在上述5个条件同时满足的前提下，可按“要求回收煤气”按钮（与煤气加压站联系），在得到煤气加压站同意回收煤气的信号后，才可进行煤气回收操作。

4.6.8.2 回收煤气操作

（1）判别是否同时满足上述5个条件。如满足条件，执行下一步。

（2）按下“要求回收煤气”按钮与煤气加压站联系，要求回收煤气。在得到煤气加压站同意回收煤气的信号后可以执行下一步。

（3）按下“煤气回收按钮”，“放空阀关”信号灯亮，“回收阀开”信号灯亮，表示三通阀已动作，回收阀已打开，放散阀已关闭，开始回收煤气。

生产现场上也可用红灯亮表示信号灯“亮”，绿灯亮表示该信号灯“暗”。这里要说明：有的厂不用手动回收煤气，而用按时间周期计算进行煤气回收的办法。如宝钢300t复吹转炉自动回收煤气的时间周期安排为：前期燃烧烟气时间5min，中期回收煤气时间9min，后期燃烧烟气时间2min；而唐钢150t复吹转炉则分别为4min，10min，2min。此种煤气回收会按时间自动进行，无须人工动作。操作人员只需监视“回收信号灯”和“放散信号灯”是否按规程进行。

4.6.8.3 注意事项

（1）氧枪插入口及汇总料斗之间的氮气封闭系统正常，压力必须达标，以防煤气逸出伤害人。

（2）氧压、氧纯度必须符合要求，以保证回收煤气的质量和回收煤气的安全。

（3）回炉钢水量应不大于本炉金属料的1/2，以保证一定的CO发生量。

（4）时间是否达到了规程所规定的开始回收时间。回收煤气的时间为吹炼中期。

（5）注意观察各指示灯是否随操作而正确变化，即观察三通阀是否执行了操作命令。

（6）必须保证氧枪喷头不漏水，烟罩和氧枪“法兰”处不漏水，因为漏水会增加煤气中的含氢量，且易引起爆炸，故设备上有漏水现象是绝对禁止回收煤气的。

误操作的不良后果有：

（1）如果将“回收”按钮错按为“放散”按钮，或未及时按“回收”按钮，将使优质煤气不能回收利用，既浪费了能源，又污染了空气。

（2）如果需要放散时按错了按钮或未及时放散，设备将延长回收状态，使不合格烟气进入气柜，使气柜内煤气质量下降，甚至有爆炸危险。

（3）煤气回收的安全是十分重要的，如发生事故将危及生命和设备。

放散煤气的条件（前提是目前正在回收煤气）：

（1）吹炼时间已经接近规程规定的放散时间。

（2）已经发生了需要提前提罩，或提前提起氧枪的事故。

生产中只要在回收煤气前提下，满足上述两个条件之一就必须放散煤气。

4.6.9 煤气放散

4.6.9.1 放散煤气操作

（1）判断是否正在回收煤气。即检查“放空阀关”信号灯和“回收阀开”信号灯是否亮。若符合要求，则执行下一步。

（2）判断是否符合煤气放散条件之一，如放散时间已到，若符合，执行下一步。

（3）按下“煤气放散”按钮。可见操作台上“放空阀关”信号灯暗，“回收阀开”信号灯暗，而“回收阀关”信号灯亮，“放空阀开”信号灯亮，说明三通阀已动作，停止回收，烟气进入放散状态，此时净化后的烟气放散至大气中。

（4）自动放散，若是在煤气回收过程中提起烟罩，或提起氧枪则煤气立即自动放散。因为这两动作与煤气放散有联锁。自动放散进行后各信号灯也同时变化。

另外，自动按时回收的转炉放散操作均按时自动执行，例如某厂预设定吹氧后 12min 为放散时间。操作人员的工作为监视各信号灯亮、暗变化是否按规程进行。

4.6.9.2 注意事项

（1）按下“煤气放散”按钮后，必须观察各信号灯是否相应变化，即观察三通阀是否动作。

（2）该放散时必须放散，防止意外发生。

思考与习题

4-1 铁水供应方式有哪些？

4-2 说明铁水供应的工艺流程。

4-3 说明混铁炉的结构组成。

4-4 说明混铁车的结构构成。

4-5 废钢的供应方式有哪些？

4-6 废钢的供应设备有哪些？

4-7 混铁炉、混铁车的不同之处是什么？

4-8 混铁炉受铁、出铁、保温操作要注意哪些？

4-9 铁水包穿包事故征兆、检查及处理方法分别是什么？
4-10 造成加料口堵塞的原因是什么？
4-11 怎样排除加料口堵塞？
4-12 散状材料供应方式有哪些？
4-13 说明氧气转炉车间散装料供应的流程。
4-14 说明各种散状材料供应方式的优缺点。
4-15 说明氧气转炉车间散装料供应的设备、作用。
4-16 如何进行散状料的操作？
4-17 说明供氧系统的组成。
4-18 说明氧枪的结构。
4-19 氧枪喷头的类型有哪些？
4-20 拉瓦尔型喷嘴的工作原理是什么？
4-21 氧枪在行程中各操作点设置的目的是什么？
4-22 说明氧枪的升降及更换。
4-23 副枪的结构及作用是什么？
4-24 烟气净化回收的方式有哪些？
4-25 未燃全湿净化系统的主要设备有哪些？
4-26 烟气冷却设备有哪些？
4-27 说明汽化冷却系统工作流程。
4-28 文氏管除尘器的工作原理？
4-29 溢流文氏管除尘器的工作原理是什么？
4-30 脱水器的种类有哪些？
4-31 静电除尘器的工作原理是什么？
4-32 煤气回收系统的主要设备有哪些？
4-33 说明 OG 系统的工作流程。
4-34 说明静电除尘器的工作流程。
4-35 布袋除尘器的工作原理是什么？

参考文献

[1] 朱苗勇．现代冶金学［M］．北京：冶金工业出版社，2005.
[2] 王雅贞．氧气顶吹转炉炼钢工艺与设备［M］．2 版．北京：冶金工业出版社，2001.
[3] 李建朝，等．转炉炼钢生产［M］．北京：化学工业出版社，2001.
[4] 冯捷．转炉炼钢实训［M］．北京：冶金工业出版社，2004.
[5] 李传薪．钢铁厂设计原理（下册）［M］．北京：冶金工业出版社，1995.
[6] 戴云阁，等．现代转炉炼钢［M］．沈阳：东北大学出版社，1998.
[7] 苏天森，等．转炉溅渣护炉技术［M］．北京：冶金工业出版社，1999.